続 金属学プロムナード

—セレンディピティの誕生そして迷走—

小岩 昌宏

◆アグネ技術センター◆

はしがき

最初に，本書の正編である『金属学プロムナード――セレンディピティを追って―』のはしがきを再掲しておこう．

> 雑誌「金属」編集部の依頼を受けて 2001 年 4 月から「金属学プロムナード」と名付けて 隔月に 14 編を同誌に寄稿した．本書は，これらをまとめて単行本にしたものである．章の配列は雑誌掲載順であり，相互に独立な内容であるから，どこから読んでいただいても差し支えない．強いて言えば，第 3 章と第 4 章がやや関連した内容を扱っている．副題としてつけた「セレンディピティ」という用語は，最後の第 14 章で述べているように「掘り出し上手」，「偶然と懸命に助けられて探し求めていたものではないものを発見する能力」などとさまざまな定義づけがなされている．この語は 2000 年度のノーベル化学賞を受賞した白川英樹氏が自らの研究を語る際に用いたこともあって注目を集めた．本書には「金属学」からはかなり離れた内容のものもいくつか含まれている．しかしもともとプロムナード（promenade，遊歩道）であるからには，横道に入り込んだり道草を食ったりは当然許されることとして，気ままに筆を進めた．読者の皆さんが，それぞれのセレンディピティによって，思わぬ発見をされることがあれば望外の喜びである．

この書は幸い好評で，材料系大学院の講義資料，副読本などとして利用されているとも聞いている．一方，表題に「金属学」という用語を用いたために，読者層を狭めてしまったのではないか？ との好意的なコメントをよくいただいた．東京大学教養学部の学生であったとき，クラス担任としてお世話になった野村祐次郎先生からは「高校生，教養学部学生の科学・化学の案内書として強く推薦する」とのお言葉をいただいたこともあった．

続編を刊行するに際して，上記の事情を考慮して別の名前にすることも考えたが，矢張り続編としての性格を明確にするため，あえて「続金属学プロムナード」とした.

本書は2010年1月号から2022年10月号までに金属誌に寄稿した14編に，前書金属学プロムナードで好評であった稿の続編として，セレンディピティに関する決定稿を第16章として加えた．これは，京都大学水曜会誌に寄稿したもので，関係者の了解を得て掲載するものである．また，第11章（小説の中の金属・小説の中の研究者）は，1988年11月号掲載の記事の一部を含んでいることを付言しておく.

なお，月刊誌「金属」に寄稿した文章のうち，「わが人生のあゆみ ロバート・カーンの回想」(2005年9月号～2007年3月号）は単行本『激動の世紀に生きて』として2008年1月に刊行された．また，原子力の安全性に関する以下の2稿：

原子炉圧力容器の照射脆化　**85**(2015)No.2

原子力規制庁の技術評価は信頼できるか？　**86**(2016)No.6

は，2018年に刊行された下記の単行本の主要な内容となっている（井野博満との共著).

『原発はどのように壊れるか：金属の基本から考える』

編集・発行　原子力資料情報室

発売　アグネ技術センター

2024年2月

小岩昌宏

目　次

1
本多光太郎の足跡を辿る
――交流のあった人々――

金属学研究のパイオニアである本多光太郎が没したのは1954年で，没後50年に当たる2004年には様々な記念行事が行われた．その一つとして本多記念会監修の『本多光太郎－マテリアルサイエンスの先駆者』が刊行され，東京，仙台，名古屋で講演会が開かれ，筆者も執筆および講演の機会を与えられた．また，2008年11月，岡崎市矢作南小学校（本多光太郎の母校）が創立100年を迎えた際には，『鉄学者 本多光太郎』と題して講演した．これらの講演準備のために様々な文献を渉猟し，人間関係に注目しつつ本多の足跡を辿ってみた．共同研究者，指導した学生など交流のあった人々の回顧には興味深いものがある．そのいくつかを書きとどめておきたい．

本多光太郎と寺田寅彦

本多光太郎と寺田寅彦は，東大物理学科に在籍中に10編の共著論文（磁性4編，潮汐現象3編，間歇泉3編）を発表している．本多は8歳年長で講師，寺田は大学院学生・助手であった（写真1）．研究一筋の本多とは対照的に寺田は多趣味な人であった．後年，寺田は本多について次のように語っている[1)]．

何にしてもあの地下室で，毎晩12時過ぎ頃迄頑張られるのには弱ったよ．僕もまだ新米で助手なんだから本多さんが実験をしておられるのに先に帰るわけにも行かず毎晩一緒に帰ったものだ．勿論門はしまって居たがね，本多さんは決して塀の隙間から出るなんて言う事はしないので，いつでもあの弥生町の門だが，ちゃんと門番を叩き起して錠をあけて門を開

かせては帰ったものだ.(中略)

丁度秋の頃で上野では絵の展覧会があるのにそれを見に行く暇もないのだ. 僕は昔京都へ行かないかと言はれた時に, どうも家の都合もあって断った事もあったが, その時には,「寺田は絵の展覧会が見られないからと言って京都を断った相だ」と言ふ噂が立った位なんだから, あれは実に苦痛だったよ. 本多さんと来たら土曜も日曜もないのだからね. 所が丁度十一月三日の天長節の朝さ, 下宿の二階で眼を覚まして見たら秋晴れの青空に暖か相な日が射して居るぢゃないか. 有難い, 今日こそ展覧会を見に行かうと思っていそいそと起きて飯を喰って居ると, 障子をあけて這入って来る人があるんだ. 見ると本多さんさ.「今日は休日で誰も居なくて学校が静かでいいわな, さあ行かう」と言はれるんだ. あんな悲観した事はなかったよ.(中略)

写真1 ベルリン留学中の本多光太郎ら(1909年8月撮影, 東北大学史料館所蔵)左から本多光太郎, 桑木彧雄, 友田鎮三, 寺田寅彦. 桑木彧雄(あやお)は物理学者, 科学史家で相対性理論を広めたことで知られている. 九州帝国大学教授, 松本高等学校校長を務めた. 友田鎮三は物理学者, 明治工業専門学校(九州工大の前身)校長を務めた.

然しあの頃の実験で僕は一つの大事な事を会得したよ. それは必ず出来ると言ふ確信を持って何時迄も根気よくやって居れば, 殆ど不可能の様に見られる事でも遂には必ず出来ると言ふのだ. そんな事が物理の研究の場合にもあるとは思はれないだらう, 然しそれがあるのだ. 之は一寸唯物論では説明出来ないな, 本多さんと来たら少し無茶なんだ, 機械の感度から言っても, 装置の性質から言ってもとても測れ相もない事でも, 何時迄でもくつついて居るんだ. さうして居ると, 何処を目立って改良したと言う事もなくて自然に測れる様になるのだから実に妙だよ. あれは良い経験をしたものだな. あの時使ってゐたデイラトメーターなんか随分滅茶なものだったが, あれでよく測れたものだったなあ.

寺田が亡くなったとき, 本多は「思想」の追悼号に一文を寄せている[2].

寺田君は私の親友でまた共同研究者の一人である.（中略）また間歇泉の研究，及び湖水，港湾の静振[注1)]研究のため本邦各地に出張して共に楽しい時日を過ごしたことは忘れられない．私は常に同君の創意と熱心な研究的態度に敬服していた．とくに同君の人格については敬慕の念に堪へない.

私のドイツ留学中寺田君も伯林に来てしばしば楽しい会合をしたことは今なほ記憶に新たである.（後略）

本多・寺田の指導者であった長岡半太郎（写真2）は，地震・波浪など地球物理学の分野の研究も行っていた[3)]．日本の太平洋沿岸は地震による津波の被害を受けることが多い．その典型例は三陸沖地震による巨大津波（1896年6月）で，死者2万2千人に及んだ．長岡は震災予防調査会を組織し，本多らに指示して北海道から九州にいたる約60の湾，入江について潮汐の副振動の特性を調査させた．上記の追悼文にある「港湾の静振研究のため本邦各地に出張」はその調査を指している．調査研究の報告は東大紀要などに掲載されている[4)5)].

写真2　長岡半太郎（1865〜1950）.（長岡半太郎記念館提供）

本多光太郎のゲッチンゲン留学

本多は1907年4月17日，横浜港から讃岐丸でヨーロッパ留学へ旅立った．40余日後にマルセイユに着き，パリを経てドイツに入った．最初の滞在先はゲッチンゲン大学のグスタフ・タンマン（Gustav Tammann）の研究室で，ここで約20カ月を過ごした.

タンマン（写真3）はエストニア共和国の生まれで，ドルパト大学の化学科に学び，物理化学の教授となった．ドイツ語を常用する家系・地域に育ったのでロシア語は苦手で，これがゲッチンゲン大学の招聘に応じた（1903年）

注1）スイスの水文学者（François-Alphonse Forel）がジュネーブ湖における湖水の遥動を観察し，seiche（スイス系フランス語で遥動を意味する）と名づけた．静振はその邦訳で「せいし」と読む.

理由のひとつでもあった．ドルパト大学時代に，無機物質の不均質平衡およびそれに及ぼす高圧の影響に関する研究を行っていたが，ゲッチンゲンではガラスに関する研究を始め，次第に金属合金に手を広げていった．タンマンの発表論文は546件で，当時の材料科学関係の研究者としては驚くべき多産である．タンマンは毎日10時間実験室で過ごし，研究室員にも長時間実験することを求め，思うようにデータを出さないものにはきびしい叱責の声が飛んだという．研究室にはドイツ人学生に加えて諸外国からの留学生も多く，本多光太郎もその一人であった．タンマンが亡くなったとき，本多は日本金属学会誌に以下のような弔詞を掲載しその死を悼んでいる[6]．

写真3　Gustav Tammann (1861 ～ 1938)．

「Gustav Tammann 先生を弔す」

金属学界の長老 G. Tammann 先生は，旧臘17日ゲッテインゲンに於て忽然として永眠された．…中略…1903年ゲッテインゲン大学無機化学の正教授として招聘せられた．茲に終生の地をドイツと定め，研究に一生を捧ぐる決意のもとに帰化された．1907年より物理化学教室の主任教授として，1930年に至るまで孜々として金相学研究に多数の門弟指導の任にあたられた．晩年の研究は主として金属に関するものなるが，初期にあってはその研究取材広汎で，生理学的研究にも携はられ後，相則方面の研究に転じ，Roozeboom の相則論の第1巻中の事実は殆ど Tammann 先生の研究の結果である．即ち熔融及び結晶論と相則の研究とにより金相学に到達せられた．その辿られた途は実に自然の順序であり，又一脈の大河が洋々として大海に流注するの趣きがある．特に金属の研究に熱分析法を利用するの有利なるを示して，合金研究法を開拓された功績は世人の等しく認むる所である．更に金属の変形と再結晶の関係 合金の化学的性質等にも及び，その論文は数百篇に上り多種多彩である．1903年先生がゲッテインゲン大学に転ぜられてより，専ら金相学に傾注され，同大学をして世界に重きをなさしめた．当時の研究生は世界各地より集まり，常に数十名を算した．前京大教授近重眞澄氏及び私も長く先生の門弟として訓育を享けた．先生の門弟に対する態度は厳格であるが又極めて懇切で午前中必ず各研究員に付いて研究の成績を聴き意見を述べて指導せられたので，何れも敬服してゐた．…後略…

昭和十四年二月一日

本多光太郎謹んで弔す

上記の弔詞にある近重眞澄[7]（写真4）は日本人として初めてタンマンの研究室に留学した人で，本多とは約5カ月，滞在期間が重なっている．この間，近重は先輩として研究・生活両面で親切に助言し帰国後も親交が続いた．メタログラフィーの訳語として「金相学」を用いることを提唱したのは近重で，後年この表題の著書[8]（写真5）を出版した．本多が東北大臨時理化学研究所に金属研究グループを立ち上げたとき，化学の素養がある人材の必要性を痛感し近重眞澄に人選を依頼した．このとき，村上武次郎（写真6）は京都大学化学教室の近重の下で講師を務めており，東北大では格下げの研究補助というポストであったので，あまり気が進まなかったけれども，近重の強い勧めにより赴任を決意したという[9]．後年，東北大学金属材料研究所が大きな成果を収めたのは「物理の本多，化学の村上」が車の両輪のごとく研究を推進したことによる．

写真4　近重眞澄（1870～1941）．（個人蔵）

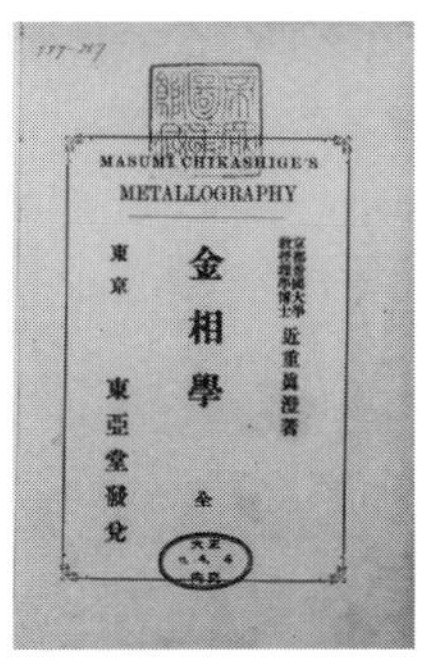

MASUMI CHIKASHIGE'S
METALLOGRAPHY
京都帝國大學教授理學博士 近重眞澄著
金相學 全
東京 東亞堂發兌

写真5　近重眞澄の著書（中表紙）．

写真6　村上武次郎（1882 ～ 1969）．（東北大学史料館所蔵）

ところで，石川悌次郎が執筆した本多光太郎の伝記[10]には，次の一節がある（p.145）．

ゲッチンゲン大学で光太郎がタンマン教授の指導を受けながらまとめ上げた物理的手法による冶金学の研究を表題だけで示せば
○磁化に及ぼす合金の組成並びに温度の影響[注2)]
○強磁性体の磁化に及ぼす焼入の影響
○高温度に於ける鉄及び鋼の変態
○鉄及び鋼の熱磁気的性質
○高温に於ける鉄，鋼及びNiの磁気及び電気抵抗の変化
○高温度に於けるMn化合物の構造変化に対する磁気的研究
○磁気変態及びその命名法
○高温度に於ける鉄及びCr化合物の変化の磁気的研究
などがある．光太郎は，これらの論文をみなドイツ文で書いてタンマン先生の推薦によってドイツの一流の学術誌に発表した．

本多は，ドイツ滞在後半の約14カ月をベルリン大学のデュ・ボア教授の研究室で過ごした．この間の発表した研究論文として，（石川悌次郎は）以下の4編の表題を記している（p.158）．

○元素の磁気係数と温度との関係[注3)]
○高温度における鉄，鋼，Ni, Coの磁気係数
○2元合金の磁気係数（第一報）
○2, 3元素の熱磁気的性質について

これらの論文の書誌事項（原タイトル，共著者の有無など）を知りたいと思い，本多光太郎研究の第一人者である勝木渥さんに問い合わせたところ，意外な答が返ってきた．

「本多の論文リストは『東北帝大理科報告』の記念号（1936）の巻末に載って

注2）Die Magnetisierung einiger Legierungen als Funktion ihrer Zusammensetzung und Temperatur, Ann. der Phys., **337** (1910), 1003-1026.

注3）Die thermomagnetischen Eigenschaften der Elemente, Ann. der Phys. Chem., **32** (1910), 1027-1063.

います[11]．その No.21[注2] がゲッチンゲンでの仕事，No.24[注3] がベルリンでの仕事です．在独中の仕事は，上の2つだけです．石川は，（ドイツの雑誌に掲載された論文をリストから拾い上げて）これを全部ドイツでやった研究だと，本多の刻苦精励を強調したくて，嘘を書いたのです…」

実際，上述の論文リストと照合してみると，石川がドイツでの仕事として挙げた論文の多くは，曽禰，高木などと共著で発表されたものであった．

勝木は，KS磁石鋼の発明過程を克明に調査した結果を『科学史研究』に発表している[12)13]．その中で，石川悌次郎の「本多光太郎伝」[10] について以下のように論評し，史料として引用すべきでないと警告を発している．

> 「…石川の心眼に映じた本多像を見事に形象しえたという点において，伝記小説としては傑作の部類に属する．余りに傑作なものだから，誤ってそれを資料的学術文献とみなして，科学技術史家たちがその中の記述を学術的労作の中に資料として引用したことがあるほどである．しかし，この「伝記」はあくまで伝記小説・大衆的読み物であって，これを（特に記述内容をそのまま史実とみなして）科学史・技術史研究上の史料として引用すべきものではない．…」

ところで，本多の留学からおよそ80年後，和泉修東北大名誉教授がゲッチンゲンにおける本多の寄宿先を探しあてた[14]．大学キャンパス北端に接するあたりのクロイツベルグリング15番地（原綴：Kreuzbergring）である．ゲッチンゲンの大学及び市当局の計らいで，その建物に本多が滞在したことを示す記念標が掲げられることになった．1988年6月11日，和泉教授（当時）も参列して除幕式が行われた．写真7はLevi市長が除幕しているところである．大理石製

写真7　本多光太郎が寄宿した家．ゲッチンゲン市 クロイツベルグリング15番地．大理石で作られた記念標が壁に埋め込まれた．市長が除幕しているところ（1988年6月11日 和泉修氏撮影）．

の記念標には「KOTARO HONDA METALLKUNDLER 1907～1911」と刻されている．なお，本多の記念標のすぐ上にある記念標にはTakagi（高木貞治：数学者1900～1901）の名が記されている．人口13万の学術都市ゲッチンゲンには，多くの著名な学者，政治家，芸術家が足跡を記しており，記念標の数は200を越すという．

金研の原点―臨時理化学研究所の発足[15)]

本多光太郎は1911年，新設された東北大学に赴任し，1916年に新設された臨時理化学研究所第2部主任に就任した．臨時理化学研究所の発足は学術研究体制史の上で注目される事柄で，米国在住の高峰譲吉（写真8）が研究所の必要性を力説したことが契機になったとされている．

写真8　高峰 譲吉
（1854 ～ 1922）．
（金沢ふるさと偉人館提供）

高峰譲吉[16)17)]は東大工学部第一期の卒業（1879，応用化学専攻）で，3年間の英国留学から帰国した後，農商務省に入省し燐酸肥料の研究開発，醸造の研究に従事した．1890年に渡米し，ウィスキー醸造，「タカジアスターゼ」（消化薬）の発明，アドレナリンの結晶抽出など，研究者及び企業人として成功を収め，1912年には学士院賞を受賞した．彼は雑誌『実業之日本』（16巻11号，1913）に「国民的化学研究所設立について」を寄稿し，次のように述べた．

> 明治維新以来，日本の百般の施設は，すべて範を欧米に仰いできた．工業は確かに一新した．が，実態は模倣である．この模倣を永久に続けるわけにはゆかぬ．欧米の方がそれを拒むからだ．ここに来て，我々は自ら研究し，自ら独創を発揮せねばならない．そのためには研究所が必要となる．
>
> この新しい研究所では，いかなる研究に力を入れるべきか？ かつてドイツは廃物であったコールタールの化学的用途を研究して，人工染料や薬品の開発に成功し，その製品が世界市場を制した．たとえば大豆糟

の有効利用の研究　大豆は朝鮮半島や満州で大量に栽培されている．その糟は，コールタールにも相当する貴重な資源ではないか？

また，1913 年 6 月 23 日には東京築地精養軒で同趣旨の講演を行い，「わが国の国力を充実するためには日本固有の科学技術を発展させなければならず，そのためには物理学や化学に基づいた基礎的研究を行う研究所を起こすことが必要である」ことを説いた．この講演をきっかけに「財団法人理化学研究所」の設立への動きが始まった．

一方，大学においても独自の研究成果をもとにして，大学附属研究所を持とうとする機運が高まった．東京帝国大学では「航空研究所」，京都帝国大学では「化学特別研究所」，東北帝国大学では「臨時理化学研究所」の創設が企画され，航空研究所は国費で，京大と東北大については民間資金で運営されることになった．

東北大学は 1915 年 8 月 19 日学内措置として「臨時理化学研究所規程」を制定して研究所が発足し，佐藤定吉（写真 9）が主任となり三共株式会社が研究資金を寄付し不燃性セルロイドなどの研究を開始した．さらに，住友家が鉄鋼研究支援のため寄付を行うことになり，1916 年 4 月に規程を改定し，化学に関する研究を行う第一部と物理学に関する研究を行う第二部を置いた．「臨時」という語が付されているのは，当時立案中であった「財団法人理化学研究所」を念頭に置いたものであり，同時にさし当たっての学内措置であり，いずれ恒久的なものとする含意であったであろうと思われる．本多光太郎が率いた第二部は KS 鋼の発明をはじめとして多くの成果を収め．東北帝大附属鉄鋼研究所に改組発展し（1919），さらに独立官制による附置研究所として金属材料研究所と改称（1922）した．

写真 9　佐藤定吉（1887～1960）．（東北大学史料館所蔵）

順調な発展を遂げた第二部とは対照的な道を歩んだ第一部については語られることが少ない．この機会にその歩みを眺めておこう．

第一部主任となった佐藤定吉は工学部の教授要員（九州大学から東北大学附属工学専門部の教授として 1914 年赴任）で，大豆蛋白質を原料とする不燃セルロイド(後に商品名サトウライト)の製法を研究していた．この研究を高く評価していた高峰譲吉は，彼が社長をつとめていた三共(タカジアスターゼの販売を目的として設立)が研究費を支出し，佐藤はアメリカの高峰譲吉のもとに留学(1916年9月～1917年5月)した．

三共は東京にサトウライト株式会社を設立し，佐藤はアメリカで購入した機械装置類を送り工場建設が進んだ．帰国した佐藤は東京に住居を移して工業化の促進を図ったが不良品が続出し1919年1月，産学連携の最初の事業は挫折した．佐藤はその前年2月に臨時理研の研究主任を辞職，東北大を休職し，1924年には完全に退職した．なお，臨時理化学研究所第一部は工学部化学工学科に吸収された(1922)．

退職後の佐藤定吉は大豆蛋白の工業化の研究を続け，米国の会社の指導も行ったが，「イエスの僕教会」を設立し伝道活動に主力を注ぎ，『科学より宗教への思索』，『人生と宗教』，『自然科学と宗教』などの著作を執筆している．1970年に刊行された追想録[18]は600頁余の大部なもので，遺稿(著作，日記抜粋など)が半分を占め，あと半分が知人の回想で構成されている．

忘れられた物理学者 曽禰武

曽禰武(そね たけ)は本多光太郎の一の弟子であり，黎明期の日本の近代的実験物理学者として多くの見るべき研究成果を挙げた．しかし，胸を病んで休職し，病癒えたとき(1924年)には本多の強い復職の勧めに応ぜず，金研を去った．物理研究を棄てて基督教の伝道者の道を選んだため，その業績はほとんど世に知られていない．金研50年史(1966年)にも「曽禰武は気体の磁性の研究で苦心し，非常に面倒な装置を作って研究した」とあるのみで，その業績によって学士院賞(東宮御成婚記念賞)を受賞したことは記されていない[注4)]．

日本物性物理学史の実証的研究をライフワークとした勝木渥は，本多スクールの研究を調べている過程で曽禰の業績を知った．知人の結婚披露宴の席で面識を得て，1976年10月曽禰(このとき89歳)を自宅に尋ねて聞き取りをはじめ，綿密な裏づけ調査ののち著書[19](写真10)を出版した．主にこの

注4) 東北大学百年史第4巻部局史4第1編 金属材料研究所(2006年刊行)には，学士院賞受賞の事実が明記された．

本の記述を参照して，曽禰の足跡を辿る．

曽禰武（1887 年 3 月 1 日生まれ）は開成中学を卒業し，物理学への憧れを抱いて第一高等学校に入学する．物理実験が行われないことに失望落胆し，2 年のとき知人の紹介で東大物理に本多光太郎（講師）を訪ね知遇を得る．誘われて中禅寺湖の静振測定, 熱海間歇泉の調査に協力する（1906）．東大理 実験物理に入学，このとき本多はドイツ留学中であった．卒業（1911）と同時に，東北大教授になった本多の助手となり，磁性物理学及び地球物理学の研究を行い，欧文誌『東北帝大理科報告』に 10 篇の論文を発表している．

写真 10　『曽禰武－忘れられた実験物理学者』（績文堂出版）の表紙カバー．

安達健五は「初期本多学派の偉業」として 6 項目をあげている[20]．

1. 諸元素の磁化率測定
2. Fe および Fe-C の磁気変態
3. KS 磁石鋼の発見
4. MnO, Cr_2O_3, αFe_2O_3 の磁化率異常の発見
5. 気体の磁化率の測定
6. Fe, Ni, Co 単結晶の結晶磁気異方性エネルギーの決定

このうち，曽禰の行った 4, 5 の研究について補足しておく．

4. 世界で初めて反強磁性体の磁化率のネール温度における λ 型異常を観測した（1914，MnO について）．当時はまだ「反強磁性」の概念が成立していなかった．のちに Néel, Van Vleck による実験及び理論的研究で反強磁性転移と名づけられた．Néel はこれらの研究でノーベル賞を得ている．曽禰の実験は早過ぎた！

5. 考案した精密磁気天秤を用いて，空気，O_2, N_2, CO_2, H_2 の磁化率を測定した．H_2 の場合には 10^{-4}（体積濃度）の O_2 が含まれていても，磁化率の符号が変わってしまう．高純度精製した気体についての曽禰のデータは，世界初の信頼できる値として高く評価された．特に水素の磁化率の測定結果は，当時問題になっていた新旧量子論の優劣判断のための実験データを提供するも

のであった．曽禰に対して授与された第 15 回学士院賞（東宮御成婚記念賞）の研究題目は「気体の磁気係数の測定」である．

窒素酸化物の磁性の研究後，曽禰は胸を患い 1920 年の暮から 3 年間，房州北条町海岸で療養生活を送った．この間に一生の仕事としてキリスト教の伝道に捧げたいという気持を抱くに至った．曽禰とキリスト教との出会いは，一高生のときに読んだ徳富蘆花著『ゴルドン将軍伝』である．その感想を次のように語っている [21]．

「読んでおる中に，私の心にだんだん不思議な光がさし込んで来るのを感じ出した」，「神を信じ，人を愛して，そのためには己が生命をさえも惜しまず捨てる，貴い人生のあることを初めて感じた」．夏休みが終わって，向陵生活に戻ると，「教科書と一緒にゴルドン将軍伝を並べおいて，朝夕これを経典のように熟読して，その美しい序文の如きは殆ど全部暗記したものでした」．そのうち，将軍の美しい人格の源が「その日夕聖経を誦して深く味える基督の模範に私淑する所ありしが故」ということに気づき，「漸く基督を知ろうという考えを起こしはじめた」．

また，柏井園訳『キリスト伝』にも強く動かされたという．本多の実験補助として間歇泉調査（前述）のため熱海に滞在中，保養に来ていた米国人宣教師一家と知り会い，帰京後，その属する小石川基督教会に毎日曜日の礼拝に欠かさず出席し，洗礼を受けた（1907）．療養生活を送った北条町には聖公会の教会があり，立教大学の管理長老が毎月 1 回巡回してきていた．曽禰はその人からギリシャ語および，ギリシャ語の旧約聖書の手ほどきを受け，立教大学予科に自然科学の教師のポストがあると聞き，金研を去る決意を固めた．

本多は「3 年間静養してすっかり治ったのだから，また仙台へ来て自分のもとで研究を続けなさい」と強く復帰を促したが曽禰は断った．この時のことを曽禰は次のように語る．

先生は非常にお優しいお方なんですけれども，ご機嫌が悪いときは目がぐうっと光るんです．…もし先生のおっしゃるとおりに行けば，まあ，物理学者としては何か仕事をしましたろう．その代り先生の下におれば，毎日「どうだ」，「どうだ」とお出でになりますからとても余裕はないんです．ですから，こういうこと言っちゃ悪いんですけれども，悪魔がですね，本多先生という外被を着て，私を誘って「(戻って) 来ないかと，お前せっかく治ったんだから，また来たら良いんじゃないかと（そう言っているように思った)」．先生には信仰の方のご理解はありませんからね．で，大変ご機嫌が悪うございました．だけど許して下さいました．

立教大学教授に就任 (1924) した後は，同大学で後進の指導に当たるとともに，聖公会神学院において聖書の原点の研究を行った．学士院賞 (1925) の賞金で大学の近くに家を借り，無教派独立教会を創立して 16 年間伝道に従事した．終戦と同時に立教大学を辞職して家族の疎開先であった岡山県倉敷市に移住し，約 2 年半ここで伝道を行った．1948 年に母校開成学園の校長に迎えられ，1970 年に辞するまで，22 年間，また辞職後も引き続き自宅で礼拝を行い，聖書を講じた．1988 年 9 月 23 日逝去．享年 101 歳であった．

1955 年に刊行された本多追悼の記念出版[22]に，曽禰武は『私の眼に映じた本多光太郎先生』と題する一文を寄せている．その末尾で次のように述べている．

最近二年間ほどはたびたび田園調布のお宅にお伺いして病気御静養中の先生をお見舞申上げることができたが，先生のあたたかい態度や学問の研究に対する熱心さは昔と少しも変わられないことを誠に有難いことと思った．私が数年前から手掛けたコリオリの力の実験的研究の成果についてまだ充分まとまっていなかったころから一応の結果が出るごとに御報告申し上げておったが，ちょうどそのころ先生は物質の状態変化の際に巨大な内部圧が生ずるという理論をお考えになっておられてその論文の別刷りを下さったり「研究はおもしろいな」と相変わらずの研究熱心の態度に敬服させられた．また私の研究には非常な関心を持たれ「細かい計算等はわからないが，なかなか面白い研究だと思うから，早くノートの形ででも発表しておくがよい」とはげまされた．最近になってやっと五篇の報告にまとめて，これを脱稿することができたが，先生にお目にかけて喜んでいただけないことが残念である．(開成高等学校長・理博)

早い時期に大学を去り，仕事を引き継ぐ者がいなかったという事情のために，曽禰と曽禰の仕事はほとんど忘れられてきた．本多の磁性物理学の衣鉢を継ぐ最長老として大方の尊敬を集めていた茅誠司が，尊敬すべき先輩として折にふれて語るだけだった．その曽禰の貢献を広く人々に伝えたいという熱い思いで執筆された勝木の労作が，広く読まれることを望みたい．

参考文献

1) 中谷宇吉郎：金属，**7** No.4 (1937), 246.
2) 本多光太郎：思想 寺田寅彦追悼号，岩波書店，(1936).
3) 板倉聖宣，木村東作，八木江里：『長岡半太郎伝』，朝日新聞社，1973 年.
4) K. Honda, T. Terada and D. Ishitani: “On the Secondary Undulations of Oceanic Tides”, Phil. Mag., XV, (1908), pp.88-126.
5) K. Honda, Y. Yoshida and D. Ishitani: An Investigation of the Secondary Undulations of Oceanic Tides, J. College Sci. Tokyo, XXIV, (1908), pp.1-110.
6) 本多光太郎：“Gustav Tammann” 先生を弔す，日本金属学会誌, **3** No.2 (1939).
7) 島尾永康：“近重眞澄”，『人物化学史』，朝倉書店，2002 年，pp.137-146.
8) 近重眞澄：『金相学』，東亜堂書房，1917 年.
9) 追想 村上武次郎先生（非売品），出版委員会（東北大学工学部内），1980 年.
10) 石川悌次郎：『本多光太郎伝』，本多記念会，1964 年.
11) 東北帝国大学理科報告本多光太郎博士在職 25 年記念号，Science Reports of Tohoku Imperial University, Professor Honda Anniversary Volume (1936).
12) 勝木渥：“KS 磁石鋼の発明過程 (I)”，科学史研究, **23** (1984), 96.
13) 勝木渥：“KS 磁石鋼の発明過程 (II)”，科学史研究, **23** (1984), 150.
14) 和泉修：“本多光太郎先生の余韻”, 金属, **73** No.10 (2003), 974.
15) 鎌谷親善：日本における産学連携, 国立教育政策研究所紀要, 第 135 集, 2006 年.
16) 飯沼信子：『高峰譲吉とその妻』, 新人物往来社, 1993 年.
17) 真鍋繁樹：『堂々たる夢』, 講談社, 1999 年.
18) 佐藤定吉先生追想録, 佐藤先生を偲ぶ会, 1970 年.
19) 勝木渥：『曽禰 武－忘れられた実験物理学者』, 績文堂出版, 2007 年.
20) 安達健五：“日本の基礎磁性研究者と本多光太郎の人脈”，『本多光太郎－マテリアルサイエンスの先駆者－』，アグネ技術センター，2004 年.
21) 曽禰武先生回心記，http://homepage2.nifty.com/kaisei-kirisutosya/sa.html
22) 本多先生記念出版会編：『本多光太郎先生の思い出』，誠文堂新光社，1955 年.

2
ワインの真正評価法

ロバート・カーン(R. W. Cahn, 1924〜2007)は英国の材料科学者で，材料関係の学術雑誌の創刊編集者，大部の書 Physical Metallurgy(物理冶金学)，エンサイクロペディアなどの編著者としてもよく知られている．その自叙伝の翻訳を月刊誌「金属」の 2005 年 9 月号から 19 回にわたって連載し，のちに単行本「激動の世紀を生きて－あるユダヤ系科学者の回想」[1] として出版した．カーンは科学雑誌 nature の材料科学担当寄稿者(correspondent)として，1968 年以降，長期間にわたって随筆・速報・短評などを執筆した．それらのうち 100 編を選んで単行本 Artifice and Artefacts(匠の技と名品)[2] が発行された．そのほとんどは材料組織・格子欠陥，エピタキシー，結晶成長，規則不規則変態，原子炉材料，磁石…など材料科学関連のものであるが，中にひとつ "In vino veritas(ラテン語：酒中，真あり)" という表題のものがある[3]．この短文は，ワイン中の人工添加物の有無を科学的に評価する方法を述べたものである．面白そうなので，文献として挙げてあったものをはじめいくつか関連論文を読んでみた．ワインに含まれる微量の安定同位体(重水素)の量を調べることによって，添加物の有無のみならず，ワインの産地までも推定できるとのことである．以下に紹介することにしよう．

Chaptalization(シャプタリゼーション)

ブドウが不作の年には，ワインを醸造するに際して原料ブドウ果汁に砂糖を添加することがある．これを補糖と呼ぶが，ワインの甘みを増すためではなく，アルコール度を高めるのが目的である．補糖を表わす用語は，国によって以下のように異なる.

- 比較的寒冷であるフランス，ドイツでは　“enrichment”（富化）
- 中立的姿勢を保持する英国では　“sugaring”（砂糖まぶし）
- 温暖な気候でブドウの糖分不足は起こり得ない
  イタリア，ギリシャでは　“adulteration”（偽和）

このように用語が異なることは，補糖に対する姿勢が国によって異なることを示唆し，補糖は禁止すべきであると考える人も多い．そのような規制を行うためには，補糖の有無を検査する信頼できる方法が確立されていなければならない．

ところで補糖はChaptalization（仏語：シャプタリザシオン，英語：シャプタリゼーション）とも言う．この語はフランスの化学者Jean-Antoine Chaptal（1756～1832，写真1）の名前からきている[4]．Chaptalはモンペリエで薬学を学び，パリで化学を専攻した．革命の時代を生きのび，ナポレオンに登用されて内相になり，公道・運河など公共事業の推進，病院や監獄の改善，科学技術の研究，産業への機械の導入，教育の振興に腕をふるった．農業をフランスの基礎と考え，土地台帳の整備，牛や羊類の品種改良など多方面にわたって活躍した．

写真1　ジャン－アントワーヌ・シャプタル（Jean-Antoine CHAPTAL）.

彼が著した書に『葡萄概論』がある．科学者の目で，栽培地の選択，栽培技術および醸造技術の改良，過剰生産の抑制などを論じたもので，ワイン造りに関する近代的総合論文として，その後の研究の出発点になった．その執筆の動機は革命前から革命後にかけて粗悪なワインが横行したことにある．増大する都市人口の需要を満たすために，無秩序な量産が行われ，銘酒として愛飲されたフランス・ワインの質の低下を憂えたのである．砂糖の輸入量の増大を抑えるために，甜菜から砂糖を抽出する方法を開発し，甜菜の栽培を熱心に奨励した．ワインの醸造における糖分の役割を理解し，必要であるならば加えるほうが良いと述べている．かくして彼の名はChaptalization（ブドウ果汁に補糖すること）として後世に残ることになった．

ワインの検査法

長年にわたって，ワインのキャラクタリゼーションは官能分析（写真 2）あるいはガス・クロマトグラフィーによって行われてきた．しかし，この方法では補糖を検出するのは難しい．ワインの製造コストを下げるため無添加を謳いながらこっそり補糖を行う不届き者も現れる．フランス・ワインの名声を保持するためには，「補糖の有無を科学的に調べる方法を確立して悪徳業者を摘発するべきである」と当局者は考え，賞金付きで Chaptalization を検知することのできる方法を募った（1980 年代のこと）．その結果，ここで述べる“安定同位体比の測定による方法”が採用された．

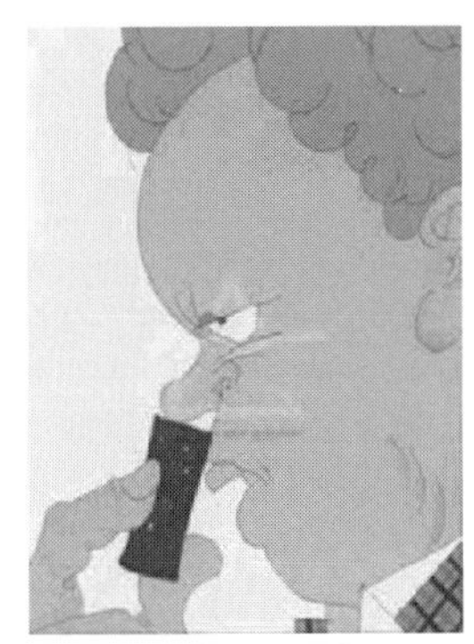

写真 2　ポスター“コルクを嗅ぐ（Sentir le bouchon）” Henri Martin 作．1927 年にパリで出版された本『ワイン閣下（Monseigneur le Vin）』より．

安定同位体（Stable Isotope）

安定同位体とは，放射能がなく天然に安定して存在する，質量（原子量）が異なる元素のことである．地球上のどの場所でも，いずれの元素もほぼ同じ比率の同位体を含んでいる．しかし，詳しく調べてみるとその比率は場所により，あるいは他の因子により微妙に異なる．ここでは，主に食品について考えるので，生物を構成する元素の同位体に注目することにしよう．それらの同位体の原子量は以下のとおりである．

水素（1, 2），炭素（12, 13），窒素（14, 15）酸素（16, 18）

同位体の多さを表わすのに次の 2 つの量が用いられる．

$$R = \frac{\text{Heavy}}{\text{Light}} \qquad A = \frac{\text{Heavy}}{\text{Light} + \text{Heavy}}$$

ここで R は同位体比（isotopic ratio），A は同位体存在度（isotopic abundance）と呼ばれる量である．表 1 に H, C, N, O についてこれらの量の国際的標準値を示した．A と R の値は，炭素以外の元素については，実験精度の範囲内でほとんど同一である．

たとえば炭素原子の場合，大部分（98.9％）は原子量が 12 の ^{12}C である．

表 1　国際標準物質中の安定同位体存在比と存在度（軽元素 H, C, N, O）[9]．

	$^{2}H/^{1}H$	$^{13}C/^{12}C$	$^{15}N/^{14}N$	$^{18}O/^{16}O$
R：同位体比	155.74ppm	1.111233％	0.3663％	0.2001％
A：同位体存在度	155.76ppm	1.12374％	0.36765％	0.20052％
標準物質	H_2O	$CaCO_3$	N_2	H_2O
	V. SMOW*	PDB**	Air	V. SMOW*

＊水素および酸素の同位体比を表示する場合の標準試料としては水が用いられる．一般に水には空気がかなり含まれているので十分に沸騰させて使用する．しかし同位体によって蒸発速度が異なるので，純粋な水を作るために蒸留の操作を繰返すと同位体比が変化する．このため,「標準平均海水」（“大洋の水と同じ同位体組成をもつ水”という意味で，地球上の海洋から広く採取した海水を混合したもの）の測定値を用いる．とくに V.SMOW（Vienna Standard Mean Ocean Water）は 1968 年に国際原子力機構（IAEA）が定めたもので, この機構の所在地ウィーン（Vienna）が付されている．「海水」というと各種の塩類などを含むかのような印象をあたえるが，極めて純度の高い純水である．

＊＊炭素については化石ベレムナイト（PDB：Peedee Belemnite）を標準物質として用いる．ベレムナイトは白亜紀末に絶滅した軟体動物門・頭足綱の一分類群である．形態的には現生のイカに類似し，特にコウイカに近縁であるとされている．ベレムナイトは体の背部から先端にかけて鏃（やじり）型の殻を持っていた．この殻が矢の形をしているので，ベレムナイトの化石を矢石（やいし）と呼ぶこともある．

^{13}C の同位体比は約 1.1％で，植物の種類によって微妙に異なる．ただし，その違いはごくわずかであるので，標準物質（R: Reference）中の値 R_R と分析試料（S：Sample）中の値 R_S の差異を千分率（1/1000：パーミル）で表わすのが通例である．すなわち，$\delta^{13}C$ は次の式で定義される．

$$\delta^{13}C\,(‰) = 100 \times [(R_S/R_R) - 1] \quad (1)$$

これを“炭素安定同位体比（Stable Isotope Ratio: SIR）”と呼ぶ．

C3, C4 植物の炭素同位体比

植物は, その光合成のサイクルによって, C3 植物, C4 植物に分類される[注1]．陸上植物の多くは C3 植物であるが，サトウキビやトウモロコシなど乾燥，高温の環境で生育するイネ科植物は C4 植物である．炭素同位体比 $\delta^{13}C$ は，

注 1）光のエネルギーにより二酸化炭素を固定する過程を光合成反応という．最初の反応産物は植物の光合成反応機構によって異なる. 最初の反応産物が C 原子を 3 つ含むものは C3 植物, C 原子を 4 つ含む化合物であるものは C4 植物と呼ばれる．

C3 植物では平均 −27，C4 植物では平均 −12 である．すなわち，C4 植物は C3 植物よりも重い炭素同位体をたくさん含んでいる．したがって，炭素同位体比を分析[注2)]すれば糖類の由来（はちみつ等の C3 植物由来か，サトウキビのような C4 植物由来か）が区別できる．ところで，ブドウ，リンゴなどの果物に比べると砂糖の値段は安いので，“天然果汁”に砂糖を添加する偽和が行われやすい．みかん，ブドウ，リンゴなど果物の大部分は C3 植物で，添加される砂糖がサトウキビ由来のものであれば検出可能であるが，甜菜糖は C3 植物であるのでこの方法での検出はできない．

ワインの製造過程における同位体の分別

ブドウが生育する過程，またそのブドウから採取した果汁が発酵する過程において，原子量の異なる同位体はどのようにふるまうであろうか？ 一般に，原子番号が同じ元素はほぼ同じようにふるまうが，質量の違いは何らかの影響があるはずである．たとえば拡散は重い原子ほど遅い．したがって，物理学的・化学的プロセスを経て新たな化合物が作られるとき，その“原料素材”と“製品”の同位体比には変化がみられる．この同位体比の変化を同位体分別（isotopic fractionation）という．同位体分別は，もっとも軽い原子である水素の場合に顕著に現れると期待される．何しろ $^2H(=D)$ は質量が ^1H の 2 倍であり，他の元素の同位体の場合よりはるかに差が大きいのであるから．そこで，ワインにおける水素同位体について考えることにしよう．

ワインは主にエチルアルコール（C_2H_5OH）と水（H_2O）からできている．発酵前のブドウ果汁（must, フランス語では moût）は水と，ほぼ 50/50 glucose-fructose（ブドウ糖−果糖）からできている．したがって，“ブドウの生育からワインができる”までを，以下のような反応式で表わすことにしよう．

光合成過程　$6CO_2 + 6H_2O \rightarrow C_6H_{12}O_6 + 6O_2$
（大気）（植物）（大気）

H_2O の移行　$mH_2O \rightarrow pH_2O + (m-p)H_2O$
（土壌）（植物）（大気）

注2）試料を酸化して二酸化炭素（CO_2）の形にし，質量分析計にかける．質量が 46（$^{12}C^{16}O^{18}O$），45（$^{13}C^{16}O_2$），44（$^{12}C^{16}O_2$）の 3 種の二酸化炭素分子のうち，後者の 2 種の分子の数の比から $\delta^{13}C$ 値が定まる．

$$発酵過程 \quad C_6H_{12}O_6 + pH_2O \rightarrow 2C_2H_5OH + pH_2O + 2CO_2$$

（ブドウ果汁）　　　　（ワイン）

以下では，核磁気共鳴法を用いて水素同位体比を求める方法を述べる．

核磁気共鳴法—同位体比を求める実験手法として—

核磁気共鳴（Nuclear Magnetic Resonance, NMR）とは，磁気モーメントをもつ原子核（^{1}H, ^{13}C など）を含む物質を静磁場の中におき，これに共鳴条件を満足する周波数の電磁波を加えたときにおこる共鳴現象である（図 1 参照）．共鳴周波数は静磁場の強さに比例する．1 テスラの磁場のもとでの ^{1}H 核の共鳴周波数は 42.5774 MHz，^{2}D 核に対しては 6.53566 MHz である．

図 2 にエチルアルコール（CH_3CH_2OH）の 1H 核の NMR 信号を観測したスペクトルを示した．NMR 信号を図示（プロット）する時には，通常の数学の表示とは異なり，慣例で右側を 0（基準位置）として，そこから左に数字が増えるように描く．この図ではエチルアルコールの CH_3 基の 1H 信号を基準にしてプロットしている．エチルアルコール中の OH は，別のエチルアルコール分子の OH 基と水素結合している．水素結合した OH 基の信号は，水素結合していない状態での信号に比較して左側に大きくずれて観測される（これを化学シフトという）．それが図 2 の一番上の状態である．これにクロロフォルムを滴下していくと，クロロフォルムとエチルアルコールは水素結合しないので，徐々にエチルアルコール

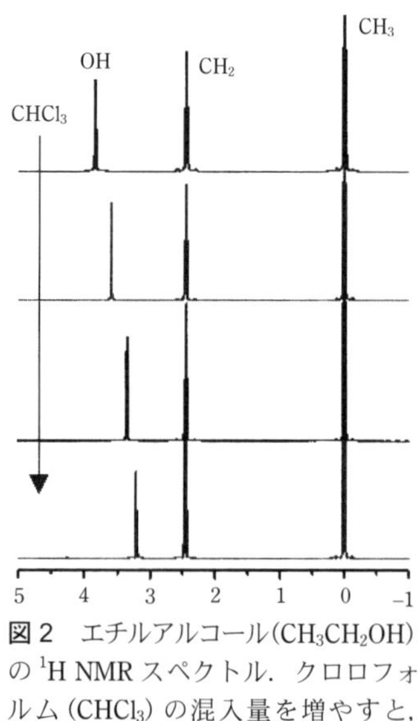

図 2　エチルアルコール（CH_3CH_2OH）の ^{1}H NMR スペクトル．クロロフォルム（$CHCl_3$）の混入量を増やすと，OH 基の信号が移動する．

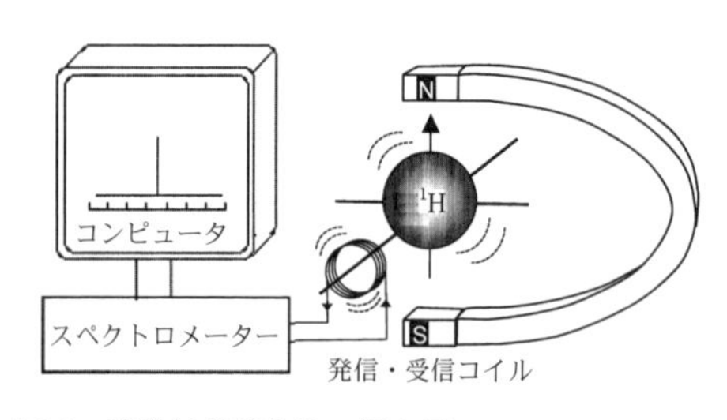

図 1　核磁気共鳴実験の概念図．

分子同士が水素結合できる割合が減り，水素結合していない状態に近づく．そうなると，OH 基の 1H 信号は図に見られるように，右側に徐々にずれて観測されるようになる．CH_2 基と CH_3 基にずれが観測されていないことに注目しよう．これらは水素結合に関与していないため，信号の位置が変化しない．

SNIF-NMR 法

上述のように，フランス・ワインの名声を保持するために，フランス当局は百万フランの賞金を出して Chaptalization を検知することのできる方法を募った．その賞金を獲得したのが Nantes 大学の Gerard Martin のグループであった．Martin は，SNIF-NMR [注3] と略称される核磁気共鳴 (NMR) 法を用いて，エチルアルコールの特定のサイトにおける水素と重水素の割合を測定し，それらの量を変数として多変量解析を行い，ワインの分析に新たな道を開いた [5)~9)]．この方法は Chaptalization の検知 [6)] のみならず，純正ワインの産地，醸造年度の推定にも有効であることが明らかとなった．

エチルアルコールには，炭素と結合する水素位置として，メチル基，メチレン基の 2 種類がある (図 3 参照)．これらのサイトそれぞれ，及び水酸基の D/H 比を測定することによって，アルコールの出自 (原料植物の種別，産地) を決定 (もしくはかなりの確度での推測) が可能である．以下，その詳細を述べることにしよう．

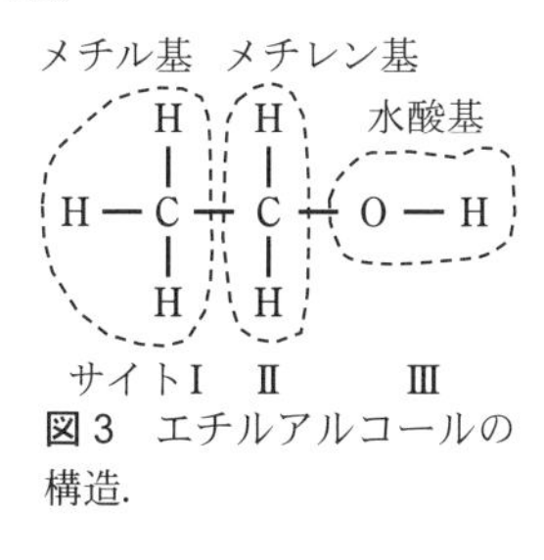

図 3　エチルアルコールの構造．

ワインの鑑別に SNIF-NMR 法を用いる際には，まずワインを蒸留して“ほぼ完全に純粋な”アルコールを製造する．この操作は，NMR 法の精度を高めるのに必須の前処理である．エチルアルコールの isotopomer (同位体組成の異なる異性体) としては，1 分子中にただ 1 個の D 原子を含むもの，

CH_2DCH_2OH (I)，CH_3CHDOH (II)，CH_3CH_2OD (III)

を考えればよいであろう (1 分子中に 2 個以上の D 原子が含まれている可能性はごく小さいから無視できる)．図 3 に示すように H (D) 原子の占める 3 種

注3) SNIF は “site-specific natural isotope fractionation” (位置特異的天然同位体比) の頭文字．

の位置を，それぞれサイト I, II, III と呼ぶことにしよう．図 4 はそれぞれのサイトを占める ^{2}H, すなわち D 原子の信号を示すスペクトルである[9]．それぞれのピークの面積から対応する分子の数を求めることができる．上で述べたように，1H と D 原子の信号は全く異なる振動数に現れるので，それぞれの数を精度よく求めることができる．そのデータを用いて，各サイト i に対する同位体比 $(D/H)_i$ の相対パラメーター δD_i (‰) を (1) 式の定義にしたがって，次のように書く．

$$\delta D_i(‰) = 1000\ [(D/H)_i - (D/H)_{V.SMOW}]/(D/H)_{V.SMOW} \qquad (2)$$

ワインに含まれる水とエチルアルコールの水酸基 (サイト III) に含まれる水素 (重水素) はいつもやり取りがあって，熱力学的な平衡が成立している．すなわち，2 つの位置に対する同位体比は独立ではなく，次の関係がある．

$$(D/H)_{III} = K_e (D/H)^W_W \qquad (3)$$

ここで，上付き文字の W はワインを下付き文字の W は水を示している．この関係から，$(D/H)_{III}$ の代わりに，$(D/H)^W_W$ を用いることにしよう．Martin らは，以上の 3 つの量に，原料ブドウ果汁中の水の同位体比を加えて解析を行った．すなわち，解析する量は次の 4 つである[注4)]．

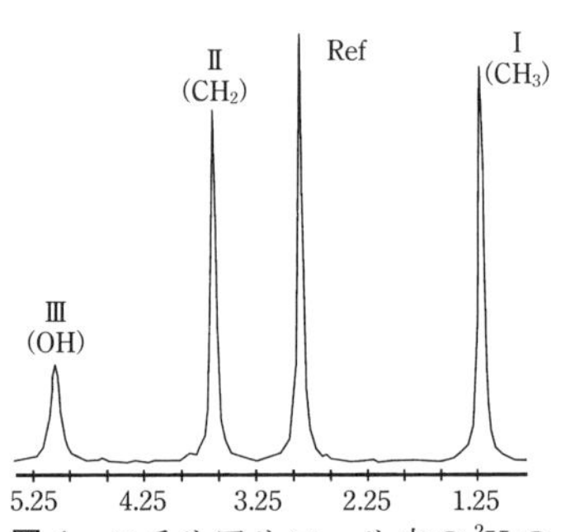

図 4　エチルアルコール中の ^{2}H の NMR スペクトル[11]．Ref は内部比較標準として添加したテトラメチル尿素 ($C_5H1_2N_2O$) による信号．

$(D/H)_I$　メチル基の同位体比

$(D/H)_{II}$　メチレン基の同位体比

$(D/H)^W_W$　ワイン (W) 中の水の同位体比

$(D/H)^M_W$　原料ブドウ果汁 (M) 中の水の同位体比

NMR スペクトルのデータ解析は，ソフトウエア ISOLOG[10] が用いて

注4) したがって，「店頭に並んでいるワインを 1 本買ってきて，それを分析して…」という訳ではない．実際，ここで述べる一連の研究は「ワインの醸造業者から原料ブドウ果汁の提供を受け，それを醸造してワインとし，さらに蒸留してエチルアルコールを得る」という一連の作業を規定された手順にしたがって実施し，得られたサンプルを解析したものである．

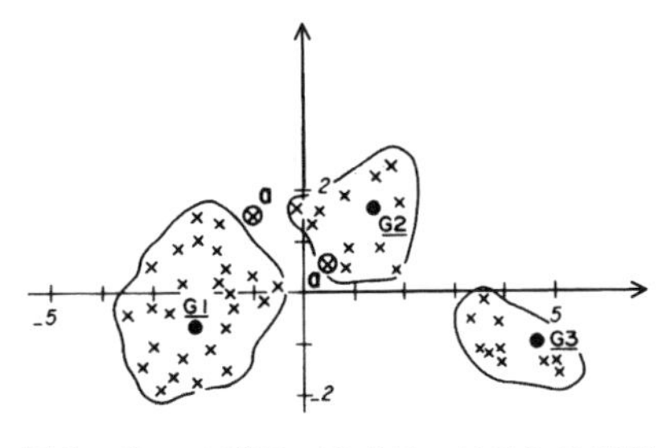

図5　チュニジア，スイス，フランス産出ワインの判別分析[8]．

行われた．解析結果の一例として，3カ国産出ワインの判別分析（Discriminant analysis）の結果を図5に示す．横軸，縦軸の D_1, D_2 は，(D/H) の4変数（x_1, x_2, x_3, x_4 とする）を下記のように線形結合（重みをつけて足し合わせる）したものである．

$$D_1 = c_{11}x_1 + c_{12}x_2 + c_{13}x_3 + c_{14}x_4$$

$$D_2 = c_{21}x_1 + c_{22}x_2 + c_{23}x_3 + c_{24}x_4$$

重み係数 c_{ij} は，産地が分かっている学習サンプルを用いて決定する．同じ産地のワインのデータ点は近接し，異なる産地のワインのデータ点は互いに離れて分布するような最適値を選ぶ．数学的には，固有方程式の固有値と固有ベクトルを求める問題に帰着する．

図5に示したように，3カ国のデータは2変数でうまく表現することができる．図中の黒点G1, G2, G3はそれぞれの重心の位置を示す．チュニジアとスイス（Valais地方）産の判別は100％可能である．フランスのGard地方の気候条件は，他の2国の中間的であるが，チュニジア産との判別は100％，スイス産とは93％の精度で判別できる（スイス産ワイン30のうち2種のワインはフランス産の重心に近い場所に位置する）．

SNIF-NMR法は，果物ジュースへの甜菜砂糖の添加の有無を調べるのにも用いられている[11]．その試験方法を確立するために，フランス，英国など6カ国の15研究機関が共同研究を行った．この果物ジュースの検査の場合にも，まず果汁を発酵させ，それから抽出したエチルアルコールをについてNMR測定を行っている．砂糖（$C_6H_{12}O_6$）よりもエチルアルコールの分子構造が簡単であり，それに対応して水素（重水素）のNMRスペクトルも単純で，精度のよい解析ができるからである．

おわりに

Gerard J. Martinとその妻Maryvonneは1981年にSNIF-NMR法を提案し[5]，1986年にその詳報を発表した[7]．その間，彼らの息子Gillesは食品検査会社 EUROFINS[注5]を設立し，この方法の実用化を図った．1987年4月には，「葡萄・ワイン国際機構」(33カ国が加盟) がSNIF-NMR法を「ワインのChaptalizationを検証する方法」として公式に認定し，欧州共同体 (EU) も翌年これを追認した．EUは1992年にワインデータバンクを創設し，毎年400種以上の原料ブドウ果汁と1200種のワインについて，同位体分析を含めたデータを加えている[11]．

ところで，我が国においては，牛肉やウナギの産地の詐称，米の銘柄の詐称，加工食品のごまかしなどの食品詐欺がしばしば新聞をにぎわせている．こうしたウソ，水増しなどの行為を専門用語で「偽和」と呼ぶ．偽和の摘発と防止対策については，欧米先進国に比し日本ははるかに遅れているとのことである．文献12) には，食品詐欺の歴史・防止対策をはじめ本稿で述べた安定同位体比分析，核磁気共鳴法，赤外分光分析，電気泳動法，DNA法など各種の食品分析法が紹介されている．一読を勧めたい (図6)．

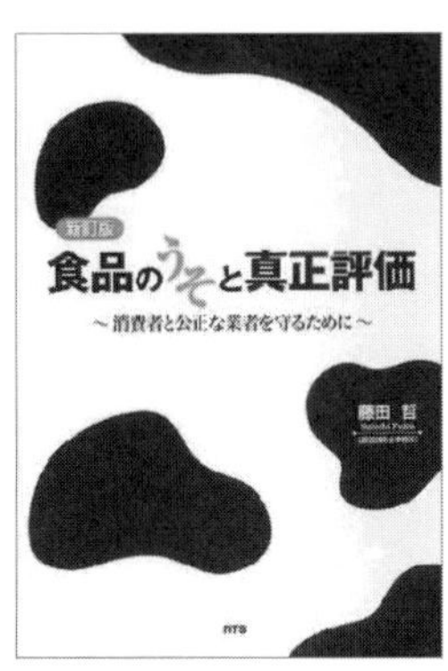

図6 『食品のうそと真正評価』(エヌ・ティー・エス) の表紙カバー．

本稿を執筆するに際し，多変量解析について丁寧に解説して下さった畏友 吉村功氏 (東京理科大学名誉教授) に厚く謝意を表する．

参考文献

1) ロバート・W・カーン著，小岩昌宏訳：『激動の世紀を生きて あるユダヤ系科学者の回想』，アグネ技術センター，2008年．（下記の英書の元になった原稿の邦訳．ただし，英書には邦訳書の第5章は省かれている，章の配列順序が異なっている，などの違いがある．）R. W. Cahn: The Art of Belonging, Book Guild Publishing, 2005.

2) R. W. Cahn: Artifice and Artefacts-100 Essays in Materials Science, Taylor & Francis, 1992.

＊5 現在ではEUROFINS Scientific Groupとして，世界30カ国に150の検査施設を有し，従業員8,000人からなる世界最大の分析検査グループに成長した．食品・医薬・環境などの各種産業や政府・地方自治体に対して幅広い検査及びサポートを提供している．

3) R. W. Cahn: "In vino veritas", Nature, **338** (1989), April 27, 708-709.
4) G. J. Martin: "The Chemistry of chaptalization", Endeavour, New Series, **14** No.3 (1990), 137-143.
5) G. J. Martin and M. L. Martin: "Deuterium Labeling at the Natural Abundance Level as Studied by High Field Quantitative 2H NMR", Tetrahedron Lett., **22** (1981), 3525-3528.
6) G. J. Martin and M. L. Martin: "Determination par Resonance magnetique nucleaire du Deuterium du Fractionnement isotopique specifique naturel", J. de chimie physique, **80** (1983), 293-297.
7) G. J. Martin et al.: "Deuterium Transfer in the Bioconversion of Glucose to Ethanol Studied by Specific Isotope Labeling at the Natural Abundance Level", J. Am. Chem. Soc., **108** (1986), 5116-5122.
8) G. J. Martin, C. Guilou, M. L. Martin, M.-T. Cabanis, Y. Tep and J. Aerny: "Natural Factors of Isotope Fractionation and the Characterization of Wines", J. Agric. Food Chem., **36** (1988), 316-322.
9) G. J. Martin and M. L. Martin: "Stable Isotope Analysis of Food and Beverages by Nuclear Magnetic Resonance", Annual Reports on NMR Spectroscopy, **31** (1995), 81-104.
10) G.G. Martin, F. J .C. Pelissolo and G. J. Martin: "ISOLOG: A Diagnosis System for Origin Recognition of Natural Products through Isotope Analysis", Computer Enhanced Spectroscopy, **3** (1986), 147-152.
11) G. G. Martin, R. Wood and G. J. Martin: "Detection of Added Beet Sugar in Concentrated and Single Strength Fruit Juices by Deuterium Nuclear Magnetic Resonance (SNIF-NMR Method): Collaborated Study", Journal of AOAC International, **79** (1996), 917-927.
12) 藤田哲：『食品のうそと真正評価－消費者と公正な業者を守るために（新訂版）』，エヌ・ティー・エス，2003 年.

3
形状記憶合金 ニチノールの誕生

「アメリカの軍関係の研究所での話．首脳部の会議の席上で，新たに開発された耐熱合金の板状サンプルが回覧された．1人の将軍が，くゆらしていたパイプを，折り曲げてあるサンプルに近づけたら，もとのまっすぐな形にもどった．これが形状記憶効果の発見の劇的瞬間である…」

形状記憶合金について以上のような話を読んだ記憶がある．どの雑誌で読んだのだろうか？比較的早い時期に形状記憶効果を紹介した記事として，私の大学時代の恩師 橋口隆吉先生による短文が思い浮かぶ．もしかするとそこに書いてあった話かもしれない．「固体物理」の創刊号(1966年)に載っているその文章[1]を読み直してみた．

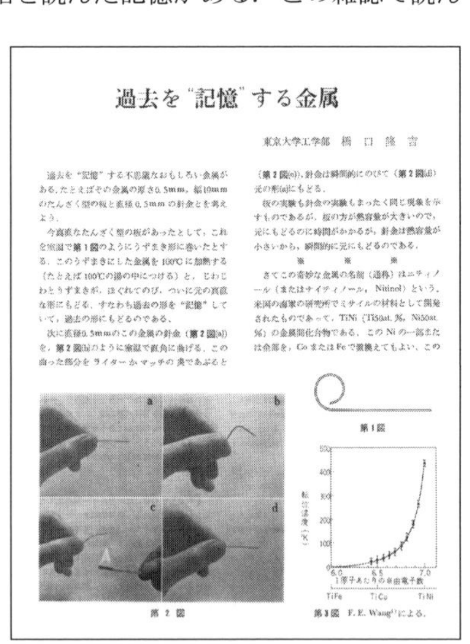
過去を“記憶”する金属

東京大学工学部　橋口隆吉

過去を“記憶”する不思議なおもしろい金属がある．たとえばその金属の厚さ0.5mm，幅10mmのたんざく型の板と直径0.5mmの針金とを考えよう．

今真直なたんざく型の板があったとして，これを室温で第1図のようにうずまき形に巻いたとする．このうずまきにした金属を100℃に加熱する(たとえば100℃の湯の中につける)と，じわじわとうずまきが，ほぐれてのび，ついに元の真直な形にもどる．すなわち過去の形を“記憶”していて，過去の形にもどるのである．

次に直径0.5mmのこの金属の針金(第2図(a))を，第2図(b)のように室温で直角に曲げる．この曲った部分をライターかマッチの炎であぶると(第2図(c))，針金は瞬間的にのびて(第2図(d))元の形(a)にもどる．

板の実験も針金の実験もまったく同じ現象を示すものであるが，板の方が熱容量が大きいので，元にもどるのに時間がかかるが，針金は熱容量が小さいから，瞬間的に元にもどるのである．

※　※　※

さてこの奇妙な金属の名前(通称)はニチノール(またはナイチノール，Nitinol)という．米国の海軍の研究所でミサイルの材料として開発されたものであって，TiNi(Ti50at.%，Ni50at.%)の金属間化合物である．このNiの一部または全部を，CoまたはFeで置換えてもよい．この

第1図

第2図

第3図　F. E. Wang[1]による．

写真1　「固体物理」創刊号の記事．過去を“記憶”する金属．

過去を“記憶”する不思議な面白い金属がある．例えばその金属の厚さ0.5 mm，幅10 mmのたんざく型の板と直径0.5 mmの針金とを考えよう．

今，真直なたんざく型の板があったとして，これを室温で第

1図のようにうずまき形に巻いたとする．このうずまきにした金属を100℃に加熱する（たとえば100℃の湯の中につける）と，じわじわとうずまきがほぐれてのび，ついに元の真直な形にもどる．すなわち過去の形を“記憶”していて，過去の形にもどるのである……．

さてこの奇妙な金属の名前（通称）はニティノール（またはナイティノール，Nitinol）という．米国の海軍の研究所でミサイルの材料として開発されたものであって……，この合金をわれわれに紹介してくれたのは，米国のF. E. Wang博士であるが，最近まで機密研究になっていたらしく，ほとんど公表された論文がない……．

しかし，この文章には冒頭に記した“形状記憶効果の発見の劇的瞬間”の話は出てこない．その話をたしかめたいと思ってネットサーフィンをしていたら，発明者であるビューラーによる“NITINOL Re-Examination”と題する文献[2)]が見つかり，“劇的瞬間”はほぼ私の記憶通りであることをたしかめた．この機会に，この合金の開発初期の話を紹介しようと思って探索を続けたら，G. B. Kauffman博士による“The Story of Nitinol”という文献[3)]も見つかった．さらには同博士から，東京医科歯科大学で学んだという日系メキシコ人の歯科医Alberto Teramoto氏を紹介され，同氏が編集した“SENTALLOY”と題する冊子をいただいた．これにはビューラーの回想[4)]，Kauffmanの解説[5)]も載っている．これらの文献をもとに，ニチノールの開発に至る初期の研究を記すことにしよう．

ニチノール開発秘話―発明者ビューラーは語る―

公私ともに転機に立つ

1958年の夏は私（この節では文献[2)4)]に倣って，ビューラー[注1)]が語る形式で記す）にとってみじめな時期であった．当時続けていたFe-Al系

注1）ビューラー（William J. Buehler）の略歴：1923年10月生まれ．ミシガン州立大学で学士課程（化学工学），修士課程（冶金学）を終え，ノースカロライナ大学冶金学科に3年間勤務した．1951年に「海軍兵器研究所（Naval Ordnance Laboratory．NOLと略記）」へ入所．1956年上級物理冶金研究員．1975～1979の間，Virginia Polytechnic Institute and State UniversityにAssociate Professorとして勤務．

に関する研究は打ち切られ，一緒に働いていた研究補助者たちは次の職場を探し始め，家庭生活においても最初の結婚は破局を迎えた．公私とも心機一転して再出発すべきであると感じた．このころ，私の職場，米国海軍兵器研究所（Naval Ordnance Laboratory. NOL と略記）では SUBROC ミサイル（対潜水艦攻撃用ミサイル．潜水艦から発射される．submarine と rocket の合成語）の開発計画が進行しており，このプログラムの一員に加えてもらった．ミサイルが大気圏に再突入する際の，先端部（nose cone ノーズコーン）の加熱状況の計算機シミュレーションが行われており，それに必要な各種金属合金の数値データの収集を担当することになった．このルーチンワークをこなしている間に，昔，冶金の講義で金属間化合物の話を聞いたことを思い出した．この種の合金は融点が高くて，再突入用ノーズコーンに適しているだろうが，脆いという欠点がある．しかし，必ずしもそれが致命的とは限らない．ガラスだって脆いけれど，透明という何物にも代えがたい特性を生かしていろいろ使用されているではないか．少し調べてみようと思い立った．

写真 2　ニチノールのデモンストレーションをするビューラー[4]．まっすぐなワイヤに電池をつなぎ，電流を流すと，曲がりくねって "Innovations" という語句の形になる．1968 年 6 月米国海軍兵器研究所（NOL）にて．

金属間化合物のデータ収集と予備実験

1958 年の秋に金属間化合物材料のデータを集め始めた．丸 1 週間かけて数百の合金状態図を調べた．1250 ページからなる Max Hansen の Constitution of Binary Alloys（2 元系合金状態図）と題する本は出版されたばかりで，ワシントンにある国会図書館へ行ってようやく見ることができた．金属間化合物型の中間相を形成する系で，その融点が成分元素の融点より高いものを選別すると，約 60 の合金系が浮かんだ．いろいろな理由で，その中から 12 の系に絞った．表 1 にこれらの金属間化合物に

表 1　金属間化合物の特性[4].

融点 (℃)	密度 (g/cm^3)	耐衝撃性 (室温)		耐酸化性*	原料価格 ($/pound)
V_5Si_3 (~2150)	$ZrNi_4$ (8.4)	TiNi	(金属結合的)	Ti_5Si_3 (1)	V_5Si_3 (30.05)
Ti_5Si_3 (2120)	$ZrNi_3$ (8.3)	Co_4Zr		V_5Si_3 (2)	V_2Zr (25.90)
Zr_2Si (2110)	Co_4Zr (8.3)	$ZrNi_4$		NiAl (2)	Zr_2Si (8.70)
$ZrNi_3$ (~1750)	V_2Zr (6.4)	$ZrNi_3$		$ZrNi_3$ (2)	Zr_4Al_3 (8.24)
Co_4Zr (>1675)	TiNi (6.4)	TiAl		$ZrNi_4$ (2)	Co_4Zr (4.67)
Ti_3Sn (1663)	Ti_3Sn (6.0)	V_2Zr		TiAl (3)	$ZrNi_3$ (3.80)
$ZrNi_4$ (~1650)	NiAl (5.9)	Ti_3Sn		Co_4Zr (3)	Ti_5Si_3 (3.24)
NiAl (1638)	Zr_2Si (5.8)	Zr_4Al_3	(イオン結合的)	TiNi (3)	Ti_3Sn (1.65)
Zr_4Al_3 (1530)	V_5Si_3 (5.6)	NiAl		V_2Zr (4)	Ti_3Sn (1.57)
TiAl (1460)	Zr_4Al_3 (5.3)	Ti_5Si_3		Ti_3Sn (4)	TiAl (1.46)
V_2Zr (1300)	Ti_5Si_3 (4.3)	Zr_2Si		Zr_2Si (D)	TiNi (1.30)
TiNi (1240)	TiAl (3.7)	V_5Si_3		Zr_4Al_3 (D)	NiAl (0.48)

* 1100℃ 2h，D は disastrous (破滅的) で極度に悪いことを表す.

関するデータを示す. 最初のカラムは融点が高い順に，3 番目のカラムは耐衝撃性，4 番目のカラムは耐酸化性がよいものほど上の方に位置するように並べてある. 2 人の研究補助者とともに，単純かつ直接的な方法でこれらの合金の性質を調べた. アーク溶解でボタン状の試料を作り，ハンマーでたたいて，もろさの程度を判定した. 第 3 カラムに示したように，非常に靭性に富むもの (金属結合性) から，おそろしく脆いもの (イオン結合性) までさまざまであった.

TiNi を選んで加工性を調べる

ハンマーテストで非常に靭性があることがわかった TiNi について詳しく調べることにした. アークキャストしたボタンを薄赤く光る程度に加熱すると，容易に板状に圧延することができる. また熱間圧延した板は，600℃付近での短時間の中間焼きなましをすれば，冷間圧延が可能であった. 圧延がうまくいったので，次は線材作りに取り組んだ. 直径 16 mm，長さ 100 mm 程度の棒材を熱間スエージしたのち，やはり 600℃付近での短時間の中間焼きなましを挟むと，任意の径の線材を線引き加工で作ることができた.

この加工の仕事を行っている際，私と 2 人の仲間は奇妙なことに気づいた．板を圧延，あるいは線をスエージあるいは引抜加工すると当然長さは伸びる．ところが中間の焼きなましをすると長さがいくらか減少するのだ．これは，この合金の形状記憶特性を暗示する初期の兆候の一つであったのだが，その当時は私の関心を強く引き付けるには至らなかった．

驚くべき発見—振動ダンピング特性の温度による急変

室温付近で温度がいくらか変わると，この合金の音響減衰が顕著に変化するという驚くべき現象を発見した時のことを私は鮮明に記憶している．そのころはアーク溶解炉で合金を溶解し，ニチノールの棒状試料を作り続ける日々であった．1959 年ころのある日のこと，6 本の試料を作り実験机の上において冷却した．最初に鋳込んだ試料は室温近くまで冷えていたが，後から鋳込んだものはまだ手でつかむには熱過ぎるくらいであった，温度が少しずつ違う一連の試料が，期せずしてそろっていたのである．冷えた試料を工作室へ持っていき，グラインダーで試料表面を削ることにした．その途中で手につかんだ試料をコンクリートの床にわざと落としてみた (これは試料の減衰特性を手っ取り早く調べるのによい方法である)．同寸法の鉛の試料を落としたときのように，ドスンと鈍い音がした．アーク鋳造の過程で沢山の微小クラックが試料中に出来てしまったためかと思った．いささかがっかりしたが，ほかの試料も床に落としてみた．驚いたことに，温かい試料はベルのように鳴り響くのである．そこで私はまだ熱い (ベルのように鳴る) 試料をもって最寄りの水飲み場へと文字通り駆け寄り，冷水で冷やしてみた．完全に冷えたところで床に落としてみると，なんと鉛のような鈍い音を立てるではないか！ この変化を確かめるため，冷えた試料棒を沸騰しているお湯で温めてから床に落とすと，ベルのように高らかに鳴り響く．ということは，温度のわずかな変化によって原子レベルの構造が変わり，それによって音響減衰特性が変化するのだ….

わずかな温度変化で音響減衰特性が激変する試料は，いずれも同じ組成であって Ni と Ti を 1 対 1 の原子比で含んでいる．減衰特性が変化する温度を正確に決めるため，単純な実験をやってみた．棒状試料を糸で吊るしておき，いろいろな温度のお湯に漬けては鋼製の棒で叩くのである．

組織観察担当の技官であり，音楽家としても定評のある Heintzeiman 君を煩わせて耳を澄ませてもらい，減衰特性が遷移する温度を正確に決めた.

Ti-Ni 系状態図の検討

TiNi が耐衝撃性に優れ，熱間および冷間加工が可能であり，音響減衰特性が劇的変化をすることを知って，私の興味はピークに達した．そこで Ti-Ni 状態図（図 1）[注2] の等比組成の近傍を詳しく調べてみることにした．Hansen の状態図集には 1953, 1955 年に発表された図が載っている．いずれも等比組成の低温の部分は点線で示してあり，まだ確定的ではないことを意味している．私が扱っているものは果たして単相の TiNi か，それとも $Ti_2Ni+TiNi_3$ の 2 相組織だろうか？

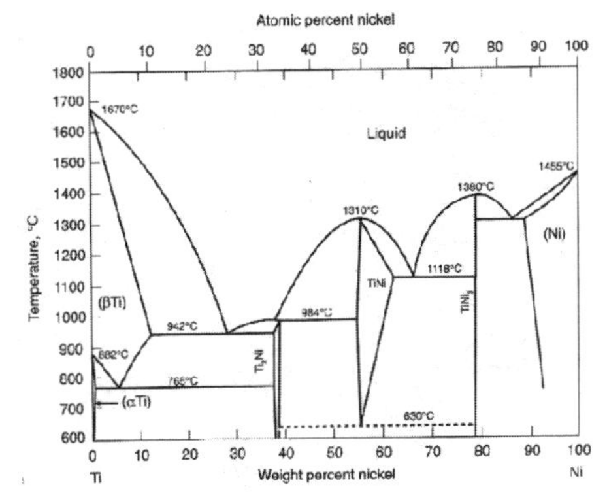

図 1　Ti-Ni 系状態図.
(Massalski TB, Okamoto H, Subramanian PR, Kacprzak L, editors. Binary alloy phase diagrams, 2nd edition, vol. 3. Materials Park, OH: ASM International; 1990.)

結晶に関する科学の基本的な教育を受けていなかった私は，冶金学的研究の通常のやり方にしたがって，組成がわずかずつ異なる一連の試料を作製した．そして熱間加工性，音響減衰の温度依存性，高温から急冷および徐冷した試料の硬さを測定し，金属組織を調べてみた．これらの実験の結果明らかになったことを要約しよう.

1) 隣接相の Ti_2Ni, $TiNi_3$ を熔製して調べたところ，いずれももろいことが分かった．したがってその 2 相を混合した試料が靭性に富むとは考えられないから，等比組成の試料は単相であると思われる.

注 2）文献 4）には 2 つのタイプの状態図 A, B が掲載され，その妥当性が議論されている．ここではこれらの図の掲載は省略し，現在一般に受け入れられている状態図を図 1 として示す.（筆者註）

2) Ni 組成を 48〜72 重量％の範囲で変化させた 8 本の試料について熱間スエージングを行った結果からすると，Ti_2Ni 相を含有する試料（48〜52 重量％ Ni）の方が $TiNi_3$ 相を含有する試料（60〜72 重量％ Ni）より靭性低下が著しい．

3) 組成の異なる一連の試料について，赤熱温度から炉冷あるいは急冷した状態で室温における硬さを測定した（図 2）．化学量論組成 TiNi（重量では 55 wt％ Ni）付近で硬度は最小になる．またこの TiNi 組成では，冷却速度によって硬度はあまり変化しない（挿入図参照）．もう一つ 60 wt％付近で意外なことが起こった．この組成の試料は急冷するとロックウエル硬さが 60 を超える．これは，急冷硬化した工具鋼の硬さにせまるものである．なぜこんなに硬くなるのだろう？ その理由は TiNi 中の $TiNi_3$ の溶解度は温度の低下とともに減少するからだ．すなわち，60％ Ni 付近の試料を急冷すると，母相である TiNi 中に $TiNi_3$ 相が微細に析出し硬化する．

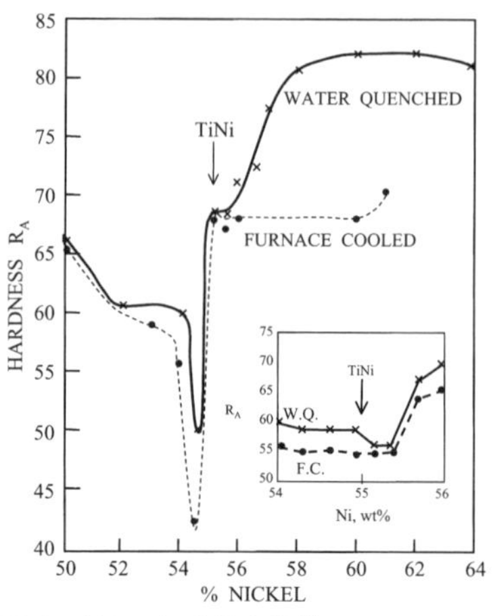

図 2　硬さの組成依存性[4]．

4) 振動減衰特性についても詳しく調べた．アーク溶解して作成した試料を細い糸で吊るし，いろいろな温度に加熱して鋼製の棒で叩いた．定性的な測定ではあったが，ドスンという鈍い響きから高らかに鳴り響くように遷移する温度は化学量論組成近傍で最も高くなることが分かった．

5) 上に述べた物理的諸性質の異常に加えて，光学顕微鏡による表面観察でも変化が認められた．研磨した表面の模様が加熱により変化する．また微小硬さ（Knoop）圧痕が，100℃まで昇温しただけで寸法が顕著に減少する．

6) 金属組織観察の際に標準のアルミナ研削粉を用いて研磨してから腐食すると，針状組織が見られる．これは，焼き入れ硬化した鉄鋼でよくみられる，マルテンサイトと呼ばれる組織に似ている．表面に加わる力を最小にするよう留意し“ストレス・フリー”の研磨をすることによって，初めてNITINOLの本来の組織を観察することができる.

1960年ごろ，Raymond Wiley氏が我々のグループに加わった．彼の参加により研究が著しく進展した．1961年8月には初期の研究をまとめた技術報告を発表した.

形状記憶効果の確認―大発見は経営会議の席上で

上で述べたさまざまな異常は“形状記憶”挙動を暗示するものではあったけれど，この合金において室温付近で具現可能な驚くべき形状回復現象の前触れとしては不十分なものであった.巨大でユニークな“形状記憶”が発見されたのは，なんとNOL（海軍兵器研究所）の経営会議の席上だったのである．1961年のある日，進行中のプロジェクトのレビューのために経営会議が開かれた．あいにく私は別の用があり出席できなかったので，助手のRaymond Wileyが代理出席した.

この会議で見せるために，NITINOLの薄い板を折り曲げてアコーディオン状にしたものを用意した．急速な圧縮・引張を繰り返しても（アコーディオンを演奏する時のように）破断しないことを見せて，材料の柔軟性と，疲労特性が優れていることを示すつもりであった．試料を出席者の間に回覧したところ，出席者の1人David Muzzey博士（副所長）が思いがけない行動に出た．パイプ煙草の愛好者である彼は，ライターの火を試料に近づけたのだ．するとアコーディオンはものすごい勢いで瞬間的に元のまっすぐの板にもどったのである．なんと！なんと！ 真にユニークな，大きな復元力とエネルギー変換能（熱エネルギー⇒力学的エネルギー）を有する“形状記憶“合金の出現の瞬間であった．この会議の前にもさまざまな異常な挙動を観察してはいたが，このように，大きな曲げ⇒加熱⇒回復現象はまことに大きな発見で，NITINOLの最大の見せ場となったのである．「経営会議なんて時間の浪費さ」なんてほざいたのは誰だ!!

形状記憶効果発見後の動き

NITINOL と命名

この合金系に対して，「その化学組成とともに，発見にかかわった機関を容易に想起させる名称」を与えることとした．その命名者は私であり，反対する者と激越な議論を交わしたうえでようやく決定された．その名は NITINOL である．これは，以下の単語

Nickel, Titanium, and U.S. Naval Ordnance Laboratory

の頭文字を並べたものである．55 NITINOL のように，先頭に数字をつけた場合は，その合金に含まれる Ni の重量％を表わしている．

Frederick Wang 博士の参加

この合金にかかわり始めたごく初期のころから，組成が等比 (TiNi) に近い合金においては，室温付近の温度で何か異常なことが起こるらしいと感じていた．その第一の徴候は，室温付近における振動減衰特性の変化と巨視的な寸法の変化である．第二は状態図に関連することで，“低温領域では境界線が点線で引かれている”ことが示すように，低温で TiNi 相が存在するか否かがはっきりせず，合金の微視的状況は闇に包まれていたのだ．結晶学的あるいは原子配列レベルの研究が喫緊の研究課題であった．まことに幸いなことに，この時期に Frederick Wang 博士に私の研究グループに加わっていただくことができた．

写真 3　Dr. F. E. Wang[4)]

彼は台湾生まれで米国に移住し，テネシー大学で学士課程を終え (物理と化学)，シラキュース大学で博士の学位 (物理化学) を得たのちハーバード大学でポスドク期間を過ごし，NOL に入った (1962 年)．その物理化学の素養と結晶学に関する研究の経験は，まさしく我々が必要としていたものであった．彼は直ちにこのユニークな合金の低温における相変態機構の解明に乗り出した．彼が加わるまで様々な異常な挙動は観察

していたけれども，いわば“ブラック ボックス”を持っているに過ぎなかった．我々には“なぜ”と“どのように”に関して，もっとも初歩的かつ基本的な理解さえできていなかったのであった．Wang 博士は 変形⇒加熱⇒回復 過程の原子レベルでの基本機構を明らかにした．また，第3元素を添加することによって—たとえばNi の一部をCo で置き換えること ($TiNi_{1-x}Co_x$) によって—形状回復温度を制御し，非常に低い温度まで下げることができることを示した．

NITINOL の初期の実用化

NITINOL を実用するに際しては製造上の課題とコストが問題であった．もっとも頭を悩ませたのはバッチごとに性質が異なることであった．同じ配合組成であるのに，遷移温度が違うのである．実験室レベルでデモをするのであればかまわないが，実用材料として生産することになると致命的な問題であった．製造工程を綿密に検討しこの問題を克服した．初期 (1974 年以前) の実用化の成功例として以下の 2 つを挙げておこう．

(1) パイプ継手

最初の実用化はレイケム (Raychem Corporation) による F-14 戦闘機の流体用配管のパイプ継手である．航空機機体 (アルミ合金製) のすぐ近くを走る配管の継手を，変態温度域が低い (−120℃以下) 合金を用いて製作した．接続するパイプの外径より継手の内径を少し小さく作っておく．接続の前に，継手を液体空気に浸し，低温に保持した状態で拡管プラッグを挿入し，内径を広げる．継手を冷やしたまま，両端からパイプを挿入し室温に放置すると，温度の上昇とともに拡管前の径にもどり，パイプを強く締め付ける (継手としての性能は優れているが，プラスチックなど競合する製品と比べるとコストが高いため今日でも売れてはいるものの市場占有率は低い)．

(2) 歯科矯正用ワイヤ

歯並びを矯正するには，矯正しようとする歯とその近くの歯にブラケットと呼ばれる金具を取り付け，ブラケットの間にワイヤを張って，その弾性回復力で歯の位置をゆっくりと移動させる方法がとられる．矯正ワイヤとしてはこれまでステンレス鋼が主に用いられてきた．この場合，矯正が進むにつれてより太いワイヤへと頻繁に交換する必要があり，患者にとっても負担が大きかった．アイオワ大学の G .B. Andreasen は，NITINOL の回復ひずみはステンレスの 10 倍以上であり，弾性率が低いことと相まって矯正ワイヤとして最適であることを示した．

偶然の発見ではない！

NITINOL の発見は，しばしば“偶然の発見 (Accidental Discovery)”であるといわれる．偶然とは“無計画，無意図，無予測”のまま何事かが起こることを意味している．しかし，上で縷々述べたように，NITINOL に関する研究は，よく考え，一歩一歩着実に計画を練り，実験を重ねて初期の発見に至り，開発を進めて技術移転まで行ったのである．だから，NITINOL は偶然の発見だといわれるのは心外である．しかし，NITINOL について，ときに SERENDIPITY という語が用いられることには反対しない．辞書 Webster には，この語の定義として“finding valuable things not sought for (求めていなかった価値ある，あるいは良きものを発見すること)”とあるのだから．

私は 1974 年に NOL から引退した．そう，燃え尽きたのである．技術的な先導の責任，論文の執筆，広報，サンプル提供，技術報告の執筆，会議…などに押しつぶされた．しかし，馬車馬のごとく働いたのは私だけではない．たった 2 人の研究補助者と始めた仕事だったが，大勢の専門家も加わった大グループとなり，みな勤勉に働いてくれた．とくに，実験用金属試料の準備，技術移転用提供試料の作製を担当した Charles Sutton, Richard Jones の 2 人は，このプロジェクト成功の功労者であることを述べておかねばならない．

この原稿はニチノールの開発の経緯を紹介するつもりで書き始めた．参照した文献[2~5]には「形状記憶現象はどういう仕組みで起こるのか」についても書いてあるのだが，あまり分かりやすい説明ではないし，正確さも欠けてい

るような気がする．この方面の権威である大塚和弘さんに，

「TiNi 合金の形状記憶効果を結晶，原子配列と関連付けた説明で，できるだけ簡潔明快（わかりやすいかつ正確）なものを探しています．大塚さんのものか，それ以外でもお勧めのものがありましたら教えて下さい．」

と訊ねたら，

清水謙一，大塚和弘：不思議—金属が記憶する，「科学朝日」1977 年 11 月号のコピーを送って下さった．あれこれいろいろな解説と見比べてみたが，たしかに分かりやすい．そこで，以下ではその解説にほぼ沿った流れで，形状記憶効果の仕組み—変形⇒加熱⇒回復の諸過程における原子配列の変化—を説明することにする．

形状記憶と超弾性 のしくみ—原子はどう動くか？

相変態とは？

形状記憶現象はどうして起こるのだろうか？ それを説明するには，まず「相変態」ということを述べる必要がある．たとえば，気体の水蒸気が冷えると液体の水になり，さらに冷えると固体の氷になる．このように，物質には気体，液体，固体という 3 つの相（存在形態）がある．さらに，物質によっては固体状態でも温度を変えると結晶構造が変化—相変態—するものがある．

相変態過程において，拡散による原子の個別運動を伴わないものを“無拡散変態”という．変態前に隣に位置していた原子は，変態後も隣に位置し，原子の 1 対 1 対応（atomic correspondence）がある．無拡散変態のうち，せん断変形（原子面の一様なずれ）を伴う相変態をマルテンサイト変態という．

マルテンサイト変態における原子の移動

図 3 はマルテンサイト変態における原子の動きを，2 次元結晶について模式的に描いたものである．図の下側に示したように，正方形の原子配列をした母相が，ある面にそって一様なひずみを受け，A と記した部分のように平行四辺形の原子配列になったとする．この場合，各原子は相互に連携を保ちながら一体となって動いており（せん断変形），もとの原子位置とも対応関係がつけられる．このような変態機構をマルテンサイト変態と呼ぶ．この場合，正方形の原子配列が高温相（母相），平行四辺形の原子配列が低温相（マルテ

ンサイト相）に対応する．このようなマルテンサイトはBと記した部分のように原子が逆向きに変位することによってもできる．A, Bは，結晶構造は同じであるが結晶方位が異なっている．したがって，これらを兄弟晶（variant）と呼んでいる．この例では，原子が上方向あるいは下方向にずれることによっても同様な変形が可能であるから，4通りの兄弟晶がある注3)．

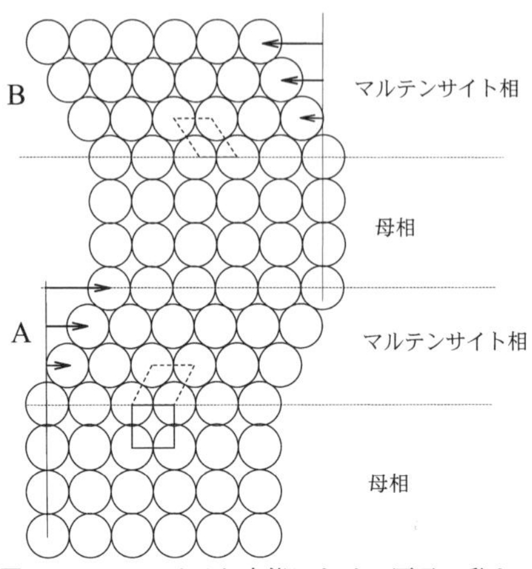

図3　マルテンサイト変態における原子の動き

さて，母相状態にある合金を変態点以下に冷却するとマルテンサイト変態が起こる．図4にこのときの様子を模式的に示した．変態によって生ずる巨視的なひずみをできるだけ小さくするには，(b)のように，試料形状が全体としてほとんど変わらないように兄弟晶が組になって形成される（ここでは簡単のため，2種類の兄弟晶だけで図示した）．このマルテンサイト状態にある試料を変態点

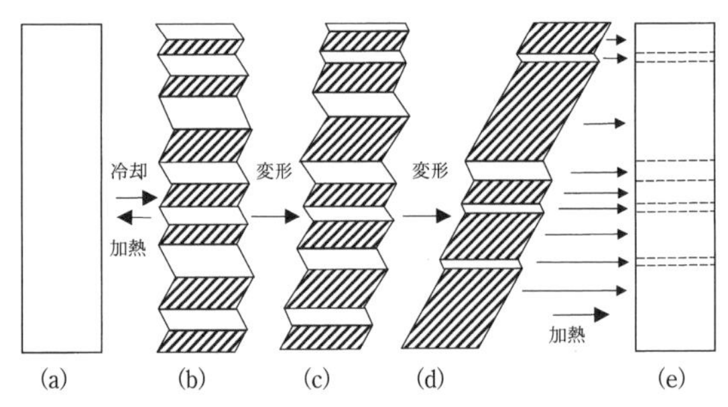

図4　冷却・加熱・変形 による相境界の移動．母相状態にある金属(a)を冷却するとマルテンサイト変態(b)を起こす．これに応力を加えると，兄弟晶間の境界が移動して変態が進む．変形したのち加熱すると，もとの母相状態(e)にもどる．

注3）TiNiでは24通りの兄弟晶がある．なお，TiNi母相の結晶構造はCsCl型(B2)である（右図）．以前は「TiNiには1090℃近傍に規則不規則遷移温度がある」とされていたが，Zhangらの実験[6)]により否定された．

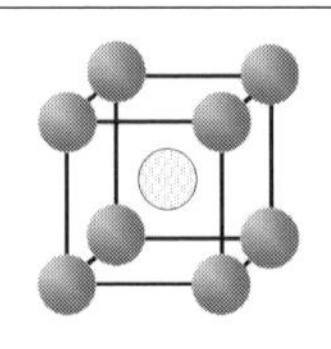

図　NiTiの構造．CsCl型あるいはB2型構造とも呼ばれる．

以上に加熱すると逆変態が起こる．この際，いずれの兄弟晶も構造も含めてもとの状態にもどろうとするため，最初の試料の状態 (a) が回復される．

マルテンサイト相の変形—なぜ形状記憶効果が起こるのか

マルテンサイト状態にある試料 (b) に応力を加えると，どのように変形するのであろうか？ 兄弟晶の一方が他方を食って成長し，すなわち，両結晶間の境界面が移動して，変形が進む (図 4 (c)，(d))．こうして変形した試料を変態点以上に加熱すると，各兄弟晶が (e) のようにもとの母相にもどる．これは初めの (a) の状態に他ならない．これが形状記憶効果の本質である．このときの応力−ひずみ挙動を図 5 (a) に示した．

マルテンサイトの状態にある合金でも，兄弟晶間の境界面が動きにくいものもある．この場合，応力が加わると—通常の金属の変形の場合と同じように—すべりによって変形する．すべりによる変形は逆変態しても元のように回復しない．鉄合金や鋼がマルテンサイト変態を起こしても形状記憶効果がほとんどないのはこのためである．

もうひとつの変わった性質—超弾性

形状記憶現象を示す合金には，もう一つ変わった性質がある．変態点より少し高い温度で母相に応力を加えると，すべり変形が起こる代わりにマルテンサイトを生成し変形が進む．図 5 (b) はこのときの応力−ひずみ曲線で，比較的小さな応力で数％もの大きなひずみまで変形する．しかし，もともとこの温度ではマルテンサイトは不安定であるので，応力を下げると逆変

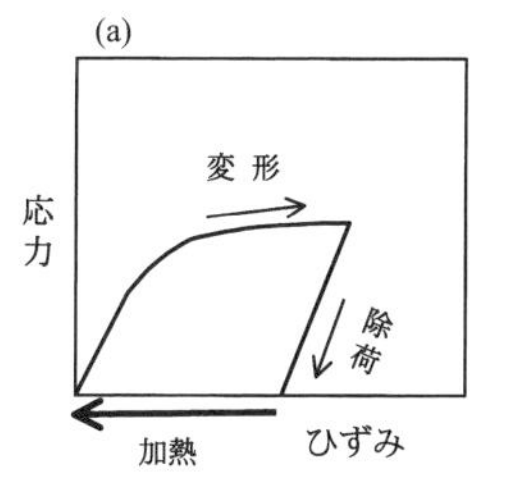

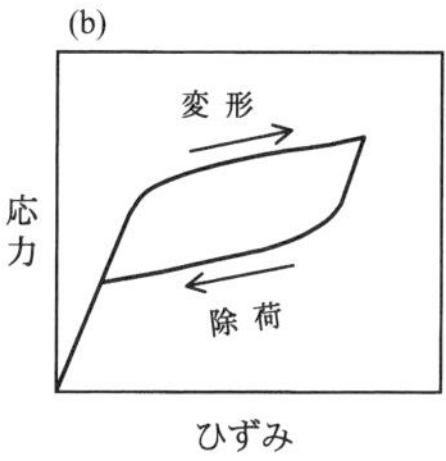

図 5 形状記憶合金試料の 2 種類の応力−ひずみ曲線．(a) マルテンサイト状態にある試料を引っ張ると変形し，除荷すると歪みが残留する．一見普通の金属材料と同じであるが，違うのは加熱によって残留歪みが消滅する．あたかも試料が自分の元の形状を記憶している様に振る舞うので形状記憶効果と呼ばれる．(b) 変態点より少し高い温度で試料を引っ張ると，生じた歪みが除荷時に回復する．この時の回復歪みは数％に達し通常の金属の弾性変形限をはるかに超えており超弾性と呼ばれる．

態が起こり，図のようにひずみが回復してしまう．「応力を減らすとひずみが回復する」という点では，いわゆる“弾性”と同じであるが，回復できるひずみ量は桁違いに大きい．弾性ではせいぜい0.5％であるのに対し，この場合にはものによって20％にもなり，まるでゴム紐を引っ張っているようだ．それで，この性質は“超弾性（superelasticity）”と呼ばれている．

優れた特性を出すための組織制御

形状記憶効果，超弾性は従来用いられてきた金属材料には見られない特異な現象で，その特性を生かして様々な用途が考えられた．しかし，実用に供するには安定した機能特性，耐疲労特性が求められる．

ところで，現在まで数十種類の形状記憶合金が見いだされているが，形状記憶効果を発現させるためには，“記憶熱処理”，すなわち高温に保持した後に急冷するのが通例である．急冷しないと中間温度で相分離が起こり，マルテンサイト変態を起こさなくなるからである．しかし，TiNiだけは例外で，溶体化処理後に急冷しても徐冷しても形状記憶効果が現れる．この特徴を生かして，溶体化温度と変態温度の中間温度域において組織制御を行い，材質を改良することが可能である．

形状記憶合金における，変態・変形・逆変態の特徴は以下のように要約できる．

「高温相（母相）から低温相（マルテンサイト相）への相変態はせん断変形を伴う．低温相に応力を加えると，兄弟晶界面が移動し，変形をもたらす．温度を上げたときの逆変態は，界面が逆方向に移動することにより起こり，それによって元の形状に戻る．」

これらの過程において，通常の金属における変形モードであるすべり変形が起こらないことが，形状記憶効果の発現の必要条件である．言い換えれば，形状記憶合金が安定した機能特性を持つためには，転位のすべり運動を抑えることが必要である．このためには，中間温度域で加工することによって高密度の転位を導入する（加工硬化），あるいは微細な析出物を分散させる（析出硬化）ことが考えられる．時効で形成される析出物はNiリッチのTi_3Ni_4であるので，Ni濃度が高い試料（50.6 at.％以上）でのみ適用できる．こうした組織制御とそれによる特性向上に関しては，宮崎による解説[7]を参照していただきたい．

おわりに

写真 4　本間敏夫博士.

冒頭に記した“形状記憶効果発見の劇的の瞬間”の逸話は，日本語の雑誌で読んだと思いこんでいたが，記憶違いらしい．聞いた話であるとすると橋口先生からだっただろうか？ もう一人思い当たるのは，“おじちゃん”こと本間 敏夫先生（故人 東北大学教授）である．私が東北大金研に赴任した 1964 年 4 月，おじちゃんはイリノイ大学で在外研究中であった．その秋に帰国して，イリノイで始めた TiNi に関する研究を金研で続けられた．当時，各種合金の比熱測定を行っていた私は，頼まれて TiNi について測定したことがある．仙台の夜の街をご一緒した日々が懐かしく想い出される．あるいはそんな折に逸話を聴いたのかもしれないが，記憶は定かでない．ところで，日本金属学会の講演大会の記録によれば，本間先生のグループから以下の発表が行われている．

1965 年 10 月 TiNi 相の金相学的研究

1966 年　4 月 非化学量論 TiNi 相のマルテンサイト型変態

1967 年　4 月 ニチノールの変態温度におよぼす第 3 元素の影響

また，「金属」に掲載された形状記憶合金に関する記事は，2010 年までに 74 編あり，最も早い時期に掲載されたものは，本間先生によるものであった[注4]．

本間敏夫：医療分野における金属　形状記憶合金の医用分野への応用現状 **51** (1981) No.3, p.12

1968 年には金研と同じ片平キャンパスにあった選鉱製錬研究所（現 多元物質科学研究所）に移られ，在職中の 1988 年 7 月急逝された．なお，本間先生の研究に関しては，選鉱製錬研究所における共同研究者であった松本 實さん

注 4）これは“タイトルに「形状記憶」という用語が含まれているもの”を検索した場合の結果で，「記憶」で検索すると，以下の 2 編が加わる．

清水謙一，大塚和弘：“何に使えるだろうか－記憶する”金属，**48** (1978) No.6, p.26.

清水謙一，大塚和弘：“記憶する金属” **49** (1979) No.3, p.13

による紹介がある[8]．愛称の“おじちゃん”は，ある時期の新聞小説に登場した面倒見の良い人物の通称に由来するらしい．その温顔を想起しつつ，改めて哀悼の意を表したい．

本稿を執筆するに際して，畏友 大塚和弘さん（筑波大学名誉教授）にお世話になった．貴重な著書・別刷をいただいただけでなく，入手しにくい文献の探索に豊富な海外の人脈を使って助力していただいた．マルテンサイト変態と形状記憶効果についての，初歩的あるいは面倒な質問にも丁寧に答えていただいた．宮崎修一 筑波大学教授には文献情報の収集に協力していただき，最近の研究動向を教えていただいた．

メキシコ在住の歯科医 Alberto Teramoto 博士には，同氏編集の冊子“SENTALLOY”をお送りいただき，同誌掲載の写真・図面の転載を快諾していただいた．本間敏夫先生に関する資料は，松本 實さんに提供していただいた．辻 伸泰 京都大学教授には原稿を読んでいただき，コメントをいただいた．これらの方々に厚く謝意を表する．

参考文献

1) 橋口隆吉：“過去を記憶する金属”，固体物理，**1** (1966), 23-24.

2) W. J. Buehler: “NITINOL Re-Examination”, WOL Oral History Supplement, WOLAA LEAF Winter 2006, Vol. VIII, Issue I.

3) G. B. Kauffman and Isaac Mayo: “The Story of Nitinol: The serendipitous discovery of the memory metal and its applications”, The Chemical Educator, **2** No.2 (1996). http://journals.springer-ny.com/chedr10.1007/s00897970111a

4) W. J. Buehler: “NITINOL-early discovery and development”, SENTALLOY, ed. by Alberto Teramoto, Gac International Books, 2005, p.17.

5) G. B. Kauffman: “Nitinol: the memory metal”, SENTALLOY, ed. by Alberto Teramoto, Gac International Books, 2005, p.43.

6) J. Zhang et al.: “Does order-disorder transition exist in near-stoichiometric Ti-Ni shape memory alloys?”, Acta Materialia, **55** (2007), 2897.

7) 宮崎修一：“Ti-Ni 系形状記憶合金の研究経過と発展”，まてりあ，**35** (1996), 179.

8) 松本 實：“形状記憶合金研究の始まり”，BOUNDARY, **12** No.3 (1996), 32.

4

材料科学の巨人 アラン コットレル卿*の足跡

“コットレルの金属学”という本がある．この本を読んだことがなくても，金属を学んだことがある人なら，“コットレル”という名前はなじみ深いものだと思う．私は，東北大学および京都大学に在職中，学部学生が英語の本を読む訓練の手はじめとして，コットレルの著書 Theoretical Structural Metallurgy を読むことを薦めた．畏友，小川恵一さんは，この本について本誌「金属」(2002 年 10 月号，25～26) に以下のように記している．

写真 1　アラン コットレル卿．

この 251 頁の愛らしいテキストとの出会いがその後の私の考え方に陰に陽に影響を与えました．このテキストの内容は 1) 金属電子論，2) 結晶のボールモデル，3) 熱統計力学と相変態，4) 熱活性化過程，5) 空孔，転位などの格子欠陥とからなりたっています．このテキストにより半経験則の集まりであった冶金学はこれら 5 つの基礎学問をベースに見事に体系化されたのでした．

---

* Sir Alan Howard Cottrell, FRS (17 July 1919～15 February 2012) Sir の敬称は，ナイトに叙任された男性に用いる．姓につける敬称ではないので，「サー・コットレル」とは言わない．「サー・アラン」または「サー アラン コットレル」とする．すなわち，ファーストネーム，またはフルネームの前につける敬称である．FRS：48 ページ注 7) 参照．

私はこのテキストを読み始めると，冶金学はなんと魅力のある学問であるのか，冶金学は物理学となんと近い学問であるのかを知り衝撃を受けました．このテキストのもう一つの魅力は単純明快な物理像（physical picture）にもとづいて一見複雑に見える冶金学の現象を系統的に説明しているところでした．

このテキストが出版されて約半世紀がたちました．その間，透過電子顕微鏡観察技術の飛躍的進歩，走査型トンネル顕微鏡の出現，表面分析技術の進歩，微細加工技術の出現，コンピュータシミュレーションの信頼性向上，高温超伝導体やMn系ペロブスカイト，カーボンナノチューブなどの新発見がありました．しかし，今でも材料科学の原点はやはりこのテキストにあるのではないかと思っています．

そのコットレルは2012年2月に亡くなった．友人の一人，P.B. Hirschは，追悼の言葉[1]の冒頭で，次のように述べる．

アラン コットレルの活動－それは，材料の基礎的理解に関する科学的業績，その工業的構造物への応用，学術面での指導性，政府の科学顧問としての貢献　とまことに多岐にわたるものである－はおよそ70年にわたって甚大な影響力を持つものであった．バーミンガム大学の冶金学科を1939年に卒業した彼は，戦時下の研究に従事した．戦車の装甲板の溶接割れという深刻な課題の解決を託され，それを達成した．その生涯を通じて，構造物の破断と健全性に関心を抱いたのは，この若い時代の経験によるものである．

多くの新聞・雑誌に掲載された追悼文は，以下のような尊称をもってコットレルを称え，その死を悼んでいる．

“the very father of modern materials science”
（現代材料科学の父）
“the most outstanding and influential physical metallurgist of the 20th century”
（20世紀における卓越した物理冶金学者）

"a scientific Colossus in the field of materials science and metallurgy"
(材料科学及び冶金学の巨人)

この現代材料科学の巨人が，自らその生涯を語ったオーラル ヒストリーがある[2)]．一般の人々(金属の専門家でない)を対象として語られたもので，興味深い内容である．その一部を以下に紹介することにしよう[注1)]．

オーラル ヒストリーから

大学入学まで

私は，両親から3つの貴重な贈り物－明晰な頭脳，楽天的な気質，健康長寿－を貰った．とくに勉強に励んだという記憶はなく，漫然と日々を送る夢見がちのこどもだった．まあそれでも試験はいつもうまく行ったし，いろいろな賞を貰った．もちろん，趣味も豊富だった．一番熱中したのは，メカノ[注2)]だった．それに模型汽車，模型ヨット，模型飛行機，ゴム動力の飛行機など，子供が夢中になるものは何でも．科学と電気のセットを持っており，科学への興味がかきたてられ，その方向に導かれた．

1936年に(中等)学校を終え，バーミンガム大学への奨学金を貰った．私は物理学を専攻したかったのだが，(中学校の物理の)先生は強力に反対した．物理を専攻すると，自分みたいに学校の先生になるほかに道はなく，それはつまらない人生だと思っていたのだろう．今になってみるとまずい忠告だったと思う．それで，私は大学のいろいろな科学，工学関係の教授に会いに行き，助言を求めた．冶金学科のハンソン教授(Hanson)がとても雄弁で—私の冶金学の知識はゼロ同然だったが—説き伏せられてそちらへ進むことになった．大学で受けた教育でどんな分野

注1) オーラル ヒストリーは，"インタビュアーの質問にコットレルが答える方式"で構成されている(1時間34分12秒)．本稿は，コットレルの発言から適宜取捨選択して抄訳したものである．加筆，あるいは注のかたちで説明を追加したので，原文(録音を起こした原稿)とはかなり変わったものとなっていることをお断りしておく．

注2) Meccano 金属部品をボルトとナットで組み立てて形を作る玩具(製造する会社の名前でもある)．1901年，英国で創業，1910年には世界中に輸出され始めた．

がもっとも興味を惹いたかって？ どの教科もみんな興味深かった．

最初は戦時研究—装甲板の溶接割れ

1939年7月に卒業していよいよ研究を始めようとしたとき，戦争が始まった．志願して，兵器旅団（Royal Armoury Brigade）で働こうと思ったのだが，大学へ送り返されて，そこで戦時研究をすることになった．いろいろなことをやったけど，主な仕事は戦車（タンク）の装甲板の電気溶接に関する仕事だ．装甲板は堅牢である必要がある．普通の鋼－炭素鋼は赤熱してから冷たい水に放り込むと，結晶構造が変わって非常に硬くなる．でもタンクの装甲板は分厚くて大きいものだから，そんな冷却操作はやりにくいし，冷却速度も遅くなる．だからタンクの装甲板は，少量のNi, Crを含む合金鋼が使われている．Ni, Crを添加すると（結晶の構造変化速度が遅くなって），通常の冷却（空冷）でも硬化する．さて，戦争が始まった頃，タンクの溶接の際に深刻な問題が発生した．装甲板を溶接するとみんな割れてしまう．なぜ？ どうしたらいいか？ これが私に与えられた課題であった．いろいろ観察したところ，クラックは溶接部ではなく，その近傍に生じていることに気付いた．どうも硬化過程に原因があるらしい．多くの実験を重ねた挙句，“溶接部の近傍は非常に硬化し脆化するため，少し応力が加わるとすぐ破断する”ことが分かった．溶接する部分に，硬化しない型の鋼の薄板をはさみ，硬化型の鋼を溶接の際の高熱から遮断（溶接時の熱サイクルによる硬化が起こらないように）すればよい．かくして，問題は基本的に解決できた[注3)]この研究は大学で行ったから溶接も自分でやり，熟練の溶接工になった．あの頃の研究はDIY（Do it yourself）の色合いが濃かった．戦時中であるのに，兵士として戦場に立つことを免除されて，ある意味で優遇されているのだから，国のために役立つ研究をしなければならないと感じた．それは，私の生涯を通じての信念となった．

注3）この研究は，1941～44年の間に5編の論文として発表されている（後出業績リスト7）の（2～6））．コットレルは，この研究により1942年，PhDの学位を得ている．

バーミンガム大学の講師となる

戦争が終りに近づいているころ，私は講師になり（1944）講義をするようになっていた．ハンソン教授はとても先見性のある人で，戦後の時代を見据え，私に“金属の物理”に関する新たな講義を用意するように指示した．私はこの頃，金属の原子科学－原子は何であるか，その中の電子はなにをしているか，に基づいて金属を理解すること－に非常に関心があったので，喜んで新たな講義を準備し，のちには教科書も書いた．

戦後，ハンソン教授は研究資金を獲得して，私に新たな研究テーマを選ぶように言った．私は，金属の塑性変形を選んだ．その頃，“金属の塑性変形は，転位と呼ばれる格子欠陥が結晶中を移動することによって起こる”という理論があった．しかし，誰も転位を見たことはなかったし，その存在は証明されていなかった．そこで，ハンソン教授の資金で“転位を見る”研究を企画した．ケンブリッジから来た若い研究学生カーン（Robert Cahn のちにハンソン教授の娘婿になった）と一緒にこの研究を実施した．彼は金属塑性の実験をしていて，奇妙な効果を発見した．そのとき私は転位理論の研究をしていて，転位の反直観的性質[注4)]（counterintuitive properties of dislocations）ともいうべきものを見出した．“素朴な科学”（a naïve piece of science）からは予想できない性質だ．カーンが見出した奇妙な現象は，まさしくこの反直観的性質によるものだ．この理論と実験の結びつきは，転位が仮想的なものではなく実在であることを確立した[注5)]．もう一つ私がした仕事は，普通鋼が塑性変形を開始するときの特異な様相—降伏現象—が転位の特殊な性質によるものであることを示したものだ[注6)]．これら（転位に関する）の仕事により，1955年，FRS（王立協会会員）[注7)]に推挙された．

注4）“同符号の刃状転位は互いに反発する．”この文章は，同一すべり面上にある転位については正しい．平行なすべり面（面間隔 y）上にある転位の場合，2つの転位を結ぶ線の方向の力はつねに斥力であるが，切線方向の成分もあるので単純な中心力ではない．刃状転位のすべり方向（x）に働く力を考えると，$x>y$ では斥力，$x<y$ では引力となり，$x=0$（垂直方向に配列）で安定配置となる．コットレルは，これを反直観的性質と表現したと思われる．

原子力研究所での研究—ウランの照射成長と黒鉛の照射損傷—

1955年，私はハーウェルの原子力研究所（the Atomic Energy Establishment at Harwell）の招きに応じ，転職した[注8]．そこが抱えている問題は，国家的な課題であり，私の専門分野に属するものであったからだ．そこでの仕事の主なものは2つあり，一つは当時設計が進んでい

注5）ここに記されている“転位の実在を証明する理論と実験”に関しては，カーンの著書[3]の第5章 理論と実験 に詳しい記述がある．その一部を以下に引用する．

板状単結晶を曲げ変形する場合を考える．すべり面が板表面に平行である場合，図(a)に示すように，刃状転位が導入される．結晶を加熱すると，正負の転位は動き出して互いに出会うと消滅するけれども，過剰の正の転位は消滅せずに後に残される（図(b)）．この転位は最小エネルギーの幾何学配置をとろうとする．その配置は，（コットレルが厳密な理論によって導いたところによれば）転位の壁もしくは境界—すべり面とすべり方向に垂直な—（図(c)）である．

すなわち，転位は弾性的相互作用によってすべり面に垂直な面上に整列し，小傾角粒界を形成する．この粒界の両側にはわずかに方位の異なる，ひずみのない結晶粒があることがX線回折によって示される．この過程によって，湾曲した結晶面は折れ曲がったまっすぐな結晶面の連鎖，すなわち，多角形（ポリゴン，polygon）に変化したのである．

私が観察した事実は，転位が存在するとした場合にのみ理解できるものである．もし転位が存在しないとしたら観察事実は説明できない．すなわち帰謬法である．かくして私はついに転位の実在を証明したのである．

この発見をオロワンと議論したとき，彼はコットレルの説明を受け入れ，その過程をポリゴニゼーション（polygonization）と命名することにし，その後私の研究に基づいた講演をするときにはいつもこの名前を用いた．私は1947年にこの発見の速報を出し，1949年に詳報を発表した．

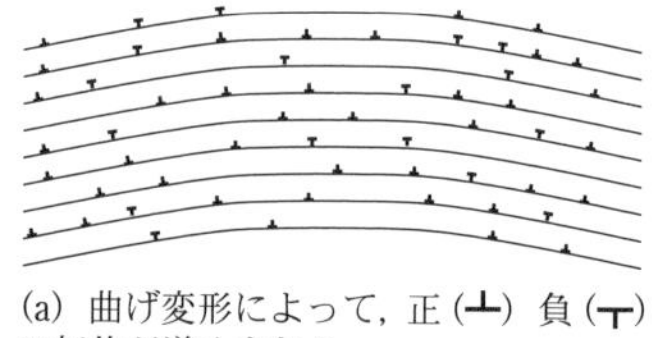
(a) 曲げ変形によって，正（⊥）負（⊤）の転位が導入される．

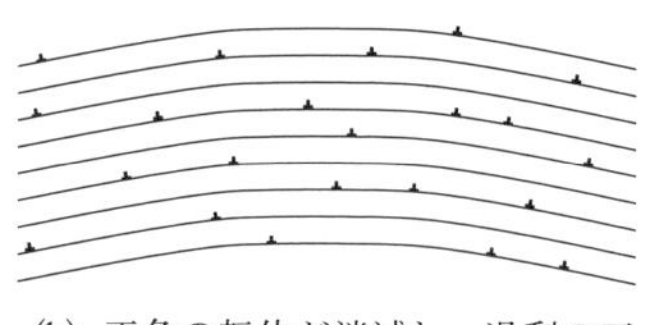
(b) 正負の転位が消滅し，過剰の正の転位のみが残る．

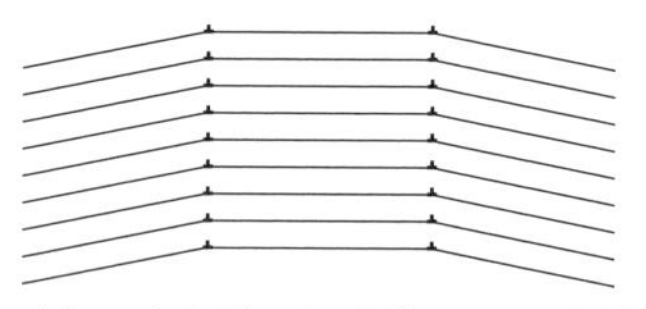
(c) エネルギーを下げるように転位が整列する．その結果，結晶はポリゴン化（多角形化）する．

図 曲げ変形による転位の導入とポリゴニゼーション．

注6） 後述の＜発表論文と著書＞の項で述べる“構造用鋼の降伏現象，ひずみ時効”に関する一連の研究．

注7）FRS（Fellow of Royal Society）：日本の学士院会員に相当する．このとき，コットレルは35歳であり，異例の若さで得た栄誉であった．

注8）冶金部副部長（Deputy Head, Metallurgy Division, AERE Harwell）．

たマグノックス原子炉[注9)]の燃料棒の変形の問題だ．燃料棒（金属ウラン）は固体であるが，照射中には粘性の大きい液体（ピッチのように）のごとく振る舞い，バックリングを起こす．実験と計算による評価では，当初の設計だと2週間しか持たないことになる．そこで，燃料にそれ自体の荷重がかからないように設計を変更して問題を解決した．

もう一つはウィンズケール原子炉火災事故に関する問題だ．ここの原子炉はマグノックス原子炉より早い時期に建設されたもので，異なるタイプ（黒鉛減速・空気冷却）の原子炉であった．黒鉛中の原子は，原子炉運転中に（中性子照射により）正規の原子位置から跳ね飛ばされて，格子間に押し込まれエネルギーが高い状態になる[注10)]．こうした格子間原子の数が多くなると黒鉛は不安定になり，放熱が急速に起こり昇温発火する恐れがある．したがって，原子炉をある時間運転したのちには，ゆっくり加熱することによって，これら変位した原子を正規の位置に戻す操作をする必要がある．1957年10月7日，ウィンズケール原子炉1号基の焼きなまし工程で火災事故が起こった．

マグノックス原子炉で同様な事故が起こる危険性を評価することが喫緊の課題となり，私はそのグループを組織して率いることになった．最大の優先性を与えられて約1年の突貫実験（中性子照射した黒鉛をさまざまな条件で加熱し，放出熱と到達温度を測定）を行った結果，マグノックス型の原子炉は安全であることを示した[注11)]．

注9）マグノックス炉：天然ウランを燃料とする黒鉛減速炭酸ガス冷却型原子炉で，英国で開発された．核燃料被覆材としてマグネシウム合金「マグノックス」が用いられたので，この名称で呼ばれる．この型の原子炉は，イングランド北西部，カンブリア州のコールダー・ホール（Calder Hall）で最初に運転を開始した（1956年）ので，コールダー・ホール型と呼ばれることもある．マグノックス（Magnox）は，Mg 99.9%，Be0.1%の合金で，その名前は「酸化しないマグネシウム」（Magnesium nonoxdising）に由来する．

注10）中性子照射により結晶中の原子が変位することにより生ずる効果をウィグナー効果（発見者 Eugene Paul Wigner, 1902〜1995），そのことによって蓄積されるエネルギーをウィグナー・エネルギーと呼ぶ．

注11）Cottrellは，後年（1981），“原子炉の焼きなまし：固体工学（Solid-State Engineering）の冒険”と題する論文[4)]を発表し，当時の状況と研究陣の対応振りを紹介した．

ケンブリッジ大学冶金学科の近代化

1958年，ケンブリッジの冶金学科から招かれ，学科の長（Head of Department of Metallurgy）として，いささか時代遅れになっていた学科を近代化することを託された．学術生活に戻るのは嬉しかったし，とくにケンブリッジは恵まれたところだからね．教育・研究の両面で以下のように刷新を図った．

・新たな人材の招聘－A. Kelly（金属物理，繊維強化材料），R. B. Nicholson（電子顕微鏡），J. A. Charles（生産冶金学）

・経験的知識の羅列による従来型の講義から，"科学"を基礎にした講義へ
たとえば，製錬は物理化学の概念を基礎に教育する．これは王立鉱山学校（Royal School of Mines）において Dannatt and Ellingham がはじめて導入した方式だ．

・新たな研究チームの結成
フィールドイオン顕微鏡（D. Brandon, P. Bowden, M. J. Southon and M. Wald）
超伝導合金の冶金学（D. Dew Hughes, J. E. Evetts, and A. Campbell）

・研究資金の導入による新しい装置の導入
原子力公社（Atomic Energy Authority），中央電力庁（Central Electricity Generating Board）が研究資金を出してくれて，最新型の電子顕微鏡などの装置を導入することができた．

私自身の研究として，構造用鋼の低温脆性破壊，それから（Kelly と一緒に）繊維複合材料の物理に重点を置いた．また，教えること（講義）を大いに楽しんだ．教えることによって自分の頭を整理し，明快にできる．講義をするには，まず自分自身がそのことを十分理解しなければならないからね．それはとても楽しいことだ．

政府の科学顧問になる

ケンブリッジに在職中，政府関連の各種委員会委員として度々ロンドンへ出かけた．その間に政府の政策について考えるようになった．英国の産業界はもっと科学を重視すべきであり，政府もその方向に努力すべ

きだと．そして1964年，Whitehall入りをすることになった[注12]．最初の仕事は防衛計画の見直し(defense review)だった．“スエズ以東政策(the East of Suez policy)”に関して，いくつものシナリオ(想定した戦争状況)の検討チームのリーダーを務めた．制服組の最高位の人々ともやりあった．次第にはっきりしてきたのは，スエズ以東で成功するためには，広大な地域の制空権を確保する必要があることだ．そのための方策をいくつか検討したが，成功の見込みが立つ確実な方策はただひとつ，この地域に2, 3隻の空母を常駐させることであった．それには莫大なコストがかかる．政策の転換は必然であった[注13]．結局，私がWhitehallでなした最大の仕事はこれだろう．

内閣の科学顧問となってからは，それこそあらゆる政策の科学的側面について関与することになった．頭脳流出，宇宙開発，コンコルド，高速鉄道，Torrey Canyon事故(巨大オイルタンカーの座礁による海洋・海岸汚染)····．英国の産業界は，あまりにも科学に無理解な人々，財務畑の人々が幅を利かせており，多くの分野でドイツ及び日本の後塵を拝する状況になってしまった．それをなんとか改善したいというのが，私がWhitehall入りした動機であった．産業の活性化のために，防衛研究のための予算を減らし，民需産業の研究費に回そうと思ったのだがうまく行かなかった．財務省は防衛研究のための予算を減らすことには熱心であったが，それで浮いた金を民需産業の振興に当てることは拒否した．

注12）在職10年間に，以下のように職責が変わった．

1965 防衛省次席科学顧問(Deputy Chief Scientific Advisor to the MOD)．

1967 防衛省首席科学顧問(Chief Scientific Advisor to the MOD)．

1968 内閣次席科学顧問(Deputy Chief Scientific Advisor to HM Government)．

1971 内閣首席科学顧問(Chief Scientific Advisor to HM Government)．

注13）第二次大戦の終了直後の時点で英国は中東を勢力圏としており，強い政治的影響力を保持していた．とくにイラク・ヨルダンやアラビア半島沿岸の首長国と防衛条約を締結して防衛義務を負い，その代わりに石油利権・基地使用権を保持していた．また，英国はエジプトにおいてもスエズ運河とスエズ基地使用権を有していたが，エジプト大統領のナセルは1956年7月26日，スエズ運河の国有化を宣言し，英軍は段階的に撤退した．こうした状況のもとで，英国は植民地の維持が経済的にも政治的にも困難であることを自覚し，1968年1月にスエズ以東より撤兵する(1971年末までに)方針を発表した．

政府は宇宙輸送機やコンコルドの開発といった大型プロジェクトを推進するのに熱心で，私は，これらは経済効果が少ないからやめるように強く進言したのだが容れられなかった．そこへ行くとドイツは工作機械や自動車の研究に予算をつぎ込み，大きな経済効果を得ている．ただ，宇宙開発の面では，宇宙船よりは通信衛星の開発に力を入れるべきだと主張し，それは受け入れられた．

再びケンブリッジへ

1974年，Jesus College[注14)]のMaster（学寮長）[注15)]として招かれ，喜んでこれを受けることにした．最初の仕事は，カレッジの規則（the college statutes）を全面的かつ徹底的に見直すことで，およそ1年を要した．そして，女性をカレッジに受け入れることにした．最初にフェローとして選ばれたのがDoctor Lisa Jardine（1944～，歴史家）で，それからまもなく，女子学生も受け入れることになった．これは大きな変革であったが，大成功であった．また，エドワード王子が学部学生として入学して

注14）Jesus College：ケンブリッジ大学を構成する31のカレッジの一つ．カレッジは［学寮］とも訳され，すべての学生は，学部生・大学院生を問わず，どこかのカレッジに所属し寝食を共にする．歴史的には，カレッジは教師と学生がそこで生活しともに学ぶという修道院の形態に由来している．学部生の教育は，伝統的にはカレッジで教員（fellow）と学生の1対1で行われていたが，現在では，学部・学科が中心となって行われている．Jesus Collegeに属するフェローは95名，学生数は学部生約500名，院生約300名である．

注15）Master（学寮長）："The Master"とはCollegeの長のことである．Collegeを「学寮」と訳すとMasterは「学寮長」となるのでこの訳語を用いることにする．（しかし，日本の大学の寮などをイメージすると，大きな隔たりがあり，適切な訳語とはいいがたい）．カレッジは大小，新旧，さまざまで古いものは1249年，新しいものでは1964年（その後もあるかもしれない）に創立されている．オックスフォードのカレッジ，Christ Churchは1532年創立で，歴代英国首相のうち13人を輩出している名門校である．カレッジのメンバーによって選出されるマスターには有名な年配の学者がなることが多い．

C. P. Snowの小説The Mastersは，あるカレッジにおけるマスターの選出をめぐる話である．年老いたマスターは瀕死の重病で，彼の生きているうちに次のマスターの選出をめぐる駆け引き，秘密の会合，陰謀が始まる．選挙権のある13人のフェローの心理と行動が描かれている．

コットレルは，1974年～1986年の間，Jesus Collegeの学寮長を務めた．この間，1977～79にはケンブリッジ大学副総長（Vice-Chancellorship of the University）を兼務した．なお，ケンブリッジ大学総長は名誉職であり，副総長が実質的には最高責任者である．

きた．カレッジの気取らない雰囲気は大いに気に入ったようだった．私も妻（Jean）も学生と話すのが好きで，よくシェリー・パーティを開いた．1977年には副総長に就任した．その2年間は，学寮長としての仕事の半分は放棄せざるを得なかった．フィリップ殿下（総長）は，よくケンブリッジに来られ，学寮長ロッジにお泊りになった．

カレッジの仕組み，機能などを理解するための一助としてR.W.Cahnの自伝の邦訳[3]の一部を以下に引用する．

カレッジの役割　ケンブリッジかオックスフォードで学部学生として過ごしたことのない人には，大学とカレッジの役割の違いを理解するのは難しいであろう．学生はカレッジに入学し（いくつか複数のカレッジに願書を出すこともできる），特定の専門を，もしくは“自然科学”のように数個の専門の集まりを学ぶことが認められる．カレッジは少人数グループの面接指導の機会は設けるが，講義と実習は大学の諸学科が担当する．大学の諸学科で講義をする教師たち（dons）の大部分はカレッジのフェローでもあり，その資格において指導助言を与える．試験は大学が実施し採点する．学生が払う授業料は，彼が属するカレッジと大学で折半される．トリニティのように裕福なカレッジもあれば貧乏なところもあり，貧しいカレッジには裕福なところがひそかに援助をする．大変複雑なシステムだが，おおむねうまくいっている．

学寮長との会食，戦時下の食事　トリニティのマスター（学寮長）は著名な歴史家のジョージ・マッコウレー・トレベリアンであった．私は思いがけず彼と面談する機会を持った．彼は有名な登山愛好家でもあり，若いときに驚嘆すべき苦難の偉業を遂げたこともある．私が山行きの詩によってカレッジの賞を獲得したことが彼の興味を引いたらしく，外交官の客が来た時にマスターのロッジへ昼食に招かれた．トレベリアンは大変内気な人で，会話のほとんどは外交官と私の間で交わされたが，これまで，そしてこれから以後もおそらく会うことのないような偉大な人と同席しているという思いに終始満たされていた．

カレッジは住居と食事を提供してくれた．今日の学生たちは自分で炊事することを好むが，戦時下の配給制度の下ではたとえ望んだとしてもかなわぬことであった．トリニティの壮大な食堂にはホルバイン描くところのヘンリー8世が見下ろしており，その肖像画の上にはカレッジのモットー“センペル エアデム（semper eadem）”が掲げてあった．これは「常に同じくあれ」を意味し，戦時下に供給される食事を驚くべき簡潔さで述べているかのごとくであった‥‥．

1986年に学寮長職を退いた．12年間もカレッジの行政に明け暮れたので，(冶金)学科に戻ってまた科学に打ち込めることになり幸せだった．そこで塑性の問題，とくに高温クリープに取り組み，電子論の勉強をして本を書いた．

人生でいつがもっとも楽しかったかと聞かれれば，それは大学で過ごした期間だ．しかし，大学以外の場所を経験したことで，視野も広くなったし，政府の閣僚や企業の幹部とも知り合うことができ，研究資金を得ることにもつながった．

自分のした仕事で，何が重要と思うかと聞かれたら，ハーウェルでの原子炉の設計に関することを挙げる．それから，転位の実在を立証したことは科学的に価値が大きい．それに，戦時中のタンクの溶接に関することも．

コットレルの講義

コットレルの講義・講演は明快で分かりやすいとの定評があった．ケンブリッジ大学における教え子の一人 Richard Dolby [注16] は，以下のように語っている[5]．

アランが1958年に冶金学科に赴任したのは，私がケンブリッジ大学(自然科学コース)1年生のときであった．Part I の半専攻の一つであった冶金学に興味を覚えて，Part II に進んだ[注17]．私が過ごした3年間は，数人の先生方(Cottrell, Nicholson, Kelly, Charles)が初めて開講された時期に当たる．当時，われわれ学生たちは，これらの先生方の経歴，研究者としての知名度などを知る由もなかった．

講義のスタイルは，それぞれ個性的であった．当時の講義では，講義資料が配布されることはまれで，話される内容を必死で筆記した．あとで自分が判読できるようにノートをとり，なおかつ話されたことを理解

注16) ケンブリッジ大学を卒業後，Alcan，General Electric Company を経て，The Welding Institute に勤務．

注17) ケンブリッジ大学のコースは，それぞれ Part I と Part II (前期，後期 計3年) に分かれている．科学系分野には，Part III まであるコース (計4年) もある．

するのは容易なことではなかった．Part I と Part II のいずれの講義においても，“講義内容を明瞭に理解するために質問する”余裕はなく，カレッジでの個人指導に待つのが常であった．

しかし，アランのスタイルは全く異なっており，ユニークであった．彼が最初に受けもった講義は，化学冶金学，塑性，転位とクラックであった．彼の話は“結晶のごとく明快”かつ単純，そして容易に理解できるのであった．時間通りに講義をはじめ，黒板に式を書くとき以外は教壇の右側に立って，ノートなしで話すのが常であった．その講義における科学的な考察の展開は，ほとんど自明で非常に論理的であった．他の先生方よりもずっとゆっくり話されたこともあって，ノートをとること・話されたことを理解することが無理なく両立したのである．しかし，数日あるいは数ヶ月後にノートを見直してみると，“自明”と思ったはずのところが，分からなくなることがあった．ノートをとる際に，論理の重要な連鎖のいくつかを落としたためであった．

講義の際，アランは時折，自分の 2 冊の著書：

Dislocations and Plastic Flow of Crystals

Theoretical Structural Metallurgy

に言及することがあった．この初期の著書が国際的に与えた影響を知るものは，講義を聴いていた学部学生のうちにはいなかったであろう．みな講義ノートを理解し暗記するのに忙しく，これらの著書を読む余裕はなかったのである．私など冶金学の分野にとどまったものは，のちになって初めて彼の講義展開のすばらしさとその内容のユニークさを認識した．彼は，理論冶金学と金属の力学的性質のすばらしい基礎教育を，その講義を受ける特権を有した人たちすべてに対して与えたのである．

発表論文と著書

コットレルの業績については，Smallman らによる回想録(Biographical Memoirs)[6] に詳しい記述があり，“Data Supplement”として業績リスト[7] が添付されている．そのリストには，論文 160，著書 10，総計 170 件が挙げられている．また，コットレルと同時期に活躍したフランスの金属学者 Friedel は，コットレルの比較的初期の仕事を中心にレビューし，その先駆的な業績をたたえている[8].

著書

以下に全著書のリストを示す．（冒頭の No. は業績リスト 7) の番号をそのまま示した）

(160) 1948 Theoretical Structural Metallurgy. Edward Arnold, London, 2nd ed. 1955, reprint 1960.

(161) 1953 Dislocations and Plastic Flow in Crystals. Oxford, Clarendon Press, 1953, reprint 1965.

(162) 1964 The Mechanical Properties of Matter. Wiley, New York and London.

(163) 1964 Theory of Crystal Dislocations. Blackie, London. Reprint 198.

(164) 1967 An Introduction to Metallurgy. Edward Arnold, London. 2nd ed. (SI units) 1975.

木村 宏 訳 コットレルの金属学＜上，下＞，1969，70 年，アグネ

(165) 1975 Portrait of Nature: the World as seen by Modern Science. Collins, London.

(166) 1978 Environmental Economics. Edward Arnold, London.

(167) 1981 How Safe is Nuclear Energy? Heinemann, London.

(168) 1988 Introduction to the Modern Theory of Metals. Institute of Metals.

木村 宏 訳 コットレルの最新金属電子論，1997 年，アグネ承風社.

(169) 1995 Chemical Bonding in Transition Metal Carbides. Institute of Materials.

(170) 1998 Concepts in the Electron Theory of Alloys. IOM Communications.

このうち (160) Theoretical Structural Metallurgy (164) An Introduction to Metallurgy，の 2 冊は本稿の冒頭で触れたものである．

（オーラルヒストリーの項で述べたように）バーミンガム大学のハンソン教授は，戦争が終わりに近づきつつあった 1944 年，大学の将来展望として，原子物理学の新しい概念を取り入れたモダーンな“金属の科学”の学科創設を構想し，その準備段階としてコットレルに“金属の物理”に根ざした講義を準備するように指示した．それに応じて始めた講義を元に執筆されたのが Theoretical Structural Metallurgy (160) である．従来の伝統的な冶金学の半経

験的な方法とは対照的に，学生に“金属合金において原子は何をしているか”と思考を促すように書かれた啓発的なテキストである．

写真2 アラン コットレル卿の著書[7]．

1958年，ケンブリッジの冶金学科の長（Head of Department of Metallurgy）に就任したとき，学科の近代化を推進することが主な任務であり，前述のように，透過電子顕微鏡など新装置の導入，有能な人材の招聘，フィールド・イオン顕微鏡，超伝導材料，複合材料など新分野の研究体制の確立に尽力した．それとあわせて冶金学の実用面，たとえば製鋼工程における酸素吹込みなどについても強力な研究グループの育成が必要だとコットレルは考えた．そこで彼自身，Part I（大学初年度）の学生を対象に熱力学と反応速度論に根ざした抽出冶金学の講義を担当した．この部分は，上述のTheoretical Structural Metallurgyを大幅に増訂した教科書An introduction to metallurgy (164) に取り入れられたが，その出版は1967年になってようやく実現した．

ケンブリッジ大学の冶金・材料学科で開催されたコットレル追悼会（2012年6月12日）の際の，門下生の一人Graeme Daviesの哀惜の言葉[9]の中から，著書に関する言及を記しておこう．

> 1986年に学寮長の職を退いて学科に戻り，再び科学探求の生活を始めた．彼の興味は，新しいトピック，すなわち最新金属電子論を冶金学の諸問題に応用することに向った．その活力と厳密さを重んずる姿勢を持って新たな課題に取り組み，論文・著書を執筆した．著書は以下の3冊である：
>
> 1988 Introduction to the Modern Theory of Metals
> 1995 Chemical Bonding in Transition Metal Carbides
> 1998 Concepts of the Electron Theory of Alloys

こうした精力的な執筆は，ずっと年若い人の場合でも賞賛に値するが，まして 90 歳近いお方の業績であり驚嘆する他ない.

参考文献

1) Peter Hirsch: A Tribute to Sir Alan Cottrell FRS
(2012 年 2 月 27 日 Jesus College で行われた告別式における弔辞)

2) Sir Alan Cottrell: C1379/46 Oral history of British science
（インタビュー担当者 Thomas Lean, 実施日 2011 年 3 月 15 日）

3) ロバート・W・カーン著，小岩昌宏訳：『激動の世紀を生きて あるユダヤ系科学者の回想』, アグネ技術センター, 2008 年. （下記の英書の元になった原稿の邦訳. ただし，英書には邦訳書の第 5 章は省かれている，章の配列順序が異なっている，などの違いがある. ）Robert. W. Cahn: The Art of Belonging, Book Guild Publishing, 2005.

4) Alan Cottrell: Journal of Nuclear Materials, **100** (1981), 64-66

5) Richard Dolby: "Atribute to Sir Alan Cottrell" by the Department of Materials Science and Metallurgy at the University of Cambridge.
http://issuu.com/cudo1/docs/cottrell_tribute_may_ 2012?e=2730048/2837816

6) R. E. Smallman and J. F. Knott: Sir Alan Cottrell FRS FREng 17 July 1919-15 February 2012, Biogr. Mems Fell. R. Soc. published online 5 June 2013,
http://rsbm.royalsocietypublishing.org/content/early/2013/05/30/rsbm.2012.0042.short?rss=1

7) （業績リスト）Alan Cottrell Bibliography
http://rsbm.royalsocietypublishing.org/content/suppl/2013/05/31/rsbm.2012.0042.DC1/rsbm20120042supp1. pdf

8) J. Friedel and O. Hardouin Duparc: Alan Cottrell, a fundamental metallurgist. In memoriam, Philosophical Magazine, **93** (2013), 3703-3713.
なお，この論文の掲載号 Volume **93** (2013), Issue 28-30 は，Sir Alan Howard Cottrell 記念号として発行され，Cottrell の共同研究者，あるいは強く影響を受けた著名な研究者による 16 編の論文が収録されている.

9) Graeme Davies: Sir Alan Howard Cottrell, FRS, FREng - a Tribute.
http://www.msm.cam.ac.uk/alumni/cottrell/AHC% 20% 20eulogy% 20-% 209.6.12.pdf

5

不完全さの効用
— 結晶格子欠陥 研究小史 —

“結晶格子欠陥”とはなにか？「欠陥」というと，いかにも疵物，不良品をにおわせる．しかし，エレクトロニクスを支える半導体結晶も，格子欠陥を含むからこそ有用な特性を発揮しているのだ．本稿では，前章で紹介したコットレルのレビューに基づいて，格子欠陥の概念の発生の経緯，寄与した人々に関するエピソードを述べる．

> 結晶学は完全性を扱う厳密科学である．「対称性に関するエレガントな定理，不易のパターン，理想形状」など，それが対象とするものは，宝石（結晶）の完全な美に具現され，結晶学とよくマッチしている．しかしながら，生活が営まれている現実の世界は，有為転変が著しく，不規則さと混乱があふれており，“完全性”とはかけ離れたものである．それゆえに，結晶学はいとこたち（粗野ではあるけれど実直な）：固体物理学，材料科学，生命科学により補完されているといえよう．

これは2012年2月に亡くなったアラン・コットレル卿の文章[1]の冒頭の一節である．格子欠陥の存在意義をやさしい言葉で語った同博士の文章は示唆に富んでいる．その文章は以下のように続く．

> 美しいダイアモンド，サファイア，あるいはルビーも，不規則な変化の法則にしたがって生まれ成長してきたものである．とことん突き詰めて調べてみると，宝石の美しさの根底にはわずかながら瑕があり，結晶

欠陥が見つかる．不完全であるからこそ，生まれ出ることができたのだ．

本稿では，“結晶格子欠陥”という概念が生まれてきた過程を，それに関わった研究者の人間像を紹介しつつ辿ってみたい．なお，本稿の執筆に際して，Out of the Crystal Maze[2)注1)] および R. W. Cahn の材料科学史[3)] を基本文献として参照した．

結晶格子欠陥

“結晶格子の完全性が欠如している場所”は格子欠陥と呼ばれる．半導体の電気伝導度，金属の力学的特性など工学的に重要な性質の多くは，微量の異種原子の添加，あるいは結晶構造の乱れ—粒界や転位，すなわち格子欠陥により大きな影響を受ける．固体物理学の歴史において格子欠陥が重要な位置を占めてきたのはこうした事情による．

格子欠陥はその空間的な広がり方によって，点欠陥，線欠陥，面欠陥に分類される．以下では，主として点欠陥と線欠陥について，それらの概念の誕生の経緯を述べる．

点欠陥

点欠陥は少量であっても巨視的な性質—光学特性，電気伝導性，拡散など—に大きな影響を及ぼす．これらの性質の温度依存性などに関する実験的研究が，“何らかの欠陥の発生”を（研究者に）示唆し，点欠陥という概念が生まれたのであろう．点欠陥は希薄濃度の場合，相互に影響を及ぼさないと考

注 1） 書名“Out of the Crystal Maze”を邦訳すれば「結晶の迷路から」というところであろうか？その前書（Foreword）は，この本の意図を以下のように述べている．

> のちの世代が 20 世紀という知的にも社会的にも誠に多彩な展開があった時代を振り返るとき，固体物理学が枢要な位置を占めるに至った歩みこそが何にもまして意義深いものであると感ずるであろう．世紀の初頭にはごく一握りの専門家の興味の対象でしかなかった固体物理学であるが，その分野における発見が，情報，通信，計算，娯楽といった明々白々な分野はいうに及ばず，天文学から防衛に至る広範な分野で新たな展開への道を開いたのである．この偉大な発展の物語は，我々の時代の歴史の主要な一部分であるのは明らかである．ところが，その固体物理の発展の歴史は，歴史家は言うに及ばず一般大衆はおろか，この分野の若い研究者さえ知らない．…

えてよい．このため実験・理論の両面において扱いやすく，実在結晶についての系統的な研究が，線欠陥，面欠陥に先行して行われた (図 1).

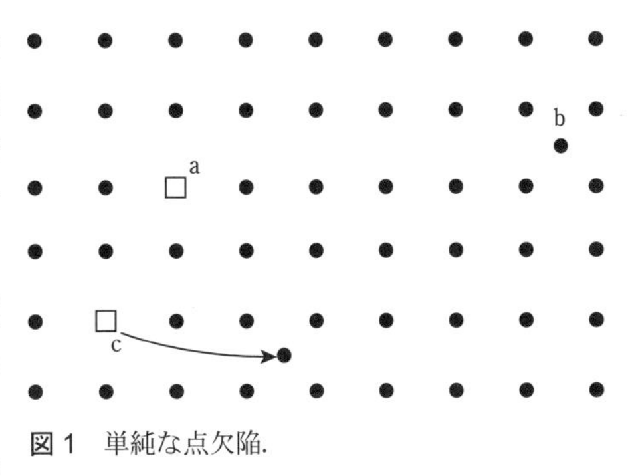

図 1 単純な点欠陥.

もっとも単純な点欠陥は，"原子があるべき格子点に原子がいない"，すなわち空孔 (vacancy) である．空孔が "何らかの間違いで生じたもの" ではなく，"熱平衡状態で安定に一定濃度の数だけ存在する" という認識が確立したのは 1920 年代のことで，フレンケル (露)，ヨスト，ワグナー，ショットキー (独) らの統計熱力学的考察によるものである.

空孔の濃度 (単一の元素のみでできている結晶の場合)

空孔形成のエネルギー E_v とすると，温度 T における空孔濃度 C_v は，

$$C_v = \exp(-E_v/kT)$$

で与えられる．E_v の大きさは，結晶内部から 1 個の原子を取り出して表面につけることによるエネルギーの変化を考えればよい．結晶内部にある原子は，周囲の z 個の原子と結合しているのに対して表面の原子は (平均として) $z/2$ 個の原子と結合している．したがって，空孔形成には，原子結合の半分を断ち切るに要するエネルギーが必要である．蒸発は固体表面にある原子が，残り半分の結合を断ち切って真空中に飛び出す過程であるから，結局，空孔形成エネルギーは蒸発熱とほぼ同じ大きさと考えられる．たとえば，Cu の蒸発熱は～3 eV であり，実測された空孔形成エネルギーは 1 eV のオーダーである.

E_v =1 eV として $Cv = \exp(-Ev/kT)$ のいくつかの温度における値を計算してみると，以下のようになる.

290 K：$\exp(-40) = 10^{-40/2.3} \sim 10^{-18}$,

580 K：$\exp(-20) \sim 10^{-9}$,

1160 K：$\exp(-10) \sim 4\times10^{-5}$,

1450 K：$\exp(-8) \sim 3\times10^{-4}$

室温での空孔濃度は著しく低いが，温度が高くなるにつれて増加し，融点

付近では 10^{-4} 程度になる．（なお，熱エネルギー kT は室温でおよそ 1/40 eV であること，および $\exp(-x) = 10^{-x/2.303}$ の関係を記憶しておくと便利である．）

格子間原子の濃度（単一の元素のみでできている結晶の場合）

フレンケルは“固相および液相における熱運動”と題する論文[4]において，

「固体物質を完全な真空状態に置くと，遅かれ早かれ原子は蒸発する．このことは表面にある原子が，その座席から離れて外部の空間へ飛び出していくことを意味する．目を内部の原子に向けると，同様なことが起こっているはずである．ただし，外部空間の代わりに，“原子間の空間（すなわち格子間）”がその役割を果たしている」

として空孔と並んで，格子間原子（interstitial atom）という概念を導入した[注2]．格子間原子の形成エネルギーを E_i とするとその濃度は空孔の場合と同様に，以下のように書ける．

$$C_i = \exp(-E_i/kT)$$

E_i は正規の位置から取り出した原子を“格子間位置”に押し込めるに要するエネルギーであるから，E_i は E_v よりはるかに大きい．したがって，Cu のような最密充填金属においては，C_i は C_v に比して無視できるほど小さい．後述のように，低温における照射など特殊な（強引な？）方法によってのみ導入されるものである．

イオン結晶の点欠陥

上で述べたように，純銅（Cu）のような最密充填金属においては，格子間原子を作るに要するエネルギーは非常に大きいので，多くの場合空孔のみが形成される．しかし，正負（陽陰）のイオンで構成されるイオン結晶では，“結晶内部の電気的中性を保つ”という要請があるため事情が変わってくる．

イオン結晶は 2 種の副格子より構成されているから，それぞれの空孔，格子間原子，あわせて 4 種の点欠陥があることになる．その 4 種の点欠陥の濃度には大きな差があり，現実には寸法の大きい方のイオン（通常は陰イオン）

注 2）“格子間原子”の概念は，ヨッフェ（ロシアの研究者）が 1916 年に示唆したとされている[2a]．

の格子間原子の量は桁違いに小さい．すなわち，2種の空孔と1種の格子間原子，併せて3種の点欠陥のみを考えれば十分である．実際には，そのうち濃度の高い2種の欠陥に着目して，物質をフレンケル型，ショットキー型の2種に分類している（図2）．典型的なイオン結晶であるアルカリ・ハライド（NaCl, KClなど），酸化物のMgOはショットキー型，AgCl, AgBr, はAgイオンが格子間原子となるフレンケル型である．

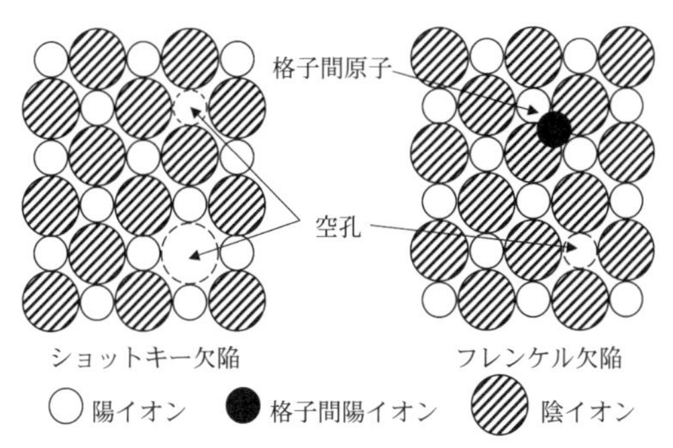

図2 イオン結晶中のショットキー欠陥とフレンケル欠陥．多くの場合，陽イオンの方がイオン半径が小さいので，格子間に入るのは陽イオンである．陰イオンが格子間に入った場合には，反フレンケル欠陥（anti-Frenkel defect）と呼ばれる．CaF_2（蛍石）は反フレンケル型の欠陥構造を示す物質の一例である．

極限のショットキー型（格子間原子濃度がゼロの場合）物質の場合，1対の正負の空孔（これをショットキー欠陥と呼ぶ）の形成エネルギーをE_Sとするとき，その濃度C_Sは次式で与えられる．

$$C_S = \exp(-E_S/2kT)$$ 注3)

人物点描　ヨッフェ　A. F. Ioffe（Абра́м Фёдорович Ио́ффе）1880～1960

ロシア帝国の小さな村ロムニーに生まれる（現在はウクライナ領）．1902年にサンクトペテルブルク工科大学を卒業後，ミュンヘンのW. Röntgenの研究所で働く．1906年，サンクトペテルブルク工科大学に戻り，1918年にX線・放射線医学研究所の物理部門（後に独立して，ヨッフェ物理工学研究所となる）のトップとなる．X線，半導体，固体論の研究があり，ソ連物理学界の大御所的存在であった．弟子には大成した物理学者が数多い．原爆開発を指揮したクルチャトフ，ノーベル物理学賞受賞者のカピッツァ，ノーベル化学

注3）この式の括弧の中が$E_S/2kT$となっていることに注意．

賞受賞者のセミョーノフ，そしてフレンケルなど．

1930年代，ソ連においては“西欧の「ブルジョワ科学」に対抗して「プロレタリア科学」を打ち立てよう”という潮流があり，それに逆らうことは失職・収監さらには生命の危険もあった．転位論も観念論の産物として，批判の対象となった．ヨッフェはこれらの潮流に抵抗し，フレンケルらの若い物理学者を庇護した．しかし，その姿勢が微温的であると批判をうけることもあった[*1]．当時，ソビエト生物学界においてはスターリンに支持されたルイセンコ学説（獲得形質遺伝説）が風靡し，メンデルの遺伝学はブルジョア理論として否定された．もし，ヨッフェら指導的な物理学者が毅然とした態度をとらなかったとしたら，ソビエト物理学も同様に衰退したであろうといわれている．逝去の1カ月前に出版された自伝が，玉木英彦により邦訳されている[*2]．

人物点描　フレンケル　J. Frenkel 1894 ～ 1952

物理学の諸分野（固体物理，核物理，熱力学，地球物理，生命物理）で活躍したロシアの物理学者．少年時代の一時期，ポグロム（ユダヤ人迫害）を避けてスイスで生活したこと，フランス人，ドイツ人の家庭教師がついたこともあり，仏，独，英語に堪能であった．ペテルスブルグ大学での卒業論文をIoffeに認められてその知遇を得，彼が所長をつとめる物理工学研究所で研究した．20年以上にわたって研究した液体論に関する著書Kinetic Theory of Liquidsのロシア語版，英語版がそれぞれ1945, 1946年に刊行され，高い評価を得た．

Frenkelは講義の際「自然科学の発展のためには

*1　金山浩司：“A. ヨッフェと科学の計画化”，東京大学教養学部哲学・科学史部会 哲学・科学史論叢 第六号，平成16年1月，227-249

*2　玉木英彦訳：ヨッフェ回想記，みすず書房，1963.

唯物弁証法の知識は不要である」と発言し，マルクス主義哲学者たちの激しい攻撃を受けたが，Ioffe, Tamm ら先輩，同僚研究者の強力な支持に支えられて難を免れた *3.

人物点描　ショットキー Walter Schottky 1886～1976

スイス生まれのドイツの物理学者．フンボルト大学で物理の学位を得たのち，大学と企業の研究所（シーメンス）を何度か行き来した．“Schottky は教えることが苦手で，学界を放浪（a rogue academic）した挙句，工業界に移り，酸化銅整流器の研究開発に従事し，それを通じてアルカリ・ハライドの物性という基本問題に遭遇した”（R. W. Cahn による）という．真空管工学，半導体電子工学の分野で活躍し，Schottky effect, Schottky barrier, Schottky diode など，その名を冠した効果，デバイスが数多くある．

色中心—イオン結晶における点欠陥研究

空孔が熱力学的に安定に存在する点欠陥であることが確立された時期，別のグループの物理学者たちは絶縁物結晶中の色中心[注4]について，系統的な実験を行いつつあった．この方面の仕事はもっぱらドイツで，とくにゲッチンゲン大学の Robert Pohl（1884～1976）の研究室で行われた．Pohl は徹底した経験主義者で，彼の実験結果を理論屋たちが生半可な理論で解釈することを毛嫌いした．彼のスクールの手法は，合成したアルカリ・ハライドの結晶に，制御された量のドーパントを加えたもの，あるいはアルカリ蒸気中で加

---

*3　R. Peierls: “Yakov Il’ ich Frenkel”, Physics Today, 47 (1994), 44-49.

注 4）アルカリ・ハライドの結晶をアルカリ蒸気中で加熱急冷すると，それぞれに特有の色が付く．たとえば NaCl は黄色，KBr は青色を呈する．色中心という用語は Farbenzentren（ドイツ語），“color centers” の訳語である．

熱急冷したものについて，光学吸収ピークの波長を忍耐強く系統的に測定することであった．W. Röntgen の X 線の発見ののちには，X 線照射した試料についての実験も行われた．ドイツの他の物理学者たちは，Pohl の研究を無視し，あるいは半物理学といって軽蔑した．“不純物をわざと添加した試料についてのデータは，議論の対象とする価値もない．”というのである．半導体デバイスを扱う応用物理学の分野で微量ドーパントの効果が第一線の問題となるのは，それから数十年後のことであった．

Pohl のグループの研究結果の理論的解釈は，ロシアの研究者，とくに J. Frenkel と L. Landau によって始められた (1930 年代)．W. Schottky は“色中心は負の空孔が電子を捕獲したもの”という解釈を提唱した (1934)．このころから色中心は英国，米国の研究者の関心を引き，1937 年にはブリストル大学で色中心に関する会議が開かれた．この会議において Pohl は主要な実験結果を報告し, R. W. Gurney と N. F. Mott は色中心の量子理論を発表した．なお，以後，ブリストルでは転位，結晶成長，高分子など時宜を得た主題について一連の国際会議が開かれるようになり，固体物理学の研究動向に大きな影響力を持つこととなった．色中心に関心を抱いた米国の研究者の筆頭は F. Seitz で，企業の研究所 General Electric Company に在職 (2 年間) 中に Mott との交友を通じて格子欠陥への関心を深めた．色中心について 2 編のレビュー[5)6)]を発表している．

光学吸収スペクトルにみられるピークに対して F, F', R_1, R_2, M などの名称がつけられ，対応する欠陥が同定されてきた．たとえば，

F 中心：負イオン空孔に 1 個の電子が捕獲されたもの

F' 中心：負イオン空孔に 2 個の電子が捕獲されたものであり，その他も空孔あるいは格子間原子，それらの複合欠陥に，電子あるいはホール (正孔) が捕獲されたものである．

◇◇◇◇◇◇◇◇◇◇◇◇◇◇◇◇◇◇◇◇◇◇◇◇◇◇◇◇

人物点描　サイツ　Frederick Seitz 1911～2008

固体物理学のパイオニア．プリンストン大学で E. Wigner のもとで学び，Wigner-Seitz セルの名前で知られる方法により，結晶のエネルギーを計算す

る方式を考案し，1934 年に PhD を得ている．1940 年に上梓した“Modern Theory of Solids”は固体物理学の教科書として高い評価を得た．H. Huntington とともに Cu 中の空孔，格子間原子の形成および移動のエネルギーを初めて計算し，点欠陥研究に先鞭をつけた．その研究分野は“分光学，ルミネッセンス，塑性変形，照射効果，自己拡散，金属および絶縁物の点欠陥，さらには科学政策”とまことに広汎である．ロチェスター大学，GE の研究所，ペンシルバニア大学，カーネギー工科大学などを経てイリノイ大学の学部長，副総長，科学アカデミーの総裁などの要職を務めた．

Seitz は，地球温暖化が人為的原因によるという説には懐疑的であり，温室効果ガス問題に関する著書＊4 を刊行し，1995 年のライプチッヒ宣言に加わった．なお 1994 年には自叙伝＊5 を上梓している．

金属における点欠陥研究

Nowick は 1949～1959 の 10 年間を結晶格子欠陥研究の“黄金時代 (Golden Age)”と呼び，この間に結晶格子欠陥の基本概念が確立されたとし，自らの関わった研究を中心に回顧を記している[7]．以下その一部を抄訳，紹介する．

(以下は，Nowick の回顧[7] の抄訳．“私”とあるのは，Nowick を意味する．)

自己拡散の機構

第二次大戦の後には，ほとんどの元素について放射性同位体 (RI) が利用できた．RI をトレーサーとして自己拡散の実験が行われ，拡散係数の活性化エネルギーの実験値は得られていた．

1942 年，Huntington と Seitz は，Cu における自己拡散の活性化エネル

＊4 Robert Jastrow, William Aaron Nierenberg, Frederick Seitz: Scientific perspectives on the greenhouse problem, Marshall Press, 1990.

＊5 Frederick Seitz: On the Frontier, My Life in Science, American Institute of Physics, 1994.

ギー E_{SD} の大雑把な計算を行った[8]．隣接原子が直接交換する過程に対する E_{SD} は～10 eV で著しく大きいのに対して，空孔機構については～2.8 eV（形成エネルギー E_F と移動エネルギー $-E_M$ の和）ともっともらしい値が得られ，空孔が自己拡散に重要な役割を演じていることが示唆された．

1950 年，Zener はリング拡散機構の可能性を示唆した．とくに 4 個の原子からなるリングの回転による E_{SD} は～4 eV となり，実験値よりはかなり高いが，空孔を要しない拡散機構として検討する価値があると指摘した[9]．

ところで，Kirkendall 効果と呼ばれる実験[10]がある．これは，銅（Cu）と黄銅（Cu-Zn）の試料の間に不活性のマーカーを挟み，拡散アニールを行ったのち，マーカーの移動を調べた実験である．その結果は Zn 原子が Cu 原子より速く動くことを示すもので，空孔機構により合理的に理解できる．（もし，直接交換，リング機構で動くとすれば，Zn と Cu の拡散係数は同じ値になるはずである．）

しかし，学界の大御所 R. F. Mehl は，この解釈に対して懐疑的であった．例えば“亜鉛が蒸発して移動しても，マーカーは動く”から「Kirkendall 効果は空孔機構の証明にならない」というのである．そして，Mehl と Correa da Silva（学生）は一連の注意深い実験を行い，総括論文を発表し[12]．その結果は，Kirkendall 効果の当初の解釈“拡散は空孔機構により起こっている”を疑問の余地なく支持するものであった．（Kirkendall 効果については，文献 11）p.152 ～に詳しい解説がある．）

急冷による空孔の導入— Zener 効果

この時期（1950 年ころ），F. Seitz は，結晶格子欠陥について数編のレビューを発表した[6)13)14]．それは，金属およびイオン結晶を対象とするものであったが，単なるレビューではなく，新たな研究の方向，新たな実験へのアイディアに満ちたもので，私のような若い研究者を鼓舞するところまことに大きかった．そうしたアイディアのうちに空孔のクェンチング（急冷）があった．もしも空孔が高温における拡散の主役であるのであれば，クェンチングによって非平衡濃度の空孔を低温に持ち来すことができるはずである．でも問題はその空孔をどのようにして検出するかである．（通常の拡散実験は長時間を要するから）高濃度の空孔を保持する試料を用意しても，拡散実験のごく初期の短時間のうちに空孔は消滅して平衡濃度になってしまい，効果の検出は難しい．

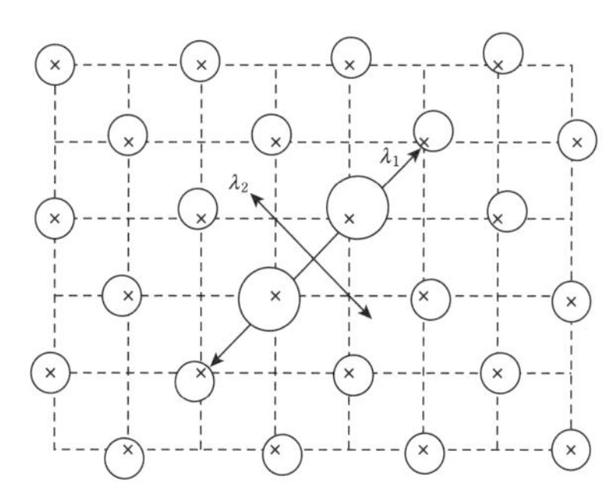

図 3　固溶体合金における溶質原子対の異方性ひずみ（溶質原子のほうが寸法が大きいとき）．応力を加えると溶質原子対が配向を変える．この過程は，Zener relaxation と呼ばれている．

このころ，私はのちに“Zener 緩和”と呼ばれることになる現象の実験を行っていた．これは，（溶質原子と溶媒原子の寸法が異なる）固溶体中の溶質原子対の応力下での再配列による効果である．内部摩擦を温度の関数として測定すると，きれいなピークとしてこの効果が観測される．Zener は，α 黄銅についてこのピークを初めて観測し，のちに溶質原子対の再配列という解釈（図 3）を提唱した[15]．

この“溶質原子対の再配列”という解釈を証明するため，私は Ag-Zn 合金の試料を用いて実験した．Ag-Zn 合金は α 黄銅（Cu-Zn 合金）よりも緩和強度が大きく，緩和時間も長いので実験が容易である．“溶質原子対の再配列”は短距離の拡散過程であり，クェンチングにより大幅に加速できるはずである．クェンチングの前後で弾性余効（elastic after effect）実験を行い，緩和時間を測定した．結果は劇的で，緩和時間 t はクェンチングにより 3 桁以上短くなった．緩和時間 t のアニールによる変化から，過剰空孔の消滅過程を調べ，これらのデータを解析することによって，空孔の形成エネルギーと移動エネルギーを別々に求めることもできた[16]．

空孔濃度の絶対測定

のちのクェンチングの実験は，純金属について，とくにイリノイ大学における Seitz の同僚：Koehler ら[17]によって行われた．この実験は，焼入れ空孔による過剰残留電気抵抗 $\Delta\rho$ を測定するものである．これらの実験では，原子の拡散に寄与している欠陥が，空孔，格子間原子のいずれであるかを区別することはできない．Huntington と Seitz の計算などを根拠に，空孔がその欠陥であろう（少なくとも稠密充填構造の金属については）と推測しているだけだ．この区別を実験的に行う方法がひとつある．それは示差膨張法で，クェンチングではなく平衡状態にある欠陥に対して適用される．この方法では，以下の 2 つの量を比較して情報を得る．

巨視的な熱膨張：試料の全体積の変化として測定される量

微視的な熱膨張：X 線回折により測定される量

熱膨張は，主として原子の非調和振動に由来するもので，これは試料体積 V と単位胞体積 v とに同じ割合で影響を与える．しかし，欠陥形成が V と v に与える影響は異なる．N を試料体積中の単位胞の数とすると，V と v の間には次の関係がある．

$$V = Nv \tag{1}$$

ある基準温度（たとえば室温）と高温 T における V と v の値の相対変化量には次の関係が成立する．

$$\Delta V/V = (\Delta N/N) + (\Delta v/v) \tag{2}$$

すなわち，巨視的および微視的体積変化は，欠陥形成がなければ等しい．空孔が形成されれば，$\Delta N/N > 0$ であり，$\Delta V/V > \Delta v/v$ となる．格子間原子が形成される場合には，不等号の向きが反対になる．ところで，巨視的測定は，体積 V より長さ L の方が正確に行うことができる（$L \propto V^{1/3}$）．X 線で測定される格子定数 a は単位胞体積 v とは，$a \propto v^{1/3}$ の関係がある（立方晶の場合）．したがって，(2) 式は以下のように書ける．

$$\Delta L/L = (1/3)(\Delta N/N) + (\Delta a/a) \tag{3}$$

ここで，$\Delta N/N$ は（もし正であれば）空孔の（モル）濃度である．1957 年，私は R. Feder とともに Al について最初の示差熱膨張測定を行い，高温における空孔の存在を実証した[18]．この方法は Simmons Balluffi によって改良され，多くの純金属に適用された[19][20]．また，Feder は巨視的な熱膨張計に代えてレーザー干渉計を用いる方式を採用して飛躍的な性能改良に成功し，金属 Na にこの方法を適用し，融点（98℃）における空孔濃度は 8×10^{-4}，空孔形成エネルギー $Ev = 0.42$ eV を得た[21]．

照射による点欠陥の研究

1950 年代の初期には新たな研究分野として照射損傷が登場した．材料を電子，陽子，中性子，重陽子…などの粒子線で照射すると点欠陥が生成し，アニーリングの間の挙動を調べることができる．形成エネルギーが大きすぎて，熱平衡状態では存在しえない格子間原子も，照射により導入できる．照射により導入されるのは，基本的に分離したフレンケル対（空孔と少し離れたところに格子間原子）である．照射は多くの場合，液体窒素温度で行われ，残留抵抗のアニーリングを時間と温度の関数として調べるのが典型的な実験方法である．J. A. Brinkman (North American Aviation Corporation)[22)23)]，Blewitt (Oak Ridge National Laboratory)[24)] をそれぞれリーダーとする 2 つのグループが活躍した．彼らの照射実験の大部分は，液体窒素温度で行われたが，その温度以下に Stage I と呼ばれる（ことになる）大きな回復過程があることが分かってきた．1959 年，Corbett が率いるグループ (General Electric) は液体ヘリウム温度での Cu の電子線照射実験を行った．そして，温度範囲 14〜65 K の回復段階 Stage I は 5 つのサブステージからなることを示した[25)]．図 4 は等時回復曲線の微分を示したもので，5 つのピークが認められる．これらのサブステージは，様々な間隔のフレンケル対（最近接，第 2 近接，…）によるものとされている．この研究は，照射損傷研究の精密化・高度化を象徴するものである．

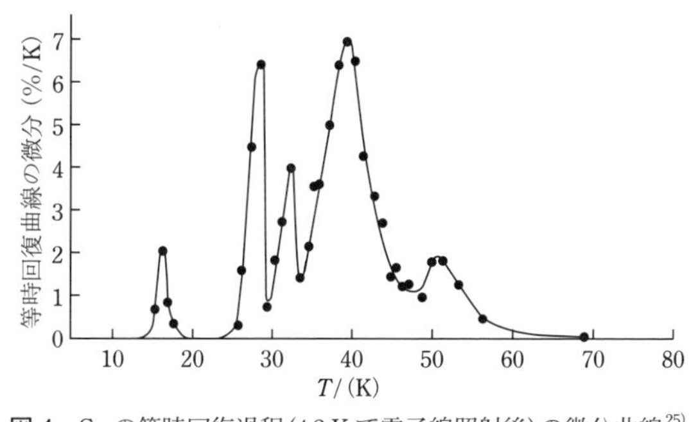

図 4 Cu の等時回復過程（4.2 K で電子線照射後）の微分曲線[25)]．

Nowick の回想は，その後の彼の研究—アルカリ・ハライドの点欠陥研究，点欠陥と転位の相互作用へと続くが，本稿では省略する．Nowick の回顧録[7)] の最後の文章は印象的であるので，以下に紹介しておきたい．

結晶格子欠陥の黄金時代の稿を終えるに際して，先導的研究をした人々について言及しておく．第一に，この基礎的研究分野において，ベル電話，ゼネラル・エレックトリックなど企業の研究所が大きな役割を果たしたことである．残念なことに今日では，これらの研究所は廃止に，または基礎研究の大幅縮小をしたことだ．第二に，大学で行われた研究の多くは大学院学生によるものであることだ．“重要な寄与をするためには，経験を積んだ年配者である必要はない”ことを知るのは若い研究者を勇気づけるものである．（Nowickの回顧の抄訳，終わり）

◇◇◇◇◇◇◇◇◇◇◇◇◇◇◇◇◇◇◇◇◇◇◇◇◇◇◇◇◇◇◇◇

人物点描　ノヴィック　A.S. Nowick　1923～2010

米国の材料科学者．コロンビア大学で博士課程を終え，シカゴ大学金属研究所においてC. Zenerの下で内部摩擦・擬弾性に関する研究を始めた．エール大学を経て，1957～1966年の間，IBMリサーチセンターで冶金グループのリーダーとして働いた．この間，B. S. Berryと共同で執筆した書*6は擬弾性のバイブルとして，高い評価を得ている．“蒸気急冷法”で製作した準安定Co-Au合金の強磁性に関する研究（S. Maderとの共同研究）は，アモルファス強磁性の研究の道を開いた先駆的業績として高い評価を受けている．1966年にコロンビア大学にもどり，固体の科学および工学研究委員会の中心メンバーとして多くの学部の協力体制を作り，研究を先導した．1994年，彼がMRS（材料協会）の受賞講演（David Turnbull Lectureship）を行った際，MRSは授賞理由として，

●高速イオン導体およびアモルファス合金における擬弾性および誘電体的性質，
●粒界移動，形態の安定性，表面および界面の構造，
●ストカスティクな現象としての流れと拡散，
●卓抜した教育と執筆力

を挙げている．

---

*6　A. S. Nowick and B. S. Berry: Anelastic Relaxation in Crystalline Solids, Academic Press, 1972.

1994 年にコロンビア大学を退職し，2001 年にカリフォルニアへ移り，カリフォルニア大学アーバイン校のコンサルタントとして研究活動を続けた．2010 年 7 月 20 日，泳いでいる間に心臓不整脈で死亡した．86 歳であった．

◇◇◇◇◇◇◇◇◇◇◇◇◇◇◇◇◇◇◇◇◇◇◇◇◇◇◇◇◇◇

線欠陥—転位の“発明”

転位とは，結晶の内部にある線状の欠陥である．結晶に外部応力を加えると，転位が移動して試料形状の変化，すなわち塑性変形が起こる．転位は発明された—発見されたのではなく—というのが正しい言い方である．結晶を塑性変形するのに必要な応力の計算値と実測値のあまりにも大きなギャップ（およそ 1000 対 1）がその発明を必要としたのである．また，塑性変形した結晶は硬くなる（加工硬化を起こす）という事実も転位概念の導入を促した．3 人の研究者，G. Taylor, E. Orowan，M. Polanyi がほとんど同じ時期に同一の結論に達し，1934 年に論文を発表した[26)～28)]．

Orowan と Polanyi はハンガリーからの亡命者である．この国に生まれた多くの俊才は科学の発展に大きな貢献をした[注 5)]のだが，そのうちの少なからぬ人々は 20 世紀の政治に翻弄され亡命を余儀なくされた．図 5 (a) は Orowan の論文に掲載された刃状転位，(b) は Taylor による移動する転位の模式図である．

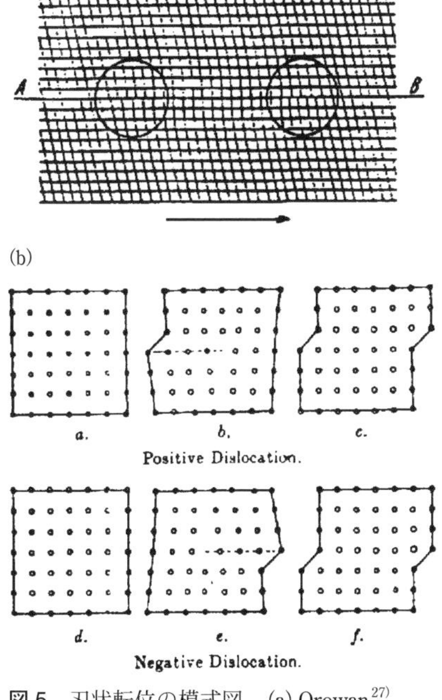

図 5　刃状転位の模式図．(a) Orowan[27)]，(b) Taylor[26)]．

注 5）ハンガリーが多くの異才を輩出したことについては，文献 29) に詳しい記述がある．

Taylorは塑性変形した試料について精密な熱測定を行い，残存エネルギー(stored energy)を求めた．そのstored energyは弾性ひずみを伴った結晶欠陥として局在していると結論した．彼は，これらの欠陥の濃度が何らかの機構で増加し，互いに相互作用することによって加工硬化が起こると考えた[30]．彼は結晶塑性の仕事を終えると，もともとの畑である流体力学の分野へと戻っていった．Polanyiは，後述のように哲学の分野に関心を移し，結局3人のうちOrowanだけが結晶塑性の分野に残り，運動する転位と他の転位，あるいは障害物との相互作用についてさまざまなアイディアを出した．

人物点描　テイラー　Geoffrey Ingram Taylor 1886～1975

物理学者，数学者であり，流体力学の権威．1910年，トリニティ・カレッジ（ケンブリッジ大学を構成するカレッジの一つ．ヘンリー8世によって1546年に創設された）のフェローに選ばれ，翌年，気象力学の講師に就任した．大気の乱流の理論モデルを作り，第一次大戦開始後は王立航空機製造工場で，航空機の設計に携わった．戦後，ケンブリッジに復帰し，乱流理論の海洋気象学への応用，回転流体中の物体の移動などの研究を行った．1923年，彼は王立協会研究教授(Yarrow Research Professor)となった．これにより，過去4年間，心ならずも続けてきたティーチングをしなくてよくなり，研究に専念できるようになった．実際，この時期に彼の主要な仕事，流体力学および結晶性固体の塑性変形に関する仕事が行われた．第二次大戦中は再び彼の経験の軍事への応用が要請され，水中爆発の衝撃波の伝搬に関する研究などを行った．戦後は，航空機研究委員会の委員を務め，超音速航空機の開発にかかわった．1952年，公式には引退したが，その後20年にわたって単純な機器を用いて扱うことのできる問題に取り組んだ．彼は熱心なヨットマンで，高性能の碇の開発にも関心をいだいた．その多様な側面を，高弟Bachelorが描いている*7．

＊7　G. K. Batchelor：The Life and Legacy of G. I. Taylor，Cambridge University Press, 1994

人物点描　オロワン　Egon Orowan 1902～1989

R. W. Cahn は，ケンブリッジの学生（博士候補）であったとき，オロワンの指導を受けた．カーンの回想録[31]には，オロワンの人間像が興味深く描かれている．その一部を以下に紹介する．

「オロワンは 1937 年にブダペストから英国へやってきた．バーミンガム大学に 2 年間いて，それからケンブリッジへ移り，物理研究室の機械工学技師となった．彼が自分のことを亡命者だと思っていたかどうかは分からない．また彼がユダヤ系であったか否か誰も知らない．彼は非常に実力がある聡明な人であった．すでに述べたように，1934 年に転位の概念をそれぞれ独立に提案した 3 人の研究者の 1 人で，そのとき彼は 31 歳であった．その自信のほどはほとんど傲慢ともいえるもので，その一端はテイラー卿（Sir Geoffrey Taylor，有名な数学者で転位を提案した研究者の 1 人）へ送った手紙に現れている．オロワンはテイラーに「遺憾ながら，あなたの理論はみんな誤りである」と書き送った．彼は人に向かって，ことあるごとに「君はまったく間違っている」といい，「それは…に他ならない」というのが口癖であった．オロワンの指導を受けた最初の研究学生の 1 人である John Nye は，オロワンについて以下のように言う．「彼は英国にいたとき居心地がよいと感じたことは一度もなかったのではなかろうか（多分どの国に住んでも同じことであったであろうが）．彼はいつも孤立した偏屈な傍観者で異邦人であった．…カレッジの生活には興味を示さず，カレッジで食事するよりも町の食堂での昼食（あのまずいサンドイッチを）を好んだ．ケンブリッジには彼を引き止めるような強いつながりはなかったであろう．彼は重要な技術的課題の解明に取り組んだ．すなわち，理論と実験データをもとに，鋼板を薄板に圧延するのに要する力を正確に計算したのである．キャベンディシュの物理学研究室の同僚たちは，これは純粋物理学の研究室の権威を貶め

るものだと考えたのだ.

科学的にはきわめて生産的な13年をケンブリッジで送ったけれど，彼は不満であった．その真の理由は明らかではないが，おそらく正教授に昇進できなかったことであろう．それは同僚たちが彼を真の物理学者と認めなかったためである．彼はもうひとつのケンブリッジにあるアメリカのマサチューセッツ工科大学へ1950年に移り，その後の長い人生をそこで過ごした.」—オロワンの伝記的回顧録が身近ですごしたことのある2人の研究者によって書かれている[*8].

人物点描　ポランニー Michael Polanyi，1891～1976

ハンガリー，ブダペストで生まれ，医学，化学を学んだのち，カールスルーエ(ドイツ)に留学．1920年ベルリンのカイザー・ヴィルヘルム研究所(化学)へ．1933年ナチスの人種迫害を避けて英国に亡命し，マンチェスター大学へ移った．物理化学者として，吸着・X線解析と結晶・化学反応速度論など幅広い分野で219編の論文を残した.

転位に関するPolanyiの論文は，投稿の時期よりも数カ月早く完成していたが，かねてより交流のあったOrowanの論文完成を待ってZeitschrift für Physikに投稿し，同じ号に掲載されるようにした．Polanyiは古風な学者で奥ゆかしい紳士であった．この論文投稿のあとは結晶塑性の分野を離れた．1949年6月，突然，社会科学に研究主題を転向．ノーベル賞の候補者と目されていた中の転向で，物理化学者としての自分の発見の過程を整理し，科学哲学者として暗黙知や層の理論を提示し，新たな哲学を構築した．カナダ在住の物理化学者，John Charles PolanyiはMichael Polanyiの息子で“化学反応素過程の動力学的研究”への貢献により1986年度ノーベル化学賞を受賞した.

*8　F. R. N. Nabarro and A. S. Argon: Egon Orowan 1901-1989, National Academy of Sciences (www.nap.edu/html/biomems/eorowan.pdf)

転位論のその後の発展—転位の発見

1934年以降，転位に関する研究の歩みは遅く，やがて戦争が始まった[注6]．戦後も初めのうちはあまりはかばかしい進展は見られなかった．転位の存在が実験的に初めて確認され，発明が発見に変わったとき，転位に関する理論的研究が始まった．「観ることは信ずることである」といわれるようにそれらの実験は，いずれも顕微鏡を用いて行われた．

その先頭をきったのが，R. W. Cahnによるポリゴニゼーション過程の観察[注7]である(1947)．金属結晶試料を曲げ変形すると，正符号の転位が負符号の転位より過剰に導入される．その試料を加熱すると，反対符号同士の転位がclimbして消滅するが，残された過剰の転位は再配列して安定な配置subgrain boundaryを形成する．これは，試料を適当な薬品でエッチングすると可視化できる．同一符号の転位(平行なすべり面上にある)が，すべり面に垂直に配列するのがもっとも安定であることは，“転位の弾性論”によりただちに証明された．ベル研究所のVogelらは，Ge結晶について小傾角粒界に沿って形成されるエッチ・ピットの密度は，粒界の両側の粒の方位差を生じさせるのに必要な転位密度と正確に一致していることを示した(1953)[32]．

このあとは続々と転位観察の報告が相次いだ．Mitchellによる塩化銀中の転位網の観察[33]，DashのSi結晶中のCuによりデコレートされた転位の観察，GilmanとJohnsonによるLiF結晶中の動く転位のエッチ・ピット法による観察[34]などである．これら顕微鏡法による転位観察法—については，Amelinckxによる優れたレビューがある[35]．

しかし，何といっても止めをさすのは，Peter Hirschのグループによる透過電子顕微鏡による移動する転位の観察であろう．その研究史はHirsch自身によって詳しく語られている[36]．

注6) 第二次世界大戦の始まりは，ドイツ軍がポーランドへ侵攻した1939年9月1日，とされている．しかし，ムッソリーニのローマ進軍(1922)，ヴェルサイユ体制の打破とナチズムを掲げるヒトラーが首相に就任し国際連盟を脱退する(1933)など，ファシストの台頭は早い時期から始まっており，大学における研究も次第に軍事科学に関するものが重視されていった．

注7) ポリゴニゼーション過程の観察については，カーンの著書[31]の第5章 理論と実験に詳しい記述がある．

転位と内部摩擦— Nowick が語る初期の転位研究

Nowick は，自ら関わった初期の転位に関する研究について，以下のように述べている[7].

（以下，Nowick の回顧の抄訳．“私”とあるのは，Nowick を意味する．）

私が PhD の研究テーマに何を選ぶか迷っていた頃（1946 年），研究者の多くは，まだ転位について懐疑的であり，私自身もそんな心境であった．その頃，コロンビア大学の Quimby の研究室で戦争の直前（1941）に行われた T. A. Read の“Cu 及び Zn 結晶の内部摩擦測定”の報告を読んだ．「内部摩擦の値は（降伏応力以下の応力であっても）応力の大きさにより，著しく変化する」とある．この挙動は，転位の運動が関係していることを強く示唆している．私は Read の実験が行われた Quimby の研究室で，この現象を詳しく研究することにした．

この振幅依存性のある（応力依存）振動減衰現象は，測定振動数には依存しない．そのことは，転位がピン止め点から外れる break-away によるヒステレシス効果であることを示唆していた．数年後に Granato と Lücke[37] は，これらのアイディアをより定量的に発展させた．1950 年にはピッツバーグで結晶性固体の塑性変形に関するシンポジウムが開かれた．多分，この会

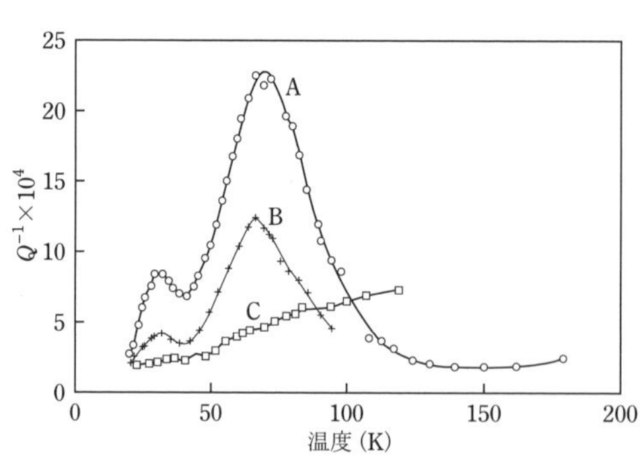

図 6　純銅のボルドーニピーク．（A）8.4％加工，（B）180℃ 1 時間後，（C）350℃ 1 時間後．振動数 1.1 kHz[38].

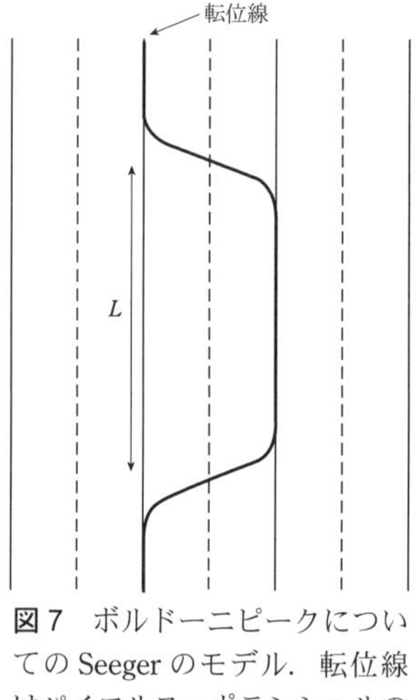

図 7　ボルドーニピークについての Seeger のモデル．転位線はパイエルス・ポテンシャルの谷から，キンク対を形成して，次の谷へと移動する[39].

議の影響だと思うのだが，1950〜1956 年の間には，転位に関する研究が爆発的に進行した．その一つに，やはり内部摩擦の分野のことであるが，Bordoni による，塑性変形された金属の低温における擬弾性ピークの発見がある[38](図 6)．このピークは，測定の際のひずみ振幅には依存性せず，前処理が異なっても同じ温度にピークが現れる．このことは，このピークが，転位の基本的な性質を反映していることを示唆している．1956 年，Seeger は，このピークが "低エネルギーのポテンシャル (パイエルス・ポテンシャル) の谷に横たわっている転位が，キンク対を形成してとなりの谷へ張り出す" 過程による (図 7 参照) と提唱した[39]．この説明は，時の試練 (the test of time) に耐えたと言ってよいであろう．
(Nowick の回顧の抄訳，終わり)

転位論の研究史についてはまだ語るべきことは多い．筆者の著書「金属学プロムナード」[40] の第 10 章 転位論－人名のついた用語にまつわるエピソードには関連する話題が多く取り上げてある．項目名の一部を記すので，興味ある向きは参照していただきたい．

- 固体物理学の早き日々の思い出— N. F. Mott の回想
- 初期の固体物理学— P. E. Peierls の回想
- 転位物理学の初期の思い出— F. R. N. Nabarro の回想
- 我が兄と私はどうして転位に興味を抱くに至ったか？ — W. G. Burgers の回想
- フランク・リード源— F. C. Frank の回想
- 金属中の転位：バーミンガム学派，1945〜1955 — A. H. Cottrell の回想
- 透過電顕による転位の直接観察— P. B. Hirsch の回想

結晶成長とラセン転位

Charles Frank (1911〜1998) は，第二次大戦の直後にブリストル大学の物理教室に加わった．主任の N.F. Mott 教授に，結晶成長について講義をするように指示された．その方面の知識があまりなかった Frank は，戦前にドイツで出版された教科書 (Max Volmer, 1939)[41] を入手して熟読した．

この本は，相変態の動力学を扱ったもので，核形成の概念についてかなり

の紙数を使っていた．Frank の関心事は“冷却によって準安定になった系，もしくは過飽和になった溶液において，安定相の微小粒子形成に必要な過飽和度は？”という核形成の問題である．

Volmer の本には，ヨードの結晶を蒸気から成長させるに必要な過飽和度は1％と書いてある．この場合，結晶表面に付着したヨード原子は，表面上をさ迷い歩いて，安住の場所レッジ（ledge：成長しつつある1原子厚さの層の端）にくっつけばよい，それには1％程度の過飽和で十分である．

しかし，その層の成長が終わり，表面が完全に平滑になると，新たに飛び込んできた原子は，（再蒸発して表面を離れることになる前に）数個の原子と寄り集まって安定な核を形成せねばならない．非常に過飽和度が高くて，ヨード原子が時間的，空間的に十分に高い密度で存在する場合にのみ，それが可能になる．Frank の同僚 Burton と Cabrera が完全な（defect free）ヨード結晶の成長に必要な過飽和度を計算してみたら，50％程度になった．

この頃，Nabarro が Frank にラセン転位に注意を向けるように促した．図8はラセン転位を含む結晶表面の様子を描いたものである．Frank は一瞬にして閃いた．これこそ結晶成長速度の実測値と計算値の大きな開きに対する回答を与えるものであると．この結晶の場合，成長層は完全平滑にはなりえない．成長層は転位を軸として回転するが，新たに付着した原子の安住地である階段は常に存在するから．Frank のラセン転位による結晶成長モデルは，ブリストルで1949年に開催された結晶成長に関する会議で報告され，同年 nature に発表された．その詳細は1951年に報じられた[42]．

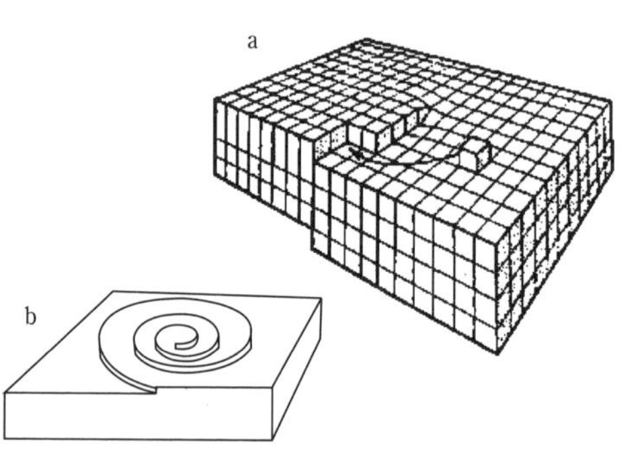

図8　ラセン転位を含む結晶の表面と成長スパイラル形成の模式図．

成長スパイラルの観察

Frank のモデルによれば，結晶の成長表面はスパイラル構造をしているはずであるが，そのような観察の報告はなかった．鉱物学の研究者 L. J. Griffin

は，緑柱石 (beryl) の表面を位相差顕微鏡（光の波長よりずっと小さな表面のステップを検出しうる）を用いて，美しい成長スパイラルを観ることに成功し，やはりブリストルで 1949 年に開かれた別の結晶成長に関する会議で報告した．このころの状況については，Braun による詳しい報告がある[43]．Griffin の写真が公開されると，ひと月も経たないうちに，多くのマイクロスコピストによって，あらゆる種類の結晶について，表面スパイラルの観察が報告された．

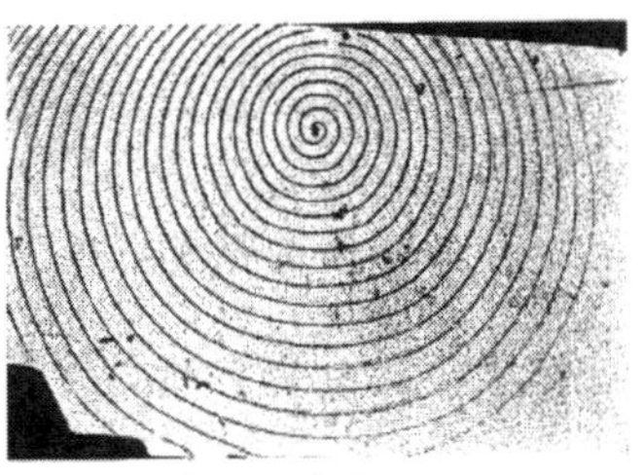

図 9 SiC 結晶の成長スパイラル．Amelinckx による[45]．

1950 年，インドの若き学徒 A. R. Verma は，奨学金を得てロンドン大学の Tolansky の研究陣に加わった．Tolansky は，表面の微細なステップ (1 原子程度の) を検出する実験手法をもっていた. 以下の話は, Verma の回想記[44]による.

Verma は, インドから各種の結晶を持ってきていたが, その中に SiC があった．成長スパイラルは，通常の光学顕微鏡を用いて観察することができた．観察する際，試料表面にフッと息を吹きかけるのがコツであった．後になってわかったことだが，息の中の水分が優先的に階段のところに水滴となって凝結し，非常に低い階段を可視化したのだ．しかし，すぐ再蒸発して見えなくなるので，写真撮影には不向きである．Ag の薄膜を表面に熱蒸着する方法 (Griffin による) を用い，多波干渉法によりステップ高さを測定した (図 9[45])．もし，成長スパイラルが，図 8 のラセン転位機構によるのであれば，ステップ高さはバーガース・ベクトルの大きさ (すなわち単位胞の 1 方向の寸法) に一致すべきである．2 個の異なるスパイラルについて実測したステップ高さは，15.1 Å, 15.2 Å，X 線で予め測ってあった格子定数は，$c = 15.1$ Å であり，ラセン転位機構による成長スパイラルであることが確認できた．

おわりに

“自己拡散の機構” の項で述べたように，「固体における拡散が空孔を媒介として起こる」ことは，1940 ～ 50 年代に確立された認識である．しかし，固体においても拡散が起こることを示唆する最初の論文 (1684 年) には “空孔のようなもの” の存在が示唆されている．理想気体の状態方程式でその名が知られているBoyleによる「固体物質の浸透性に関する評論」[46]がそれで，銅と硫黄，銅と砒素の固体反応に関する観察を記述した後，大要以下のように述べている．

硫黄や砒素の塩の助けを借りなくても，ある重い固体を金属（銅）の中のポアーに染みこませ，色づけることができる．悪用する輩が出るといけないから，詳しいことは述べない．「新しい銅貨の一部にのみこの操作を施すと，その部分のみほとんど金と変わらない黄色になり銅貨の刻印は健在である．「染料が単に表面を色づけたに過ぎないのではないか？」，「銅が融けたのではないか？」と疑う人がいるかもしれないから，コインの端をやすりで削って見ると表面からかなり深いところまで金色になっているのが認められた．

「ある重い固体」とは1700年ごろはヨーロッパではまだ知られていなかったが，インドと中国ではすでに知られていた亜鉛であろうと推測される．論文表題には，porosityという単語が含まれており，空孔という概念の萌芽といえるかもしれない．空孔以外の格子欠陥についても，その萌芽は古い時代の研究に見られるであろう．

稿を終えるに際して，その著書から多くを引用，抄訳した2人の先達への謝意を表したい．

A. S. Nowick 博士

学部，大学院の研究テーマとして私が選んだのが内部摩擦であった．同博士の著書をバイブルとして学び，国際会議，研究室訪問などの機会を通じて親交を深めた．まさに私にとってMentor（良き師，指導者・先輩）であった．本稿の執筆に際して，同博士のレビュー[7]から多くの部分を抄訳の形で引用させていただいた．本来，ご本人の了解を得るべきであるが，残念ながら2010年に故人となられた．ご存命であれば，きっと喜んでお許しいただいたと思う．

R. W. Cahn 博士

私の机上には，“To Masahiro Koiwa with author’s best wishes, Robert Cahn”のサインがある著書“The Coming of Materials Science”が載っている．折に触れ開いているが，今回とくにその第3章Precursors of Materials Scienceの

3.2.3 節 Crystal defects (p.105〜124) を参考にした．彼の伝記を邦訳した[31]こともあって，相互に自宅を訪ねるなど親しい間柄であったが 2007 年 4 月 82 歳で永眠された．本稿の執筆を契機に，その博覧強記ぶりを再認識し，驚嘆した．改めて同博士の冥福を祈る．

参考文献

1) A. Cottrell: “The importance of being imperfect”, European Review, **1** (1993), 169.
2) L. Hoddeson, E. Braun, J. Teichman and S. Weart: Out of the Crystal Maze— Chapters from the History of Solid-State Physics, Oxford University Press, 1992.
2a) 文献(2) の第 4 章“Point Defects and Ionic Crystals: Color Centers as the Key to Imperfections”
2b) 文献(2)の第 5 章“Mechanical Properties of Solids”
3) R. W. Cahn: The Coming of Materials Science, Pergamon, 2001.
4) J. Frenkel: Zeitschrift für Physik, **35** (1925), 652.
5) F. Seitz: “Color Centers in Alkali Halide Crystals”, Rev. Mod. Phys., **18** (1946), 384.
6) F. Seitz: “Color Centers in Alkali Halide Crystals. II”, Rev. Mod. Phys., **26** (1954), 7.
7) A.S. Nowick: “The Golden Age of Crystal Defects”, Annual Review of Materials Science, **26** (1996), 1.
8) H. B. Huntington and F. Seitz: Phys. Rev., **61** (1942), 315.
9) C. Zener: Acta Cryst., **3** (1950), 346.
10) A. D. Smigelskas and E. O. Kirkendall: Trans. AIME, **171** (1947), 130.
11) 小岩昌宏，中嶋英雄：『材料における拡散－格子上のランダムウォーク』, 内田老鶴圃, 2009 年.
12) A. C. Correa da Silva and R. F. Mehl: Trans. AIME, **191** (1951), 155.
13) F. Seitz: Acta Cryst., **3** (1950), 355.
14) F. Seitz: Rev. Mod. Phys., **23** (1951), 328.
15) C. Zener: Phys. Rev., **71** (1947), 34.
16) A. S. Nowick: Phys. Rev., **82** (1951), 551.
17) J. W. Kauffman and J. S. Koehler: Phys. Rev., **88** (1952), 149.
18) R. Feder and A. S. Nowick: Phys. Rev., **109** (1958), 1959.
19) R. O. Simmons and R. W. Balluffi: Phys. Rev., **119** (1960), 600.
20) R. O. Simmons and R. W. Balluffi: Phys. Rev., **125** (1962), 862.
21) R. Feder and H. Charbnau: Phys. Rev., **149** (1966), 464.

22) J. A. Brinkman: J. Appl. Phys., **25** (1954), 961.

23) C.D. Meechan and J. A. Brinkman: Phys. Rev., **103** (1956), 1193.

24) T. H. Blewitt: J. Appl. Phys., **28** (1957), 639.

25) J. W. Corbett, R. B. Smith and R. H. Walker: Phys. Rev., **114** (1959), 1452.

26) G. Taylor: Proc. Roy. Soc. A, **145** (1934), 362.

27) E. Orowan: Zeitschrift für Physik, **89** (1934), 605, 614, 634.（3 篇のうちの最後の論文において“転位”概念が導入されている.）

28) M. Polanyi: Zeitschrift für Physik, **89** (1934), 660.

29) マルクス・ジョルジュ著，盛田常夫編訳：『異星人伝説 20 世紀を創ったハンガリー人』, 日本評論社, 2001 年.

30) G. Taylor and H. Quinney: Proc. Roy. Soc. A, **143** (1934), 307.

31) ロバート・W・カーン著，小岩昌宏訳：『激動の世紀を生きて あるユダヤ系科学者の回想』, アグネ技術センター, 2008 年.（下記の英書の元になった原稿の邦訳．ただし，英書には邦訳書の第 5 章は省かれている，章の配列順序が異なっている，などの違いがある.）R. W. Cahn: The Art of Belonging, Book Guild Publishing, 2005.

32) F. L. Vogel, W. G. Pfann, H. E Corey and E. E. Thomas: Phys. Rev., **90** (1953), 489.

33) J. W. Mitchell: Proceedings of the Royal Society of London, Series A, **371** (1980), 126.

34) J. J. Gilman and W. G. Johnston : Dislocations and Mechanical Properties of Crystals, ed. by J. C. Fisher, Wiley, New York, 1957, p.116.

35) S. Amelinckx: The direct observation of dislocations (Solid state physics. Supplement 6), Academic Press, 1964.

36) P. B. Hirsch: “Direct Observations of moving dislocations: Reflections on the thirtieth anniversary of the first recorded observations of moving dislocations by transmission electron microscopy” Materials Science and Engineering, **84** (1986), 1.

37) A. Granato and K.Lücke: J. Appl. Phys., **27** (1956), 583.

38) P. G. Bordoni: J. Acoust. Soc. Am., **26** (1954), 495.

39) A. Seeger: Philos. Mag., **1** (1956), 651.

40) 小岩昌宏：『金属学プロムナード』, アグネ技術センター, 2004 年.

41) M. Volmer: Kinetik der Phasen Bildung, Steinkopf, Dresden, 1939.

42) W. K. Burton, N. Cabrera and F. C. Frank: Phil. Trans. Roy. Soc. A, **243** (1951), 299.

43) E Braun: 文献 2), p.317.

44) A. R. Verma: in Synthesis, Crystal Growth and Characterization, ed. by K. Lal, North Holland, Amsterdam, 1981, p.1.

45) A. R. Verma and S. Amelinckx: Nature, **167** (1951), 939.

6 結晶転位論と山口珪次博士

先ごろ，“結晶格子欠陥　研究小史”と副題を付した文章を書いた[1]．その際，転位論の誕生に関して山口珪次博士について触れたいと思ったが，紙数の関係もあり省略したため，ここに別稿を起こすことにした．同博士については過去に数人の方が記された文章があるので，主にそれらから抜粋引用して，本稿を構成することにする．

写真 1　山口珪次先生[5]．

1934 年，固体の塑性変形と加工硬化に関する論文が G. Taylor，E. Orowan，M. Polanyi の 3 人によりそれぞれ独立に発表され，転位の概念が提唱された．N. F. Mott は，このことについて
「核，核分裂，中性子が発見された後になってようやく，“金属の延性のような身近な現象を原子の運動という視点から説明しようとすること”に物理学者たちが注意を向けはじめたという事実を私はいつも奇異に感ずるのである.」
と述べている[2]．上記の 3 人の論文が現れる以前に，単結晶の塑性変形に関する研究が C. G. Darwin, E. Schmid, G. I. Taylor, C .F. Elam など英独の研究者，および山口珪次によって行われていた．山口博士の論文について橋口隆吉（東大名誉教授，故人）は以下のように述べている[3]．

山口珪次博士を有名にした２論文

山口博士を最も世界的に有名にしたのは次の２つの論文[注1)]である.

1. The Slip-Bands Produced when Crystals of Aluminum are Stretched, Scientific Papers of the Institute of Physical and Chemical Research, **8** (1928), 289.
2. Slip-Bands of Compressed Aluminum Crystals[注2)], 同上, **11** (1929), 223.

このほかにも一連の論文があるが，上記の２つが諸外国において最もよく引用されるものである．博士は上記論文において，アルミニウム単結晶の引張および圧縮における応力－歪関係，辷り帯の出現の様相を詳細に観察し，当時としては全く画期的な研究をしたのである.

博士によればすべり帯はせん断応力がある値 S_0 に達したときに初めて出現し，せん断応力 S の増加とともにすべり帯の数は直線的に増加する．すなわちすべり面に垂直な方向に数えたすべり帯の数を N' とすると，比例定数を a とするとき

$$N'=a(S-S_0)$$

なる関係が成立する．これが博士が導出した有名な式である．博士はまたこの式を基礎として，加工硬化の理論を提出したが，それは今日の転位理論の萌芽とも言うべきものであって，博士の卓見にいまさらながら感服する次第である.

また，藤田広志（阪大名誉教授 故人）は，山口博士について以下のように述べている[4)].

刃状転位の概念を表す格子模型図

…ところが 1925 年頃からこのような大きな流れとはほとんど無縁な日本で孤独に結晶塑性の研究を進め，ベルリンに１年間留学されていた

注1）以下では，この２つの論文を山口論文 I, II と呼ぶ.

注2）山口は，“この実験に用いたアルミニウム単結晶は，G. I. Taylor の好意により提供された” と述べ，謝意を表している.

とはいえほとんど独力で，しかも上述のG. I. Taylorより早く転位の概念をほぼ完成した人がいました．その人が山口先生なのです．先生は光学顕微鏡とX線法を巧みに用いて，主としてアルミニウム単結晶のすべりの幾何学と性質をすでに液体空気の低温から525℃までの広範な温度範囲で詳細に調べておられますが，当時としては非常に珍しい16 mmムービーをも用いて，すべり線の発達の過程を記録すると同時に，個々のすべり線の微細な構造を調べておられます．その結果，結晶のすべりについて既述のヨーロッパを中心としたグループのそれとほぼ同程度の情報を1人で確かめられ，その結論として山口論文II（英文 理研彙報）に図1のようなすべり線の先端の格子模型図を発表されました．図2は図1をTaylor流の表示に書き換えたものですが，2つの図を比較すると分かるようにこれは正しくTaylorの言う刃状転位の概念そのもので，図1では右方からすべり面（図でZone of slipと書いてある太い線）に沿って2個の刃状転位が導入されていることを示しています．山口先生，31歳のときのことです．

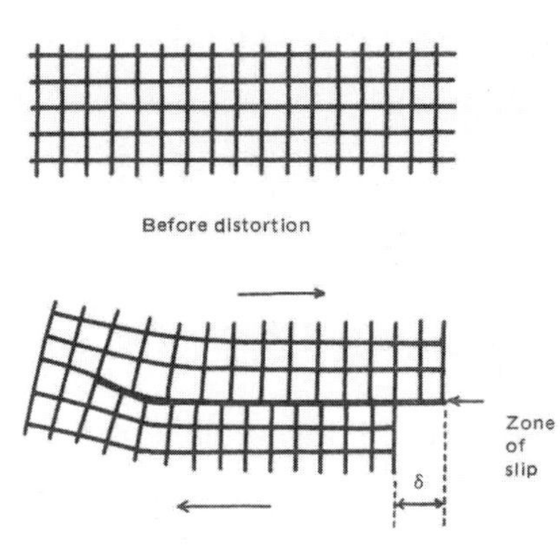

図1　すべり変形前後の結晶断面の模式図（山口論文IIのFig.10）．

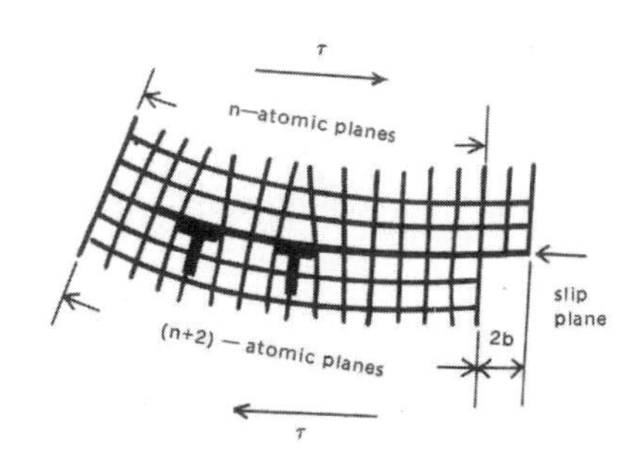

図2　Taylor流に図1を描き直した転位模型．図中のbはバーガース・ベクトル[4]．

この論文は外国でも一部で高く評価され，1953年9月にわが国で開催された国際理論物理学会議の席上，ノーベル物理学賞に輝く物性論の大家であり，転位論を発展させた人物でもあるN. F. Mott博士から“結晶転位は日本で山口が最初に見出したものである”と紹介されたことは記憶に新しいことと思います.

ここで，藤田がふれている“国際理論物理学会議”について述べることにしよう.

国際理論物理学会議（1953 年 9 月）－新聞・雑誌の報道から－

この会議は，当初，湯川秀樹博士のノーベル賞受賞で意気揚がる素粒子論分野を中心に企画されたが，“IUPAP（純粋および応用物理学国際連合）の会議を日本で開くのはめったにないことだから，できるだけ広範な分野の会議に”という海外の委員の意向もあって，物性分野を含めた大きな会議となった．学術月報第 6 巻，No.7（特集 国際理論物理学会議）注3) には国際会議の詳細が記されている．開会式については，以下のように報じている.

国際理論物理学会議の開会式は，9 月 15 日午前 10 時より東京大学安田講堂で行われた．来日した世界の科学者は 14 カ国 54 名，日本側をも含めて出席者の総数は 1,200 名というわが国はじまって以来の学術の式典であつた．学究の集まりにふさわしく質素ではあるが，しかし世界の頭脳を集めた厳粛な空気の中に，ニュース映画とテレビのライトに照し出された壇上には，国際物理学連合会長モット教授をはじめ，外人学者で組織された 9 名の執行委員，主催者側として日本学術会議亀山会長，藤岡組織委員長，湯川，朝永，小谷 3 教授，それに大達文部大臣，日本ユネスコ

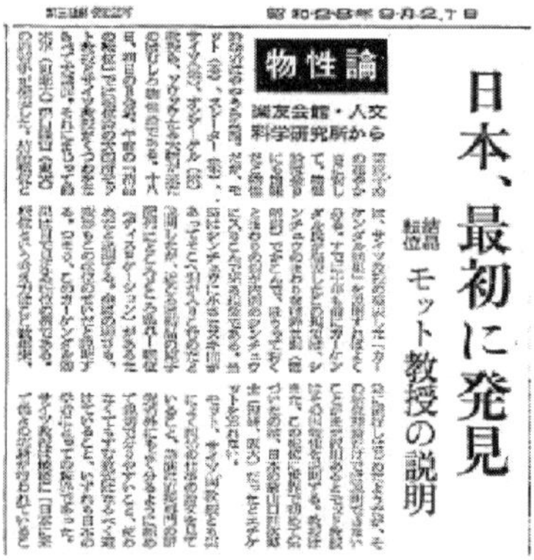

日本、最初に発見

結晶転位 モット教授の説明

物性論

学友会館・人文科学研究所から

写真 2　大阪朝日新聞朝刊，昭和 28 年 9 月 21 日.

注 3） http://ci.nii.ac.jp/vol_issue/nels/AN00196952/ISS0000139299_ja.html

なお，日本物理学会事務局に問い合わせたところ，同会所蔵の原本（日本物理学会誌，1953 年）には，第 8 巻の後ろに付録としてこの学術月報が製本されているとのことである.

国内委員会沢田副会長の姿が見られた.

結晶転位 (Crystal Dislocation) の分科会会議は 9 月 18 日に開催された. 写真 2 は, これを報じた大阪朝日新聞の記事である. 読み取りが困難なところもあるが, 判読できた関連部分を以下に記しておく.

> 転位という考え方はここ数年来, 急に進行しはじめたようだが, その転位理論だけでは説明できないことがまだ沢山あるとモット教授はその困難性を説明する. 教授はまた, この転位に世界で初めて気付いたのは日本の故山口珪次博士 (阪大) だったとエチケットを忘れない. モット, サイツ両教授とも実によく関連の仕事の論文を見ていること, 講演は直接専門の研究者外にもよくわかるようにきわめて親切で分かり安いこと, 使わなくてもすむ数式はなるべく避けていること, いずれも日本の学者にとっての驚異であった.

国際理論物理学会議—結晶転位と塑性に関する講演—

結晶転位 (Crystal Dislocation) についての分科は, 京大人文科学研究所で開かれた. (9 月 18 日, 午前 9：00 ～ 12：30) 講演は以下の 4 件である.

1. N. F. Mott: Difficulties in the Theory of Dislocations
2. T. Suzuki and H. Suzuki: Dislocation Networks in Crystals
3. R. Hasiguti: Internal Friction of Metals due to Crystal Imperfections
4. F. Seitz: Theory of Kirkendall Effect

なお, 写真 2 の朝日新聞の記事は, この分科の講演を報じたものである.

結晶転位の本会議の時間の不足を補うために, 日光金谷ホテルにおいて 9 月 12 日, 13 日の 2 日間にわたって結晶塑性と転位に関するシンポジウムが開催された. 講演は以下の 8 件である.

1. F. C. Frank: Visual Evidence of Dislocations
2. 木下是雄, 中山淳：Spiral Cleavage of Mica
3. 谷安正：On the Microcreep of Copper Single Crystals
4. 福島榮之助, 大川章哉：On the Behavior of Grain Boundary Observed in Soap Bubble Raft

5. 高村仁一：Effect of Anodic Surface Films on the Plastic Deformation of Aluminium Crystals
6. 石井謙一郎：Mechanical Twinning of Single Crystals of Tin
7. N. F. Mott: Dislocations and Fracture
8. 神前熙：Investigation of Plasticity of Ionic Crystals

これらの会議の状況については日本物理学会誌第9巻1号[注4)]に詳細な報告があるので，関心ある向きは参照していただきたい．

三谷裕康氏（阪大名誉教授 故人）は，山口珪次博士に憧れて阪大工学部冶金学科に進学したとのことである．同氏による伝記[5)]にもとづいて，山口博士の足跡を辿ってみよう．

山口珪次博士の足跡

山口博士は1922年（大正11年）に大学を卒業して，園田伸銅所（京都）に就職した．会社から委託学生として京都大学工学部に派遣され，西村秀雄先生と机を並べて学び，金属顕微鏡撮影技術を磨いた．1925年，園田伸銅所が閉鎖になったので東京に戻り，一高・東大を通じての友人黒田正夫の勧誘で理化学研究所 真島正市研究室に嘱託として入所した．真島研究室は1923年創設で，金属塑性及び破壊に関する応用物理学的研究を行っていた．

ところで，1929年（昭和4年）は世界恐慌の年であったが，日本では文教発展の時代でもあり，東京及び大阪工業大学（高等工業から昇格），東京及び広島文理科大学（高等師範から昇格），神戸商業大学（高等商業から昇格）など国立5単科大学が発足した．大阪工業大学は1933年（昭和8年）5月，大阪帝国大学に合併され工学部となった．山口珪次先生は，1930年に大阪工業大学に迎えられ，上記合併により，33歳の若さで大阪帝国大学教授となった（表1参照）．

注4） http://ci.nii.ac.jp/naid/110002079474, http://ci.nii.ac.jp/naid/110002079475

表1　山口珪次博士　略歴.

1898年2月	東京に生まれる.（暁星中学，一高を経て）
1922年	東京帝国大学工学部冶金学科卒業
	園田伸銅所（京都伏見）に勤務
1923年	京都帝国大学委託学生として熱処理，圧延の研究
1925年	理化学研究所嘱託　真島正市研究室
1931年4月	大阪工業大学助教授
5月	工学博士（Alの塑性変形　東大工学部）
1933年	大阪帝国大学教授　冶金学第3講座担当
1936年	文部省在外研究員として独，仏，米に1年半留学
1937年	帰国
1941年11月5日	逝去（享年43歳）

山口博士の発表論文リストは，文献5)に掲載されている．全35編(邦文30，英文5)で，邦文の掲載誌(論文数)は以下の通りである.

理研彙報(18)，応用物理(6)，日本金属学会誌(3)，機械学会誌(2)，鉄と鋼(1)

理研時代の研究は結晶塑性に関するものが多いが，その後はAl-Mo, Cu-Sn-Zn, Cu-Zn-Niなど2元，3元状態図，相変態に関する論文がある．また，金属組織の顕微鏡撮影の技術開発に熱心で，“応用物理”にその関連の論文を発表している.

三谷裕康は，山口教授の講義について，次のように述べている[5)].

山口珪次博士の講義

入学初年度から山口教授の金相学(金属組織学)を受講した．ノートの必要はなく，教材は仮製本された1冊のプリントであった[注5)]．要点のみが記されていて，その空欄を講義で埋めるのである.

注5）山口珪次教授の講義ノートなど下記の資料が“大阪大学アーカイブス（阪大箕面キャンパス 管理棟3階)”に収蔵されており，閲覧・複写が可能とのことである.

「転位(dislocation)」理化学研究所英文研究論文集

「学振第44小委員会資料」

講義ノート（Metallography and Heat Treatment）（昭和10年3月）

講義ノート　加工法　No.1, No.2

講義ノート　金相学

(http://www.osaka-u.ac.jp/ja/academics/ed_support/archives_room/information)

メモも持たず，精力的に黒板狭しと図及び式を展開されるので，息をつく暇もなかった．脱線することもなく，簡潔で無駄のない講義が時間一杯続けられた．特有の甘ったるい声紋を介して軽妙な江戸っ子調の快いリズムが印象的で，垢抜けした抜群の名講義であった．2 年生になると，先生の担当は合金学に変わった．同じくプリント講義が続けられた．これこそ大学ならではの内容で，充実していた．その項目中塑性変形の理論で転位が登場するのである．以下教材の項目を列挙する．

第 1 章　塑性変形

1. 変形の種類
2. 単結晶
3. 塑性変形の理論
4. 全体の原子中 ε 以上の熱エネルギーを持つ原子の割合は $\exp(-\varepsilon/kT)$
5. 機械的双晶
6. 多結晶粒組織の変形，加工組織
7. 加工硬化
8. 疲労

第 2 章　熱処理

9. 熱処理の種類
10. 固体内部の拡散
11. 軟化
12. 変態する速さ
13. 析出硬化
14. 変態（プリントはここで終了）
15. 素材の加熱と冷却（以下ノート講義に移行）

第 3 章　金属材料の通性

16. 純金属
17. 固溶体
18. 合金の通性
19. 腐食と磨耗

以上で教材の項目が完了する予定であったが，私のノートは，19. 腐食の途中で終わっている．

昭和 6 (1941) 年 11 月初旬，山口先生は仙台で開催の日本金属学会秋期講演大会に出席されたということで休講になっていたが，11 月 5 日急逝の報道が 7 日の新聞に掲載された．あまりに突然で，その新聞を手にして，私は色を失い，お先まっ暗になってしまった．かくして，私のノートは未完のまま終戦を迎えたが，先輩のノートを借りて，腐食の残部と磨耗の全部を埋め，ノートを完成した．

雑誌「金属」と山口珪次

「金属」第 11 巻第 12 号掲載の，“故 山口珪次博士を悼む”には次のように記されている (写真 3)．

…山口先生は「金属」が去る昭和 6 年に誕生したときから色々とお世話になり，先生と「金属」との関係は爾来年とともに日とともに深くなって，今では何につけ，ご相談に乗っていただいていたのである．先生の率直なご意見と業績は恰もわが国金属界に於いて多大の功績として現に残っていると同じく，わが「金属」の中にも多分に残されて，「金属」を今日あらしめた「金属」の意中の人とも云うべく，われわれは将来の発展と期待を先生個人と，「金属」と，わが国の金属界と三つかけて持ち続けてきたのにあまりに忽然たる黄泉へ旅立ちは，世の無情を嘆かずには居られないほど呆気なく，一時は嘆きよりも驚き，驚きよりもぼんやりしたのであった．…

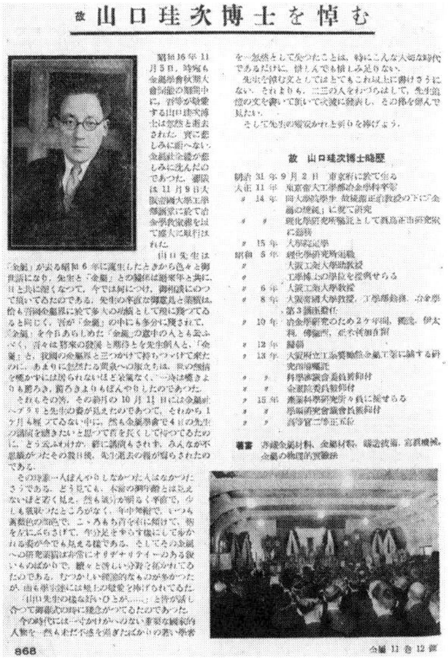
故 山口珪次博士を悼む

故 山口珪次博士略歴

明治 31 年 9 月 2 日　東京府に於て生る

868

金屬 11 巻 12 號

写真 3　「金属」第 11 巻，1941 年 868 頁．

「金属」編集部に調べてもらったところ，同博士は約10年（1932～1941）の間に30編ちかく寄稿しておられる．そのうちのいくつかの表題を以下に記す．

軽合金熱処理の原理　**2** (1932), p.468
クリープ　**4** (1934), p.113
金属の顕微鏡写真　**5** (1935), p.149
金属顕微鏡写真の見方 1 基礎篇 単体金属の組織　**5** (1935), p.275
一日本人が見たドイツの研究所　**7** (1937), p.586, p.640
熱処理の原理〔温度と時間の関係〕**9** (1939), p.99
純金属　**10** (1940), p.355
金属材料の節約と代用　**11** (1941), p.172

上記のうち，「金属顕微鏡写真の見方」は9回にわたる連載記事である．のちに刊行された岩波講座 機械工学の1分冊 金属顕微鏡法[注6)]には，この連載記事が収録されている．

「一日本人が見たドイツの研究所」は，1年半にわたる欧米留学の際の訪問記である．その一部を抜粋・紹介しておこう．

> …三月十一日といえば南ドイツでもまだ春とはいえないけれど，おだやかな日差しに，芝生に芽を出して来た早咲きの草花にしのんで来る春の足音の聞える日だった．大阪府に勤めて居る大学の同窓小森君とスツツガルト市の工科大学に附属するカイザー・ウイレルム インスチチウトの金属材料研究所の所長 Dr. Köster 教授を訪ねる．スツツガルトは古い

注6）山口珪次 金属顕微鏡法（岩波講座 機械工学，Ⅲ．機械材料），1943年．
全42頁のこの冊子のはしがき（黒田正夫による）の冒頭部分を以下に示す．
故 山口珪次は昭和16年11月に急逝した．本講座の“金属顕微鏡法”を担当していたが，幸い，大部分の原稿が出来ていた．僕をしてそれに手を加えて，まとめろと辻二郎君からいって来た．しかし，僕として，之に筆を加えるに忍びない．遺稿には手を触れずに出版してもらう．完了してはいないが，そのままにして，ただ写真を選び，図面の整理をし，実例として，以前アグネ社の“金属”に連載した原稿と写真とを追加しておく．

学都ハイデルベルヒを流れるので有名なネツカ一河の上流にある南ドイツの工業都市でドイツの対外貿易中でも重要な機械器具類の重要な生産地．ドイツ人はこの街をよんで“外国人への都市”といって居る位である．<中略>

刺を通ずると前もって手紙で頼んであったのでここの所長Kösterさんが出迎えてくれる．この人はつい最近まで主に鉄鋼材料の方の研究して居たのに今度は方面のいささか違う鉄以外の材料の研究所に廻された訳．いきなり立派なアルバムを持って来てサインを書かされる．日本人の名も相当ある．その間にも若い学校出たての人がノックして実験の事を先生に尋ねて来る．仲々いそがしそうだ．ここに居る人は今28人，その内15人は大学出の人である．研究室の内容，設備を一通り見せて貰う事にする．

現在の様な世界の状勢では研究所を見せて貰っても，現にどんな事を研究して居るかという事は仲々知り難い．只どの様な研究設備があるか？とかどんな組織の下にやつて居るか？という様な事がうかがえるにとどまる．現に研究して居る問題で未だ完成しない問題等は何か特別な事情の無い限り公にしないのは当り前で，之は国とか，小さくしてはその会社なりの機密のもれるという為では無く，国境の無い学問の研究に就ても同じであろう．見聞出来る物はしたがって既に学会なりで公表された物に止まる．

一通り見せて貰った範囲で之はと特に珍しく思った物も無いけれど，細かい所にも仲々注意が行き届いて居る．冶金の研究は電気炉の様に火災を起す恐れがあるから研究室はなるべく木材等の様な燃え易い材料を用いない方がよい．普通の建築であればたとえ鉄筋コンクリート造でも内部には装飾的意味も兼ねて可なり木材が使用されるが此処では用いられて居ない．<中略>

完成に近い物としては今年の4月のZeitschrift für Metallkunde誌上に発表されて居る固体の粘性係数の測定装置があった．ヘテロダイン式真空管発振器で，1,000サイクル程度の可聴周波の交流をつくり，之を動力として試験片の共鳴曲線を求めて，その同調の鋭さの程度から粘性係数を測る方法で筆者も出発前に実験しかけた物であるだけ興味深く見た．

研究の内容に至っては特別に感心するとか，日本人には考えも及ばないという様な物は無い．

ただ重要な相違点と思われたのは次の様な事である．恰度見せて貰った時は二三の研究室はラヂオの工場見たいにこの方式の発振器を沢山つくって居る．こんなにつくってどうするのかと尋ねると各所でこの方法で色々な方面に亘って実験する為であるという．何でも無い様な事だけれど日本では仲々難しい事である．スペクトル分析を鉄鋼の分析に応用するという事でもこの方法なり装置は日本にも知れて居る事ではあるが未だ実際の作業には使われて居ない様であるのにクルップの平炉工場では試料の分析に実験して居る．研究の一通りまとまった物を実際に応用するのに日本では流行の言葉でいう摩擦が随分あるのに較べてうらやましく思われた．斯様な例は帯独一年の間に色々の方面で見聞した所である[注7]．

上の文章の最後の方にある“固体の粘性係数の測定”は，いわゆる内部摩擦の測定のことである．この研究所の所長（W. Köster 博士）は，Köster ピーク，あるいは Snoek-Köster relaxation と呼ばれる現象（加工した鉄に観測される緩和ピーク）にその名前を残しており，山口博士が訪れた 1937 年には，内部摩擦測定を材料研究に普及させようと努力していたことがうかがわれ，興味深い．

おわりに

数年前，加藤健三先生（大阪大学名誉教授）にお会いした際，「山口珪次先生のことが気にかかっている」といわれたことがあり，言外に「機会があったら，（山口先生の）紹介記事を書いてほしい」というお気持を感じた．本稿の冒頭に記したように，この原稿を書こうと思いたったので，加藤先生にお目にかかって山口珪次先生に関する話を伺い，各種の資料をいただいた．ここに記して，厚く謝意を表する．

なお，加藤健三先生は東大工学部冶金学科を卒業後，理化学研究所（黒田

注 7）旧漢字と旧かなづかいは新漢字と新かなづかいに改めた．

正夫研究室)，日本鋼管 (現 JFE スチール) 技術研究所を経て，大阪大学工学部に勤務された．その“飛跡”は山口珪次先生のそれと重なるところが少なくない．理研に籍を置いたことのある人々の同窓会 (理研 OB 会) は会報を発行しているが，加藤先生はその第 43 号 (1996 年 10 月) に“理研と阪大”と題する随想を寄稿し，山口先生についても触れておられることを付記しておく．

参考文献

1) 本書，5 章.

2) 小岩昌宏:“転位論－人名のついた用語にまつわるエピソード”,『金属学プロムナード』，アグネ技術センター，2004 年.

3) 橋口隆吉：“結晶塑性学のパイオニア 故山口珪次博士”，金属，**24** (1954), 117.

4) 藤田広志:“三谷先生を介して山口珪次先生の偉業を偲ぶ”, 大阪冶金会誌, 第 20 号, (1980), p.85.

5) 三谷裕康:“転位論のパイオニア山口珪次先生を語る”, 日本金属学会会報, **30** (1991), 839.

7

W.L.ブラッグ ―X線結晶学の始祖―

――結晶構造解析，そして結晶塑性，泡模型への貢献――

1912年11月11日，ウィリアム・ローレンス・ブラッグ（William Lawrence Bragg，以下WLBと略記）はケンブリッジ哲学協会において，結晶構造解析の礎石となる論文[注1)]を発表した．この年の春，von Laueらが閃亜鉛鉱（ZnS）結晶について撮影したX線回折写真[注2)]を解析し直して，結晶中の原子配列構造を正確に導出したのである．つづいて，父William Henry Bragg（以下WHBと略記）との共著で，新たに製作されたX線分光器を用いた測定結果を報告した[注3)]．WLBはこのとき22歳で，キャベンディッシュ研究所の研究学生であった．1915年度ノーベル物理学賞は，ブラッグ親子の"X線による結晶構造の解析"に対して与えられた．その研究は，構造化学，鉱物学，材料科学，固体物理学，分子生物学など広範な学問領域の発展の源泉となった．

国際結晶学連合（International Union of Crystallography）が発行する学術誌Acta Crystallographica Section Aの2013年1月号はブラッグ100年記念として行され，ブラッグおよび結晶学の発展に関する11編の記事を掲載している[注4)]．

注1）W. L. Bragg: The Diffraction of Short Electromagnetic Waves by a Crystal, Proc. Cambridge Philos. Soc., **17** (1913), 43.

注2）W. Friedrich, P. Knipping and M. Laue: Interferenzerscheinungen bei Rötgenstrahlen, Sitzungsberichte der (Kgl.) Bayerische Akademie der Wissinschaften, 1912, p.303.

注3）W. H. Bragg and W. L. Bragg: The Reflection of X-rays by Crystals, Proc. Roy. Soc. A , **88** (1913), 428. なお，ラウエらの論文およびこのブラッグ父子の論文の邦語抄訳が，日本化学会編「化学の原典3 構造化学I」学会出版センター（1974年刊）に収録されている．

注4）下記サイト：http://journals.iucr.org/a/issues/2013/01/00/issconts.htmlで閲覧可能（無料）．なお，これらの記事の一部は，Adelaide（WHBとその家族が1886〜1909年の間，過ごしたオーストラリアの都市）で2012年12月6日に開催されたBragg Centennial Symposiumでの講演である．

本稿は，これらの記事のうち，以下の 3 編について筆者が興味深く感じた部分を中心に抄訳・紹介する．なお，原著のままでは理解しにくいと思われる部分は，適宜，関連文献を参照して補った．

M. F. Perutz：Sir Lawrence Bragg, pp.8-9

A. Liljas：Background to the Nobel Prize to the Braggs, pp.10-15

A. Kelly：Lawrence Bragg's interest in the deformation of metals and 1950-1953 in the Cavendish - a worm's-eye view, pp.16-24

ところで，Acta Crystallographica 当該号の表紙カバーには，息子であるウィリアム・ローレンス・ブラッグの肖像写真が掲載されている (写真 1)．父子でノーベル賞を共同受賞したのであるから，2 人が並んだ写真を掲載するのが自然のように思われる．実際，スウェーデンはじめ諸国が発行した記念切手にはそのような写真が多い (写真 2)．授賞対象となった X 線結晶学に関して 2 人は“共同研究を行った”ことは事実であるが，発表された論文のほとんどは，どちらかの名前の単著論文である．後で紹介する Perutz の文章には，“「すべては父の業績」と世間は考えているのではないか”という息子の苛立

写真 1　Acta Crystallographica Section A Volume 69, Part 1 (January 2013) の表紙カバー．中央の人物は William Lawrence Bragg で，背景には閃亜鉛鉱からの回折写真，スウェーデン発行の記念切手 (ブラッグ父子の肖像) が写っている．

写真 2　ブラッグ父子のノーベル賞受賞 60 年を記念して，1975 年に発行された．なお，写真 1 の右上方にはこの切手が写っている．

William Henry Bragg 年譜

1862 年	7 月 2 日 英国西部カンバーランド州に農場経営者の長男として誕生.
1875 年	ケンブリッジ大学に入学. 主に数学を学ぶ.
1886 年	J. J. トムソン卿の勧めで, オーストラリア　アデレード大学教授に応募. 24 歳の若さで, 数学および物理学の教授となる.
1889 年	オーストラリアで結婚（27 歳）.
1890 年	長男 W.L. ブラッグ（WLB）誕生.
1891 年	大学教育の改革に情熱を傾けるかたわら, 最初の研究論文「静電気の法則に関する弾性媒体的方法論」を発表.
1896 年	科学普及運動を展開, 市民講座を主催し, X 線による骨の透視像を実験で見せる.
1904 年	アルファ線の吸収, 気体のイオン化などの研究に従事.
1907 年	オーストラリア学術振興会会長に就任. 長女（伝記の著者）誕生.
1909 年	英国リーズ大学物理学教授に就任. 46 歳.（22 年暮らしたオーストラリアから英国へ移住）
1912 年	息子 WLB（キャベンディシュ研究所, 当時 22 歳）と共同研究開始.
1915 年	「X 線回折による結晶構造の決定」でノーベル物理学賞を共同受賞. 52 歳, ロンドン大学へ移る.
1935 年	英国学士院院長に就任.
1942 年	79 歳で死去.

William Lawrence Bragg 年譜

1890 年	3 月 31 日 オーストラリア　アデレードで誕生
1905 年	アデレード大学に入学 16 歳. 数学, 化学, 物理を学ぶ. 1908 年卒業.
1909 年	父の移動に伴い, 英国に移る. ケンブリッジのトリニティ・カレッジに入学.
1911 年	優等の成績で物理学科を卒業.
1913 年	X 線回折による結晶構造の決定に成功.
1914 年	トリニティ・カレッジ フェローに選ばれる.
1915 年	「X 線回折による結晶構造の決定」でノーベル物理学賞を受賞. 25 歳.
1919 年	マンチェスター大学物理学教授（1937 年まで）
1937 年	国立物理研究所所長（1938 年まで）
1938 年	ケンブリッジ大学物理学教授（キャベンディシュ研究所所長）（1953 年まで）
1948 年	タンパク質の構造に興味を持ち, 生物学分野の問題を物理学手法で研究するグループを組織.
1954 年	王立研究所（Royal Institution）所長に就任（1966 年まで）
1971 年	81 歳で死去

ちを思わせる記述がある. 実際, 娘が書いた伝記[注5]には, 研究における優先権をめぐる父子の心理的葛藤が描かれている. Acta Crystallographica 誌が,

注 5）G. M. Caroe ; William Henry Bragg, 1862 〜 1942: MAN AND SCIENTIST, Cambridge University Press, 1978. 邦訳 山科俊郎, 紀子：ウィリアム・ヘンリー・ブラッグ, 人間として科学者として, アグネ, 1985.

その表紙カバーにWLBの単独肖像写真を掲げたことは，このことに関する姿勢を暗黙裡に示したものと受け止められる.

ブラッグ父子のノーベル賞受賞とその選考過程

Anders Liljas

Background to the Nobel Prize to the Braggs, Acta Cryst., A69 (2013), 10-15

ノーベル賞委員会は，その年に候補者として推薦を受けた人のみを選考の対象とする．1914年には，Max von LaueとWilliam Henry Braggの両者が物理学賞の候補に上がっていたので，この2人が共同受賞する可能性があった．しかし，選考委員会のメンバーの1人Allvar Gullstrand（写真3）はこの分野の研究活動に精通しており，von Laueの単独授賞を強く推薦した．その理由は，もっとも大きな貢献をしているWilliam Laurence Braggが候補者として推薦されていなかったからである.

翌年には2人のブラッグ（父と子）が候補に含まれていた．Gullstrandはこの2名を推薦し，1915年度の物理学賞受賞者として決定した.

写真3　Allvar Gullstrand, 1862〜1930.
1911年にノーベル生理学・医学賞を受賞．1894年から1927年までウプサラ大学の眼科学および光学の教授．物理数学的な方法により，視像と目の中での光の屈折を研究した．乱視についての研究，検眼鏡や白内障治療に用いる矯正レンズの強化で知られる.

ノーベル賞受賞者の選考は次のように行われる．物理学の場合，ストックホルムの王立科学アカデミーが5人の委員を指名して選考委員会が作られる．委員会は，広く世界全体から受賞候補者推薦人を委嘱し，当該年の2月1日までに適任者を推薦するよう依頼する．受賞する科学者は，その当該年に推薦を受けた者の中から選ばれる．選考委員会（および委嘱された学識経験者）は，候補者について詳細で緻密な評価作業を行い，最有力の候補者（最大3名まで）を選ぶ．アカデミーの物理学分科は選考委員会の提案を受けて議論を行い，アカデミーに報告し，そこで最終投票が行われ決定される.

1914年度の物理学選考委員会の記録文書によると，この年には44通の推薦文書が提出され，24 人の科学者が推薦された．この時期，多くの研究者がX 線の本質の解明と応用に関心を持っており，その関連の推薦が目立った．推薦人の 1 人である Svante Arrhenius（1903 年度ノーベル化学賞受賞者）はWilliam Henry Bragg ら 3 人を推薦した．ある推薦人は von Laue を，また別の推薦人は von Laue と W. H. Bragg を推薦した．

von Laue の業績評価を委嘱されたのは，1911 年のノーベル医学生理学賞受賞者である Allvar Gullstrand であった．彼は眼科学専攻の医学者で幾何光学，生理光学に精通していた．彼の評価書（1914 年 7 月 3 日，スウェーデン語）のタイトルは “von Laue による「結晶格子による X 線回折の発見」と W. H. Bragg による「この現象の結晶構造研究への応用」” である．

この報告は，タイトルが示すように，von Laue と W. H. Bragg の 2 人の業績を詳しく検討した結果を述べたものである．特筆すべきことは，この年度にはノーベル賞候補として推薦を受けていなかった W. L. Bragg による研究に詳細に言及したことである．これは，E. Warburg 教授が von Laue と W. H. Bragg の 2 名を受賞候補として推薦していたことを念頭に置いたためであろう．このことにもとづいて，科学アカデミーがこの 2 名を受賞者と決定することも十分にありえたのである．Gullstrand はそのような決定をするならば，重要な貢献をした W. L. Bragg を落とすことになるので強く反対し，von Laue の単独受賞（von Baeyer 教授による推薦にもとづいて）が妥当であるとした．科学アカデミーの物理部会は，この報告にもとづいて von Laue の単独受賞を内定した．ところが，第一次世界大戦が勃発したため，1914 年の授賞式は延期し，1915 年の授賞式と同時に 1916 年 6 月 1 日に行うことになり（それまでには戦争が終わると思ったのである），1914 年の受賞者の公表は見送られた．このため，次の年度の受賞候補者の推薦選考はやや面倒なことになった．

1915 年ノーベル物理学賞の推薦人は 17 人（1913 年 44 人），推薦された候補者は 21 人（1913 年 24 人）で，その中には，Laue および Bragg 父子の名前があった．

ノーベル委員会（The Nobel Committee）は，ふたたび Gullstrand に W. H. Bragg の業績評価を，今回はその子息 W. L. Bragg をもあわせて依頼した．アカデミーはまだ 1914 年度の受賞者の最終決定を行っていなかったので，「もし von Laue が 1914 年度に受賞しなかった場合には，1915 年度に受賞するべきである」というのが Gullstrand の意見であった．

Gullstrand の報告（1915 年 6 月 25 日，スウェーデン語）のタイトルは“W. H. Bragg と W. L. Bragg による結晶構造と X 線の研究の評価”である．彼は，まず，「von Laue と W. H. Bragg に授賞」する可能性については 1 年前に検討済みであり，young Bragg の寄与が決定的に大きいことから，そのような授賞は全く不適当であると断言する．その根拠として，以下のように 2 人の Bragg の寄与を個別に評価する．

W. L. Bragg の寄与

- von Laue らによる X 線回折写真を解析し，閃亜鉛鉱結晶は面心立方構造であることを示した（図 1）．
- 結晶構造を決定する上で有用な，簡単な公式を導いた．X 線の回折は，平行な一連の原子面による反射とみなすことができる．次の条件が満たされるとき，回折ビームが得られる（図 2）．

  $2d\sin\theta = n\lambda$

  d 面間隔，θ 入射角，n 整数，λ 波長
- この公式を活用することによって，アルカリ金属ハライド，ダイアモンド，

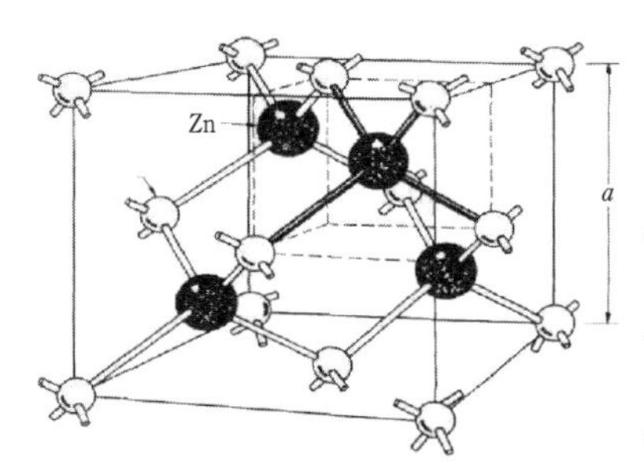

図 1　閃亜鉛鉱構造．Zn 原子，S 原子はそれぞれ面心立方格子を構成し，2 つの格子は (1/4, 1/4, 1/4) ずれて配置している．各原子は 4 個の別種原子に囲まれている．なお，ダイアモンド格子において，最隣接原子を別種の原子で置き換えるとこの構造になる．

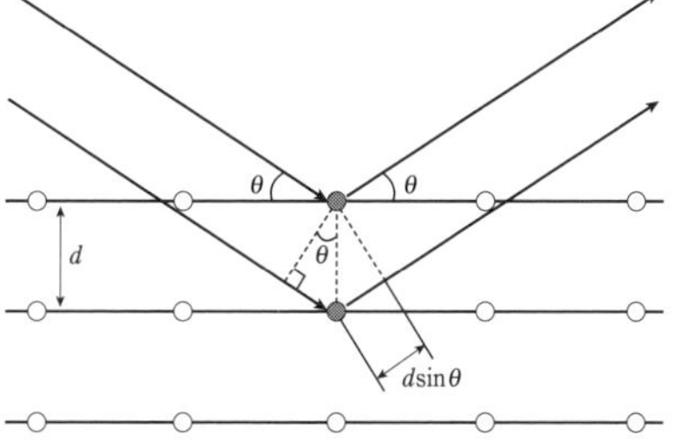

図 2　ブラッグの条件の模式図．平行な格子面に入射する波を考える．隣り合った面から反射する波の行路差は $2d\sin\theta$ となる．この行路差が波長 l の整数倍（n 倍）になるとき，波は干渉して強め合う．これをブラッグの条件という．

水晶はじめさまざまな結晶の構造を決定した.

W. H. Bragg の寄与

- X 線分光器の開発. 種々の金属電極からの発生 X 線の波長, 各種物質の吸収係数の調査.
- 温度が回折模様に与える影響 (Debye の理論と一致)

すなわち,「結晶構造の決定に関しては, W. L. Bragg が主導的な役割を演じた. 父 W. H. Bragg は装置を開発し, 種々の金属の X 線スペクトルを研究し, 実験の大部分を担当した. したがって, その寄与は分ちがたく, 両者の同時受賞以外は考えようがない. 2 人の Bragg が開発した方法により, 全く新しい世界が開けつつある. 新奇な手段を発見した von Laue の顕彰に続いて, 新たな方法の発見者を顕彰することはまことに理にかなったことである. すなわち, W. H. Bragg とその息子 W. L. Bragg を共同受賞者として推薦する」－というのが彼の結論であった.

1915 年 11 月 11 日, 王立アカデミーは "1914, 1915 年のノーベル賞授賞を 1916 年まで延期することはできない" として, この日, 1914 年度の物理学賞を "結晶による X 線回折の発見" の業績によりフランクフルト大学教授 von Laue に与えることを決定した. 翌 11 月 12 日, 王立アカデミーは再び会議を開いて, 1915 年度のノーベル賞授賞について審議し, "X 線による結晶構造の解析" の業績によりリーズ大学教授 W. H. Bragg とその息子 W. L. Bragg (Cambridge) に与えることを決定した.

しかしながら, 戦争のためにノーベル賞の授与式や記念講演は正常な形で行うことができず, 1920 年まで延期された. Bragg 父子は出席を辞退したが, それはこの時期の科学と政治の強い結びつきが反映したものであろう. 第 1 次大戦前は, ドイツが科学の先進国として君臨していた. 戦争により国際緊張が高まった. 戦時中に数人のドイツ人科学者がノーベル賞を受賞したので, 戦後に開催される儀式に参加すれば, これらの人々と同席することになり, それを潔しとしなかったのであろう. もっとも, WLB は 1922 年 9 月に受賞講演を行った (Svante Arrhenius 私信) が, W. H. Bragg は結局行わなかったようだ.

ローレンス ブラッグ卿

M. F. Perutz

Sir Lawrence Bragg, Acta Cryst. A69 (2013), 1-4.

この稿は, Sir Lawrence Bragg の死去に際しての M. F. Perutz の弔辞［Nature (London), (1971), 233, 74-76］からの抜粋である.

ローレンス・ブラッグ卿 (WLB) は, 1971年7月1日に逝去された. 享年81歳. 自らが創出した科学に生涯を捧げ, その画期的発展を存命中に見届けるという稀有な幸運に恵まれた方である.

写 真 4　Max Ferdinand Perutz, 1914～2002.
オーストリア生まれの英国の分子生物学者. 1962年ノーベル化学賞を受賞 (ヘモグロビンの構造を決定). 1962年から1979年の間, MRC 分子生物学研究所 (The Medical Research Council Laboratory of Molecular Biology, ケンブリッジ) の所長を務めた. この研究所から, これまでに18名のノーベル賞受賞者を輩出している.

その研究は無機化学と鉱物学, ついで冶金学, さらには有機化学と生化学の分野に革新的な衝撃を与えた. X線解析法は, 初期には天才的なひらめきを要する難解なパズルの如きものであったが, 今日ではほとんど自動的なデータ解析処理により原子構造を決めることができるように進歩してきた. レントゲンがX線を発見したときブラッグは5歳であり, ラウエ (von Laue) らが「X線が結晶によって回折される」ことを示した1912年の春にはケンブリッジ大学の物理学科の学生であった. ラウエはX線の回折効果を予言し, 3次元格子による散乱の理論を展開したが, 回折実験に用いた閃亜鉛鉱結晶の構造を単純立方格子であると仮定して解析したため, 回折斑点模様を完全に説明することができなかった. ブラッグの父親は, 当時 Leeds 大学の物理の教授であり, 1912年の夏, ドイツで行われたこの実験について息子と話し合った. WLB はミュンヘン・グループが撮影した閃亜鉛鉱結晶の回折写真を改めて解析し, 数週間後にはケンブリッジ哲学協会の会合で正しい結果を報告した. ミュンヘン・グループは, 写真感光板と結晶の距離が短いと回折斑点は円形であるが，距離が長くなると楕円形になることに気付いていた．WLB はその豊かで鋭い想像力によって，“X 線が一連の原子面により反射されるのであれば，そのような収束効果が起こる”ことを直感し，“ラウエの回折条件”(図 3) を再構成して，ブラッグの法則として知られる「結晶構造と回折模様のより直接的な関係」を導いた．平行な原子面の組が「相続く原子面からの反射の行程差の整数倍」の波長を，連続的なスペクトルの中から選びとるので，各々のラウエ斑点はそのように選ばれた波長の高調波になっているとブラッグは考えた．さらに，引数のある組み合わせの指数に対する斑点のあるなしは，“閃亜鉛鉱結晶が単純立方ではなく面心立方構造をしている”と仮定すれば説明可能であることを示した．

11 歳も年長の練達した理論家が予言しかつ発見した回折模様を，なぜ

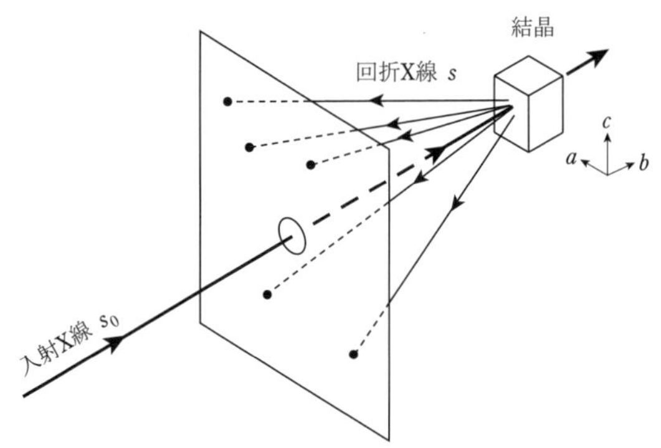

図 3　ラウエの回折条件．格子の基本ベクトル a, b, c をもつ結晶に，波長 λ の X 線が入射するとき，回折が起きる条件は，

$(s-s_0)\cdot a = h\lambda$, $(s-s_0)\cdot b = k\lambda$, $(s-s_0)\cdot c = l\lambda$,

と書くことができる．ここで，

s_0: 入射 X 線の進行方向を向いた単位ベクトル
s: 回折 X 線の進行方向を向いた単位ベクトル
h, k, l: 整数

である．

ベクトル $(s-s_0)$ と格子の基本ベクトル a, b, c の内の一つとの内積が波長の整数倍になる時に，ベクトル s の方向に干渉斑点が現れることを表している．このように，3 つの式を同時に満たすような方向 s と波長 λ はまれにしか存在しない．その“まれ”が実現するとき，連続 X 線の中から**ある特定の波長 λ** が選択されている (ラウエ写真を撮るときには，連続 X 線 (白色 X 線ともいう) を用いる)．

22 歳の学生が正しく解釈しなおすことができたのであろうか？ ブラッグは「幸運の連鎖に恵まれただけ」と謙虚にいう．しかし，論文を読んでみると“一見複雑極まりない物理現象の底に潜む単純性”を見抜くブラッグの透徹した知力あってのことであることがよくわかる．

この第一論文に続いて，新たに製作された X 線分光計に関する論文が父との共著で発表された[注6]．第三の論文は彼の単著で，食塩の構造および数種の単純な鉱物のラウエ写真の指数付けが述べられている．ついで，ダイアモンドの構造（これは主に父が担当），蛍石，閃亜鉛鉱，黄鉄鉱，方解石，白雲石の構造が彼単独の解析により明らかにされ，さらに 1914 年 6 月 16 日，金属 Cu の構造を報ずる論文が発表された．こうした発表の記録およびその時期の大部分を通じて父は Leeds に，子息である彼ブラッグは Cambridge に居たことを考慮すると，“これらの発見は主に父によるもの”とし，“息子は父親のおかげで甘い汁を吸っている”といわんばかりの風評は信じがたいものであった．子息ブラッグはこのような思慮のない世間の判断に苦しんだに相違ない．

第一次大戦の勃発により研究は中断され，ブラッグは騎兵隊に入隊したけれども，すぐに敵の大砲の位置を探るための機器の開発を命ぜられた．砲弾発射によって生ずる圧力波により，加熱したワイヤが瞬間的に冷却される現象を利用することを思いついた．この簡単な装置は勝利に大きく貢献した．

ブラッグは 29 歳でラザフォードの後任としてマンチェスター大学の物理の教授となった．彼の関心は，ケイ酸塩の化学に向けられた．ケイ酸塩は地殻の大部分を構成する物質であり，その性質を原子的構造に基づいて明らかにしたのである．そののち，彼の関心は金属に向った．彼自身は金属の構造を解析したことはなかったが，マンチェスターの研究室で合金の X 線解析を行っていた A. J. Bradley らの研究に魅了された．この時期の特筆すべき論文に規則-不規則転移に関するものがある（E. J. Williams との共著）．合金における雪崩的な不規則化の進行現象の物理的

注 6）W. H. Bragg and W. L. Bragg: The Reflection of X-rays by Crystals, Proc. Roy. Soc.A, 1913, 88, 428.

説明は，後の固体における協力現象の解釈の基礎を与えた．

私が初めてBraggに会ったのは1939年で，彼は金属の研究に熱中している時期であり，私が与えられたテーマはX線顕微鏡（2次元フーリエ級数の和を取るためにBraggが発明した巧妙な装置）であった．Braggは私が撮影したヘモクロビンのX線写真にも強い興味を示した．しかし，彼が実際にこの分野で仕事を始めたのは1950年代に入ってからで，私のデータからヘモクロビン分子の正確な形状を導いた．

Braggの最後のオリジナルな論文は，“複数個の原子を重い原子で同型置換（mutiple isomorphous replacement）して位相角を決定する方法”に関するものである．ヘモクロビンのような単斜晶系の結晶において，重い原子の位置を正確に決定することは困難であった．過去18年間にわたって苦闘を続けてきた問題を解決したとき，彼は感極まって涙を抑えることができなかった．

天才的な人物は得てして付き合いにくいものであるが，ブラッグの創造性は幸せな家庭生活に支えられていた．夫人とともに庭仕事をするのが好きであったし，その近くには子供や孫の姿が見られた．講義や講演を始めるに際して，咲いたばかりの薔薇の花を自慢げに見せることも多かった．青少年に対しては，“科学は面白い”ことを教えてくれるきさくな伯父さんであった．王立研究所（Royal Institution）では青少年向きの科学講座を担当し，優れた実験装置を駆使して光学，電気磁気学の法則などを分かりやすく解説した．毎年22,000人のロンドンの生徒がこの講義を楽しんだ．また，テレビでは“物質の性質”についてシリーズが放映され，ブラッグの名声は一般庶民の間にも広まった．卓抜した能力－簡潔でありながら厳密さを損なわず，いきいきと情熱を込めた熱心な語りかけ，そして見事なデモンストレーション！ ブラッグは疑いなく史上最良の科学教師の1人であった．その穏やかな物腰の背後にある驚くべき知性に，そしてこの人物によって科学のいくつかの分野が飛躍的な発展を遂げたことを，どれほどの人が気づいたであろうか？ 彼の学術論文は，今日なお明晰と簡潔のお手本となっている．数学（数式）はごく少なく，エレガントな物理および幾何的考察のもとに書かれている．彼の著書 The Crystalline State は，かつて私に新たな道を指し示してくれた本であり，今なお X 線結晶学の最良の入門書である．

世界の結晶学者のほとんどは，ブラッグあるいはその父の門下の流れを汲んでいる．ブラッグはそれらの人々を家族と考えており，第二次世界大戦の直後に国際結晶学連合の創設に乗り出した．J. C. Kendrew と私がタンパク質結晶学の試みを始め，研究資金の乏しい苦難の時期にあった時，一貫して支え続けてくれた．キャベンディシュ研究所の吾らの小さなグループが核となり，今日の分子生物学の MRC Laboratory へと発展したのである．Manchester, Edinburgh, Oxford などの研究グループも 1950 年代のブラッグの小さな研究集団から生れたものであり，われわれみな彼に多くを負っている．

金属の塑性変形　ローレンス・ブラッグの抱いた興味と青二才の目から眺めたキャベンディシュ研究所 1950～1953

Anthony Kelly

Lawrence Bragg's interest in the deformation of metals and 1950-1953 in the Cavendish - a worm's - eye view. Acta Cryst. (2013). A69, 16-24

1950 年からの 3 年間をケンブリッジの研究学生として過ごした Anthony Kelly はキャベンディシュの雰囲気を語っている．その文章から抜粋紹介する．

ブラッグは結晶構造の決定に関して大きな貢献をした．そのゆえに（皮肉なことに），彼が“結晶塑性”の今日的理解についても大きな寄与をしたことは忘れられがちである．とくに以下の 2 つのことを強調したい．

- 結晶の泡模型を用いて転位がどのように動くかを示したこと．
- マイクロビームの使用の示唆は現代の薄膜透過電子顕微鏡法の開発に直接つながるものであること．

1. はじめに

William Lawrence Bragg (WLB) は 1938 年 10 月，ラザフォードの後任として National Physical Laboratory (NPL) から着任した．ラザフォードは原子核物理学の父と呼ばれる，強烈な個性の持ち主であった．彼の死は突然であり，ブラッグは前年 NPL に赴任したばかりで，1 年経ずしてケンブリッジに移ることになったのである．そして，体制を整える時間もないうちに第二次世界大戦が始まるというあわただしい時期のスタートであった．1939 年，転位の概念を導入した研究者の 1 人である E. Orowan を招き，研究陣に加えた．ブラッグはオロワンに X 線の面白みを教え，オロワンはブラッグに金属の塑性変形の科学の魅力を説いた．

写真 5　Anthony Kelly, 1929 ～ 2014.
ケンブリッジ大学（トリニティカレッジ）で学位を得たのち，英米の大学などで複合材料に関する研究に従事．Surrey 大学副総長として，大学運営にあたった．「複合材料の父」とも称される彼の著書 “Strong Solids”（初版 1965）は，この分野の名著として，今なお読まれている．

2. ブラッグと金属の塑性変形

Lawrence Bragg と彼のグループは多くの金属合金の原子構造を定め，規則－不規則変態などの現象も解明した．彼のこの方面の活躍の一端は 1935 年のレビューにより知ることができる (Bragg, 1935)．彼はその研究生活を通じて X 線の物理に関心を持ち続けた．金属中の格子欠陥の研究に X 線を利用することもその一つの現れである．〈中略〉

1940 年という年の WLB の主たる関心の一つは金属の塑性変形であったことは疑いない．この年，いわゆる結晶状態の泡模型を作り，それを用いて最初の実験を行った (後述)．1942 年には，変形応力に関する最初の論文を発表している (Bragg, 1942a)．

1930 および 1940 年代においては，塑性の本質を解明するために金属の内部構造を調べる唯一の方法が X 線であった．通常の金属の X 線侵入深さはきわめてわずかである．たとえば Cu Kα 線では数十ミクロンである．冷間加工した金属を後方反射法あるいは Debye-Scherrer 法で調べると，回折線の幅が著しく広がる．その原因としては 2 つの可能性がある．一つは加工した金属中の弾性ひずみによるとするもの，いま一つは加工により結晶が方位がわずかずつ異なる微小結晶の集団になっているとするものである．もし，十分に細い X 線ビームを用いて調べることができるなら，2 つの可能性のどちらかを区別できるはずである．

3. X 線マイクロビーム

上記の目的を達するには，非常に細い X 線ビームを用いる必要がある．それに，やたらに露出時間が長くなっても困るから，X 線源を強力にしなければならない．WLB は 1946 年 7 月，この仕事を J. N. Kellar に託し，同年 10 月 P. B. Hirsch が加わった．Kellar は回転陽極型 X 線管球の開発，Hirsch は微細な平行 X 線ビームの創出を担当した．翌年 10 月，J. S. Thorp が，さらに 1948 年 10 月には P. Gay が加わった．1948 年 7 月 Kellar が亡くなったため，Hirsch, Thorp, Gay の 3 人がこのプロジェクトを完成させた．私 (Kelly) がこのチームに加わった 1950 年 10 月には，非常に細い X 線ビームにより X 線写真を撮る装置が作動していた (Gay et al., 1951)．それ以前に，Al を試料として用いる実験が完了していた．すなわち，従来用いられてきた直径の X 線ビームを用いると連続的なリングとなる回折線が，35 mm 径のビームを用いるとスポットに分解され，平均粒径は約 2 mm [注 7] と評価された．また個々のスポットが広がっていることから，粒は歪んでいることがわかった (Kellar et al., 1950)．

Al の板の間に Au の箔をはさんで繰返し圧延することにより，透過 X 線および電子回折の双方が適用可能な十分に薄い箔を作ることができ，個々の粒によるスポットで構成された回折リングを得ることができた．粒寸法はおよそ 0.1～0.3 mm で，その体積は～10～15 cm^3 である．この箔は電子顕微鏡で観察し，ぼんやりしたものではあるが写真も 1 枚撮った．これは私の学位論文に載せてある (Kelly, 1953b)．当時，電子顕微鏡写真は表面のレプリカを作って撮るのが普通であったから，これはちょっとしたブレイクスルーであった．私がイリノイ大学へ移ってから 3 年後に Hirsch と Whelan はもっと高分解能の電子顕微鏡を用いて透過電顕写真を撮ることに挑戦し，移動する転位の撮影に成功した．Hirsch はこの頃の出来事をいきいきと回想しているが，私に関する記述には少

注 7) X 線によって照射されている体積がわかれば，特定の (*h k l*) リングに属するスポットの数で割って，粒の平均体積がえられる．

し間違いもある(Hirsch, 1980).（電子顕微鏡で）個々の転位の動き，転位間の相互作用を詳しく観察できるようになると，X線の出番は少なくなった．しかし，これだけは言っておきたい．X線マイクロビーム開発の必要性を示唆したWLBの直観こそが，この大きな飛躍を導いたのだと．

冷間加工した状態の本性をマイクロビームを用いて調べた論文が多数発表された．冷間加工した金属中の転位密度が初めて測定された(Gay et al., 1953)．加工した金属中では，転位のクラスタリングが起こり，“比較的に転位密度が低い領域”を“大量の転位を含む大きくひずんだ領域”を取り囲む組織が形成されることも明らかになり(Gay et al., 1954)，これはのちに電子顕微鏡観察で確認された．

4. 結晶の泡模型

金属の結晶構造の泡模型（写真6）の発明は，ブラッグの天才振りを遺憾なく証明するものである．転位がまだ単なる理論的可能性に過ぎず，その実在がまだ証明されていない時期に，泡模型は転位運動の本質を明瞭に示したのである．

WLBの未発表の自叙伝(S. L. Braggからの私信)によれば，最初は水に浮かべたレンズ豆を使うことを考えたそうである．泡を使うことを思いつき，Lipsonの助けを求めたのだが，彼の作った泡はサイズが大きすぎた．ブラッグは，芝刈り機のモーター用の燃料を調合する際に，寸法がそろった細かな泡ができて表面に規則的に配列し，まるで結晶のようであることに気づいた．初期の実験には，ラザフォードの助手を務めたGeorge Croweが協力した．WLBの長男Stephenはラグビー校に在学中であったが，学校休暇で家に戻ったときには実験を手伝った．同一寸法の泡を作り出す方法は，Orowanが考え出したといわれている．

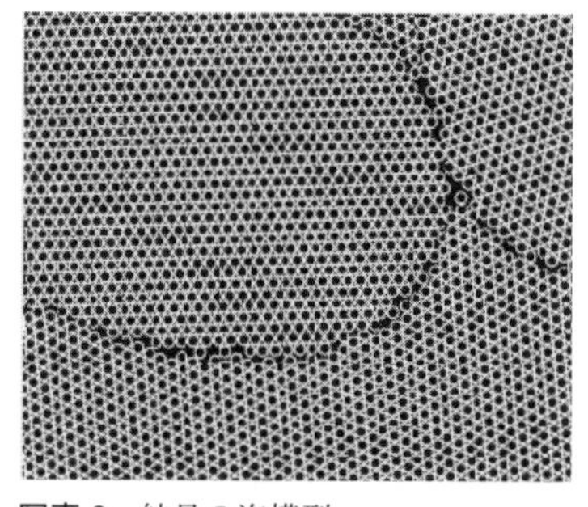

写真6　結晶の泡模型.
http://www.ami.ac.uk/courses/topics/0131_mb/

泡模型に関する最初の論文(Bragg, 1942b)には基本的なことすべてが述べられており，Nye, Lomer との共著論文に得られた成果のすべてが記されている．(Bragg & Nye, 1947, Bragg & Lomer, 1949) WLB の泡模型への入れ込み様は，Physica に掲載された論文 (1949a) からも見て取れる．これは 1949 年の 4 月にオランダの物理学会での講演内容を記したものだ．その一部を以下に抜粋する．

石鹸水の中に細いノズルを浸し，空気を吹き込むことによって小さな泡を作る．その直径は 2 mm から 0.2 mm 位で，定常状態では非常に均一に寸法がそろったものができる．泡同士は表面張力によってひきつけ合い，界面での圧力とつりあった位置で平衡する．泡の接触面積は，このように小さい泡の場合には非常に小さくて，泡の形状は球とほとんど変わらない．大量の泡が作れるので，大きな結晶の模型ができる．泡の間に働く力を距離の関数としてプロットすると，原子間の力と似た関係が得られる．泡の直径を適当に選ぶと，不活性ガス原子，あるいは金属中の Cu 原子と非常によく似た状況が再現できる．

2 次元に配列した泡の層を積み重ねることによって，3 次元結晶を作ることはできるが，大きくすることは難しい．だから，定量的な仕事は 2 次元模型で行った．

もうひとつ泡模型の欠点は，熱運動をうまく模擬することができないことである．泡の実効質量は非常に小さいのに，泡相互間の力が非常に大きいので，いろいろやってみたが，構造全体を壊さない限り，隣接する原子を入れ替えることができない．たとえば，寸法が異なる泡を同数作って“規則合金”を作ることを試みたが，アモルファス状態になりうまく行かなかった．

泡を作ってから 30 分以内に実験を終える必要がある．泡自体は何時間も存続するけれども，次第に不規則性が増してくる．というのは，膜の外へ空気が抜け出すために泡の寸法は小さくなるからだ．寸法の不均一が生ずると小さい泡ほど内圧が高いから，ますます空気が泡から抜け出すため加速度的に不均一化が進む．

2 次元の泡の配列を棒でかき回すと，転位・欠陥を多数含む小さな結晶の集団になる．これを放置すると，最初，急速に再結晶が進行する．1

秒以内に表面付近は小さな結晶子 (crystallite) のモザイクで覆われる．その後の再結晶の進行は遅いが，30 分程度の間緩やかに起こる．大きな結晶は小さな結晶を飲み込み，境界は真直ぐになろうとし，欠陥は消滅して行く．しかし，この模型では熱振動の効果を入れることができないので，現実の金属結晶で起こる再結晶過程と詳細な比較を行うのは適当ではない．現象のテンポは，エネルギー障壁を乗り越える熱運動ではなく，溶液の粘性によって決まっているからだ．

5. 一研究学生の目に映じたキャベンディシュ研究所

他大学の学部を卒業して，ケンブリッジへやってくる研究学生も数多い．私もその 1 人であったのだが，これら他大学からの学生は，自分が物理の基礎を十分に学んできたことを示す必要があると感じていた (私は Reading で学んだのだが，この大学の物理の教授は J. A. Crowther，その次は R. W. Ditchburn で，いずれもケンブリッジで J. J. Thomson の指導を受けた人であった)．われわれは，Part II の物理，数学の講義を聴いた．ディラックの講義を聴いたが，私は理論家向きでないことがわかった．ケンブリッジの教育システム (Cambridge supervision system) の試練にもさらされた[注 8)]．“後輩を指導する”機会を得て，私は物理を真に学ぶことができた．私がトリニティでその役目を与えられたのは在学 3 年目のことで，“この名門校で学部学生に物理を教えることができる”ことに，私は大きな達成感を覚えた (他のカレッジでは，在学 2 年目にその機会を与えてくれた)．

キャベンディシュでは，ガラス細工，旋盤操作，電子工作など通常の実験室技術に練達していることは当然のこととされていた．たとえば増幅器などの装置が不具合の場合には，自分で修理する必要があった．実験室技術の達人である A. S. Baxter が大学院の新入生に対して，一連の講義をしてくれた．また，結晶学のグループに配属されたものは，鉱物学科の講義を聴講し，古典結晶学，点群，空間群などを学ぶ必要があっ

注 8) ケンブリッジ大学のコースは，それぞれ Part I と Part II (前期，後期 計 3 年) に分かれている．科学系分野には，Part III まであるコース (計 4 年) もある．

た．こうした訓練を経て，新入生は名実ともにケンブリッジの研究学生（大学院）となるのである．

当時の研究所には，1930 年代の原子核物理学におけるケンブリッジの輝かしい成果の残光が色濃く残っており，Lise Meitner，Otto Frisch, Hans Bethe など核分裂の発見に関わった著名な研究者の姿もよく見かけた．結晶学グループに割り当てられていたのは，Austin Wing とよばれる建物で，同僚学生には（ややろ年長であったが）Francis Crick, それに野心家のポスドク Watson がいた．Crick はとても親切で，回折の運動学理論に精通しており，いろいろ助言してくれた．彼が物理学畑から育った研究者であることを，世間はあまり認識していないようだが，彼の知的自負心を支えていたのは ,"物理学を学び理解している" という自意識であったと思う．

6. 結論

ブラッグは偉大な物理学者であり，彼が成したすべてのことにおいてそれを証明した．私が彼の傘下に加わったのは，第二次大戦終了 5 年後の 1950 年で，ラザフォードの死後 13 年であった．しかし，ラザフォードの遺風は色濃く，多くの人々は WLB は真の物理学者ではなく，一段低い生物－結晶学者とみなしていた．キャベンディシュの十八番の領域　原子核物理学　が以前ほど重視されなくなったことを面白くないと思う人も多かったのであろう．ブラッグは未発表の自伝において，このことに関する苦悩を記している．原子核物理学の研究を継続するには多額の研究経費が必要になり，この分野の研究は米国に委ねるのが賢明である，と心ある人々は考えるようになって行った．

"WLB が真の物理学者でない" とはとんでもない話である．鉱物学，金属学，分子生物学の 3 つの分野で彼の頭脳から生れた，応用光学に根ざす発想が革新的な展開を導いたのである．

金属物理の分野における最大の貢献は泡模型で，転位の存在に関する疑問を取り除き，（2 次元結晶においてであるが）個々の転位を動かして見せたのである．薄膜電子顕微鏡法は，転位運動の観察に絶対に必要であったが電子顕微鏡の発展の必然的な結果であるとも言える．これに先立って，ブラッグがマイクロビーム法を開発したからこそ，コントラストの物理をよく理解した人々がその電子顕微鏡法を適用し，急速な進歩発展が可能となったのである．この視点からすれば，WLB は電子顕微鏡法の父ではないにしても，もっとも重要な役割を果たした祖父というべきではないだろうか！

文献[注9)]

W. L. Bragg: J. Inst. Met. **56** (1935), 275-299.

W. L. Bragg: J. Sci. Instrum. **19** (1942b), 148-150.

W. L. Bragg: Physica, **25** (1949a), 83-91.

W. L. Bragg and W. H. Lomer: Proc. R. Soc. London Ser. A, **196** (1949), 182-194.

W. L. Bragg and J. F. Nye: Proc. R. Soc. London Ser. A, **190** (1947), 474-481.

P. Gay, P. B. Hirsch, J. S. Thorp and J. N. Kellar: Proc. Phys. Soc. London Sect. B, **64** (1951), 374-386.

P. Gay and A. Kelly: Acta Cryst. **6** (1953a), 165-172.

P. Gay and A. Kelly: Acta Cryst. **6** (1953b), 172-177.

P. B. Hirsch: Proc. R. Soc. London Ser. A, **371** (1980), 160-164.

J. N. Kellar, P. B. Hirsch and J. S. Thorp: Nature (London), **165** (1950), 554-556.

注 9）原著論文に付されているリストの中から，本抄訳に関係あるもののみを選択した．

8

隕鉄の冷却速度は百万年に何℃？
──“ウィドマンステッテン構造”が語るもの──

メタログラフィー（金属組織学）のはじまりと隕鉄の組織観察

金属の微細組織を初めて詳しく観察したのはロバート・フックで，1665年出版の「ミクログラフィア」には，100倍に拡大した針の先端の図，50倍に拡大したかみそりの刃の図が載っている．その後，1720年代にフランスの万能の科学者，レオミュールは鉄の破面の顕微鏡観察を行った．しかし，これらの観察は顕微鏡写真を撮る手法の発明（1840）以前であったので，手描きのスケッチが残されているのみである．1808年，オーストリアのウィドマンステッテンは，隕鉄の研磨面を希薄硝酸で腐食し肉眼で観察した．その組織は美しい幾何学模様を呈し，後年，彼の名前を冠して“ウィドマンステッテン構造”と呼ばれることになった．家業で習得した活版印刷の手法を生かして，「地上で作成した金属にはみられない」組織を“印刷”して後世に伝えることができたのである．

隕鉄の金属学的な研究の歴史は，Axonのレビュー[1]に詳しい．本稿では，ウィドマンステッテンに始まる隕鉄の組織観察，組織形成過程の解明，冷却速度の評価法を中心に，隕石の関するさまざまな話題について述べる．

隕石と隕鉄

雑誌「金属」に掲載された隕鉄に関する記事には以下の3編がある．

田口勇：「南極隕鉄が解明した鉄の歴史」Vol.58 No.9 (1988) p.76

朝倉健太郎：「隕鉄のマイクロ組織観察考（その1）」Vol.81 No.9 (2011) p.61

「隕鉄のマイクロ組織観察考（その2）」Vol.81 No.10 (2011) p.63

後の2篇の解説には副題として“隕鉄は約1℃下がるのに約100万年を要するのウソ”とある．この副題が興味をそそった．“隕石の組織は極度の徐冷により形成された”ことはかねてから耳にしていたが，冷却速度の評価法は寡聞にして知らない．この機会に隕石に関する解説書[2)〜5)]，雑誌記事[6)]関連論文を読んだので，要点を書き留めて参考に供したい．

最初に隕石，隕鉄に関する基礎事項を要約しておく．

隕石は，太陽系の火星と木星との間の小惑星帯から飛来し，地球の大気中でも燃え尽きずに地上に落下した小惑星の‘かけら’をいう（図1参照）．小惑星は太陽系の歴史〜45.6億年の初期に形成されたと考えられている．小惑星の断片は，いずれかの時期に他の物体と衝突，あるいは太陽と木星の重力の作用によって（本来の）軌道から地球と交差する軌道へとはじき出されたものである．なお少数ではあるが月あるいは火星に由来する隕石もある．

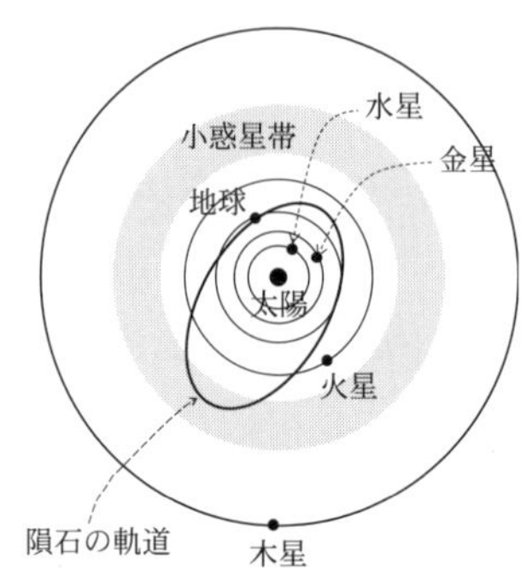

図1　太陽系の惑星と隕石の軌道．

隕石が地球外から飛来したものであることがわかったのは18世紀末で，それ以前は風で舞いあげられたものであるとか，魔性の物体であるとか言われていた．隕石を意味する単語“Meteorite”は「空中の物体」を示す古代ギリシャ語の「メテオラ」に由来する．

比較的最近では，2013年2月にロシアに落下した小惑星が大きく報じられた[6)]．シベリア上空で大気圏に突入落下した隕石は，1145人の負傷者を出し，約3000棟の建物を損壊した．

隕石はその成分・組織により，以下の3種に大別される．

- 石質隕石：ケイ酸塩化合物が75〜90%，Ni-Fe合金10〜25%，少量の硫化鉄からなる．落下する隕石の〜94%はこのタイプである．石質隕石は，コンドリュール（chondrule）を含むか否かによりコンドライト（chondrites）とエイコンドライト（achondrites）に分類される．コンドリュールは，直径数ミリメートルの球状の鉱物粒子で，古代ギリシャ語のchondoros（『粒』）に由来する[注1)]．

注1)　コンドリュールは急速加熱後の急速冷却により形成されたものと考えられている．

- 石鉄隕石：ほぼ等量のケイ酸塩化合物と Ni-Fe 合金を含む．その微細組織の特徴によってパラサイト (Pallasites) とメゾシデライト (Mesosiderites) に分類される．
- 鉄隕石：主として Ni-Fe 合金であり，これは地球のコアの主成分でもある．地球に落下する隕石の 5%程度がこのタイプである．Ni 量は 5〜60%，しかし大部分は 5〜12%である．なお，少量の Co, P, S, C を含んでいる．

隕石は大気圏を通過するとき，摩擦により加熱され表面層は蒸発により消散する．地上に到達した隕石は，表面から 1 cm ほどの部分は熱の影響を受けているが，それより内側は隕石固有の組織を保有していると考えてよい．

鉄隕石（隕鉄）の組織

隕石の研究は，初期には博物館において進められた．博物館の研究者は鉱物学畑に育った人が多く，巨視的に観察できる構造と化学分析にもとづいて隕石が分類された．このため，隕石の組織は，鉱物と同じような方式で命名され，それらの名称が現在でも用いられている．表 1 に金属学の分野で用い

表 1　隕鉄組織の名称対称表.

名称（好物名）	名称（金属）	備考
カマサイト Kamacite *1	α 相（体心立方）フェライト	Fe-Ni 固溶体
テーナイト Taenite *2	γ 相（面心立方）オーステナイト	Fe-Ni 固溶体
オクタヘドライト Octahedrite	α 相と γ 相の層状組織	α 相が析出する面 {111} が八面体を構成するため，この名前がつれられた．
プレッサイト Plessite *3	α 相と γ 層の微細混合物	テーナイトが分解したもの
ヘキサヘドライト Hexahedrite	α 相（体心立方）フェライト	ノイマン線が観察されたものにこの名前がつけられた．立方体，すなわち六面体構造であることを強調する意味があった？
アタキサイト Ataxite	α 相と γ 相の微細混合物	“アタキサイト” はギリシャ語で “構造なし” という意味

*1　ギリシャ語の「光線」に由来
*2　ギリシャ語の「リボン」に由来
*3　ギリシャ語で「充填」を意味する“plythos”という言葉に由来する．ウィドマンシュテッテン構造が見られるカマサイトとテーナイトの大きな帯の境目に見られる．

られる名称との対応を示した.

1808 年, ウィドマンステッテンは, 鉄隕石の薄板状試料をブンゼンバーナーで加熱した際, ラメラ状の組織を観察した (図 2). 加熱する代わりに, 弱い酸で腐食してもこの模様を見ることができる. この組織は面心立方構造の母相結晶中に, 第二相 (体心立方構造) が板状に析出して形成されたものである. 2 つの相の Ni 含有量に大きな差があるため酸による腐食され方が異なり, 模様が観測される. 隕鉄試料を切断する面により, 観察される組織は異なる様相を示す. 図 3 はこれを模式的に示したものである.

ウィドマンステッテン組織を示す隕鉄の Ni 組成は 7%程度のものが多い. 7%より低いものを腐食した場合には "平行な細い線" が認められる. これは, 発見者の名前を冠してノイマン線と呼ばれる. ノイマン線[注2)]が見られる隕鉄は, 互いに平行な 3 つの平面で簡単に割れ, 六面体形状になりやすいので,

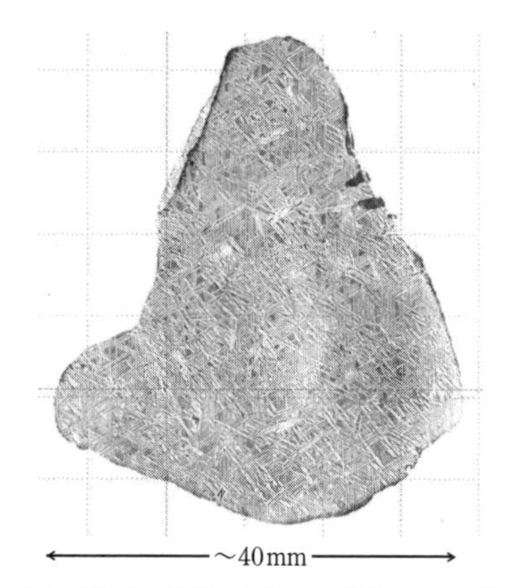

図 2 隕石の組織. Elbogen 鉄隕石. オリジナルは腐食した表面を活版印刷手法により押捺転写したもの. Carl von Schreiber が出版した本 に掲載. Widmanstatten が作成したものと思われる.

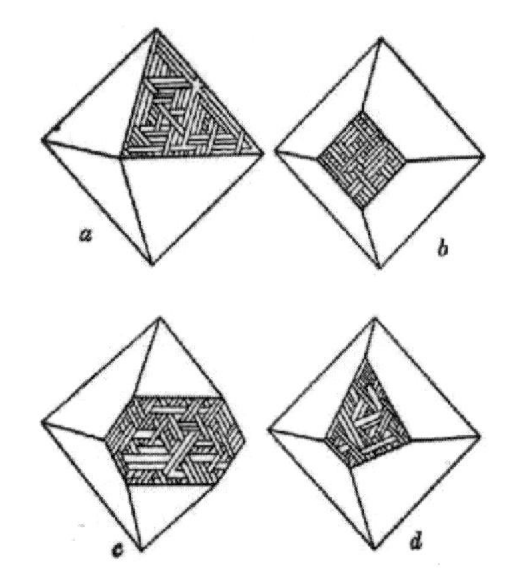

図 3 切断方位によるウィドマンステッテン組織の見え方*. 母相が八面体形状の単結晶である場合を模式的に示した. *http://www. ricestone-france.com/METEORITE-formation-chimie-petrochimie.htm

注 2) α 鉄に力を加えたとき, 普通はすべりにより変形する. しかし, 衝撃的な力を加えたとき, あるいは低い温度で力を加えたときには, 双晶変形をすることがある. このとき結晶粒内に幅の狭い平行な双晶線群が現れる. 発見者のドイツの鉱物学者 F. E. ノイマンにちなんで, この線をノイマン線という. なお, α 鉄の双晶面は (112), 劈開面は (100) である.

ウィドマンステッテンはどんな人物であったか*

ウィドマンステッテン（Alois von Beckh Widmanstatten, 1754〜1849）はオーストリアの都市グラーツで生れ，グラーツ大学で自然科学を学んだ．卒業後は家業の印刷業に従事した．ウィーンでは王立工業製品蒐集館の館長 Carl von Schreibers と知り合いになった．その蒐集館の所蔵物の中には，何世紀にもわたって蒐集された空からの落下物，すなわち隕石があった．

ウィドマンステッテンは隕鉄について実験を行った．隕鉄の切断面に炎に近づけると表面は紺青色へと変色し，規則的な mm 幅のラメラ構造が現出した．印刷業の経験から，彼は金属のエッチング技法を知っていたので，硝酸溶液に浸してみるとラメラ組織はいっそう明瞭になった．ウィドマンステッテンは，1808 年から 1815 年の間，世界のさまざまな場所で採取された隕鉄について観察を行った．彼が観察に用いた試料は，ウィーン自然史博物館に展示されている．

酸による腐食速度はラメラ構造の部分により異なるから，エッチングの時間を適当に選ぶと凹凸のある表面構造（レリーフ）が出現する．手馴れた印刷手法—すなわち凹凸表面にインクを塗布し紙に押し付けて表面構造を転写—が威力を発揮した．写真技術が発明されるよりもずっと以前に，隕鉄の組織像を記録することができたのである．

ウィドマンステッテンは彼の発見を印刷発表はしなかったが，研究仲間には知れ渡ったのでしばしば引用された**．1820 年, Schreibers は“隕石と隕鉄の歴史”に関する本を出版し, その“奇妙な組織”を友人の名を冠して“ウィドマンステッテン構造”と呼ぶことを提案した．

ウィドマンステッテンは小柄で特異な容貌と偏屈な気質の持ち主であったらしい．とくに晩年はひきこもり勝ちで，連絡をとるのが困難であったとのことである. その肖像写真が残されていないのは, 彼自身の強い希望によるとのことである.

＊主な情報源は天文学研究者 Christian Pinter が執筆した記事（Wiener Zeitung, Friday, June 04, 1999）である.

＊＊ ナポリ在住の地質学者トムソン（W. G. Thomson）は，ウィドマンステッテンに先立ってこの組織を観察した．彼は，錆を落とす目的で隕石を硝酸に浸したところ奇妙な構造が現れることに気付き，1804 年にフランス語で，1808 年（死後）にはイタリア語で学術誌に発表した. しかし, トムソンが早逝したこと, また英語論文がなかったために周知されなかった. このため, 2 番目の観測者の名前を冠してウィドマンステッテン構造（組織）と呼ばれるようになった.

ヘキサヘドライトと呼ばれる．なお，Ni が 12%以上含まれているものでは腐食像が現れない．

ウィドマンステッテン組織の形成過程

鉄隕石の主成分は Fe と Ni であるから，組織形成は基本的にこの 2 元合金について考えればよい．Wood[7]，Goldstein ら[8)〜10)]の報告をもとに，形成過程を考えることにしよう．まず，ウィドマンステッテン組織における Ni の濃度分布を図 4[10)]に示しておく．これは，電子プローブマイクロアナライザーを用いて，$\alpha\gamma$ 成長界面に垂直な方向に測定したものである．残存する γ 相内の濃度分布が M 字型をしているのが特徴的である．これは Grant 隕石[注3)]についてのものであるが，同様な結果が多くの隕石について報告されている．

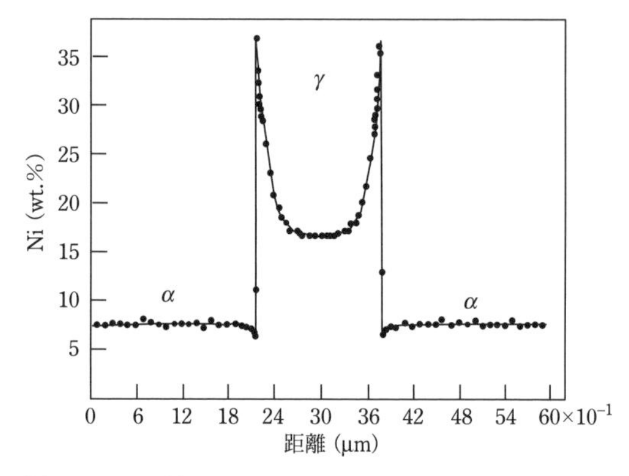

図 4　Grant 隕石のフェライト－オーステナイト領域における Ni の濃度分布[10)]．試料組成：Co＝9.4 wt% Ni.

Fe-Ni 系の平衡状態図の全体図を図 5 (a) に，部分図を (b) に示す．10% Ni の合金をゆっくりと冷却する場合，高温ではオーステナイト (γ) 単相で，700℃では 3% Ni のフェライト (α 相) が析出する (A 点)．さらに冷却がすすむとオーステナイトとフェライトの組成はそれぞれ曲線 AC，BD に沿って変化する．

α 相が成長するためには α から γ へ Ni 原子が移動しなければならない．ま

注 3)　Grant 隕石：ニューメキシコ州グランツ (Grants) のズニ山脈で発見された隕石で，1929 年に発掘された．ほぼ円錐形の塊で重さ 480kg でスミソニアン博物館が保有し，さまざまな科学研究で使用されている．

た，それぞれの結晶粒内の化学組成を均一化するためにも原子の移動が必要である．Ni 原子の拡散は，どの温度においても α 相(bcc) 中の方が，最密充填構造である γ 相(fcc) 中よりも 1 桁以上速い．このため，α 相粒子の成長は γ 相内の Ni の拡散により律速される．

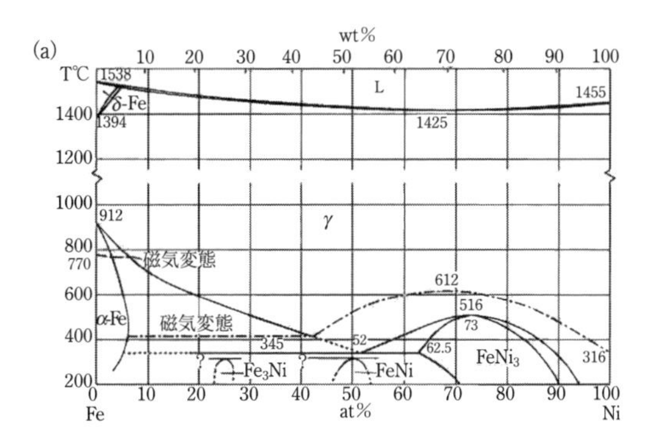

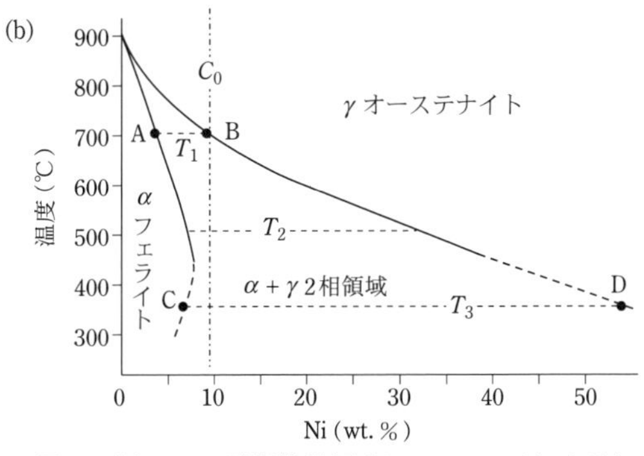

図 5　(a) Fe-Ni 平衡状態図 (Kubaschewski による)，(b) Fe-Ni 平衡状態図 (部分図)．

図 6 は 2 つの析出粒子の核が，ある距離をおいて形成されたときの Ni 濃度の分布を示したものである ($T_1 > T_2 > T_3$)．この図は“相接する 2 相の界面における濃度は，常に平衡状態図に示される関係を満たす”として描いてある．なお，図 5 には T_1, T_2, T_3 のおよその位置を示した．

- 核生成直後の温度 T_1 での α 相中の Ni 原子の拡散は速いので，α 相は均一な濃度になっている．Ni 原子は成長する α 相から残存する γ 相へと吐き出されるが，γ 相内での拡散速度は遅いので界面近傍に溜まり，中央部には及んでいない．
- 温度の低下につれて α 相は成長し，板厚は増加する．温度 T_2 では α 相中の Ni 原子の拡散は十分速いと仮定して，相内の濃度はほぼ均一に描いてある．γ 相側では界面濃度がますます上昇し，温度 T_1 では影響を受けていなかった中央部も，両側の界面から拡散してくる Ni 原子の効果が重なり合って濃度が増加し M 字型のプロファイルを示す．
- 温度がさらに低下すると (T_3) α 相中の Ni 原子の拡散も遅くなり，相内部における濃度の均一性を保つことができず，界面でNiの濃度が低下する．この現象はAgrell効果[11]として知られている．

以上のように状態図からの予測にもとづいて描いた図6は，実測のNi濃度分布，図4と定性的によく一致している．したがって，上に略述した拡散成長モデルを用いて，実測の濃度分布を再現するような温度変化を求めれば，それがその隕石の冷却過程に他ならない．しかし“平衡”状態図どおりにはものごとは起こらない．純粋なFe-Ni 2元合金を実験室でゆっくり冷却してもα相結晶を核生成，成長させることはできない．実験室においては，ある程度過冷却された段階で無拡散的に“マルテンサイト相α_2”に変態し，図6に示したような現象は起きない．

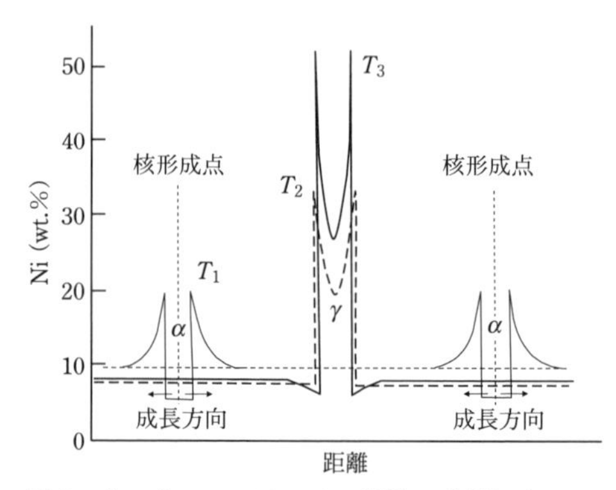

図6　ウィドマンステッテン組織の成長によるNiの濃度分布の形成．$T_1 > T_2 > T_3$における状況を示した．最低温度T_3における分布が図4と対比すべきものである．

隕鉄にはPはかなりの量(0.1〜1%)含まれており，これがα相の核生成を促進することが明らかになった．このPの効果，相平衡濃度および拡散係数の温度依存性などを考慮した複雑な計算機解析プログラムが開発されてきた．最初にこの解析を行ったWood[7]は，冷却速度を1〜10℃/百万年と評価し，隕石の寸法を半径100〜200 kmと推測した．一方，Goldsteinら[8]は，27個の隕石試料について解析を行い．0.4〜65℃/百万年という値を得ている．

鉄隕石の分類と冷却速度

Goldsteinら[12]は“隕鉄の結晶化，熱履歴，由来”に関する広汎なreviewを2009年に発表した．その結果を述べる前に，鉄隕石の分類がどのように行われているかを見ておくことにしよう[13]．

鉄隕石の分類は，当初ウィドマンステッテン組織のバンド幅に着目して行われた（表2）．カマサイト（フェライト）相の幅による構造的分類である．幅は（隕石全体の）Ni量に関連があるから，構造分類はカマサイト相の幅とNi量による方法である．Ni量が高いものは，ウィドマンステッテン組織を示さず，アタキサイトとも様相が異なるものもある．

化学分析の技術が進歩し，隕石中の極微量元素が精度よく分析されるようになると化学組成により分類されるようになった．ところで製鉄業での原材料として用いられる地球上の鉱石にはMn，Ti，Vなどが混入しており，それを除去するのに苦労する．しかし，鉄隕石を構成しているフェライト，オーステナイトにはこれらの元素は少ない．これは鉄隕石の生成過程が特殊なものであったことを暗示している．一方，奇妙なことに鉄隕石中には，地球上の元素分布より高い濃度で見出される元素がある．すなわち，白金族元素（Ru, Rh, Pd, Os, Ir, Pt），Ge, Gaなどである．しかも，オーステナイトとフェライトに分けてみると，すべてオーステナイトのほうに百倍から十倍に近い濃縮をしている．鉄隕石生成時の元素分配を支配した環境が作用したと推定されるが，その説明はまだついていない．

これら鉄と親和性のある元素であるイリジウム（Ir），ガリウム（Ga），ゲルマニウム（Ge）に着目する分類法が提案された．最初は，Ga, Geの含有量が多いほうから少ないほうへI〜IVのローマ数字をつけて分類された．その後，隕鉄（Fe-Ni）が凝固する際のこれらの元素の挙動を考慮し，細かな特徴を区別するようにA，B，C等の記号が付され，IA，IIDなど十数個のグループに

表2　隕鉄の分類.

構造的分類				Ni（wt.%）	化学的分類
	記号		バンド幅（nn）		
ヘキサヘドライト	H		H>50	4.5 〜 6.5	HA
オクタヘドライト	O				
	Ogg	最粗	3.3 〜 50	6.5 〜 7.2	HB
	Ogg	粗	1.3 〜 3.3	6.5 〜 7.2	IAB, IIIE
	Om	中	0.5 〜 1.3	7.4 〜 10.3	HD, IIIAB
	Of	細	0.2 〜 0.5	7.8 〜 12.7	IIIC, IVA
	Off	最細	<0.2	7.8 〜 12.7	IIID
	Op1	プレスティック*	<0.5		IIC
アタキサイト	D		No structure	>16.0	IVB
—					IC, IIE, IIIF

＊針状のカマサイト

分けられるようになった.

例としてFe-Ni合金が凝固するときの微量元素Irの挙動を考える. 最初均一である合金が一方向凝固するとしよう. Niは液相に富化する傾向があるので, 最初に固化する部分のNi濃度は比較的に低い. 凝固が進むにつれて固相, 液相のNi濃度はともに増加して行くが, 常に固相のほうのNi濃度が低い. このため, 凝固が終わった時点では, Ni濃度が連続的に変化した濃度勾配のついた合金が得られる. 約500個の隕鉄試料についてIr濃度をNi濃度に対して (log-log) プロットしてデータ点が集中した領域を示したのが図7 [注4], 同様にGe濃度をNi濃度に対して (log-log) プロットしたのが図8である. あ

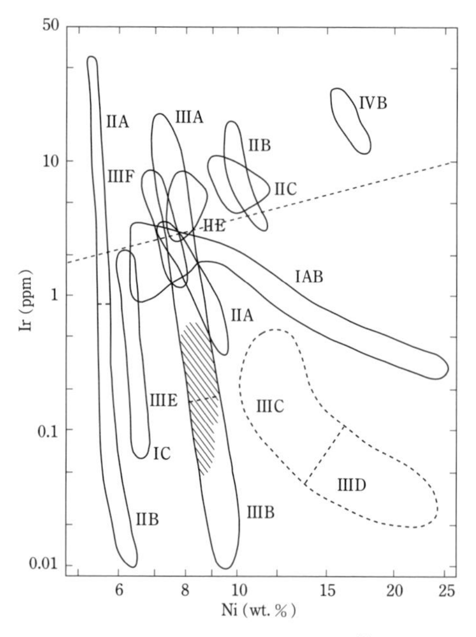

図7 隕鉄のIr濃度とNi濃度のlog-logプロット[11]. データ点が集中して現れる組成領域に, IIA, IIIBなどの名前が付されている.

注4) 図中の直線は, 炭素質コンドライト (CIコンドライト) と呼ばれる隕石に対するIr/Ni比を表している. このタイプの隕石は, 気化しやすい成分や有機物を多量に含んでおり, 太陽系創生当時の原始の星間物質における元素組成の情報を含んでいる. この直線との相対位置を手がかりとして, 各グループの隕石の成因が検討される.

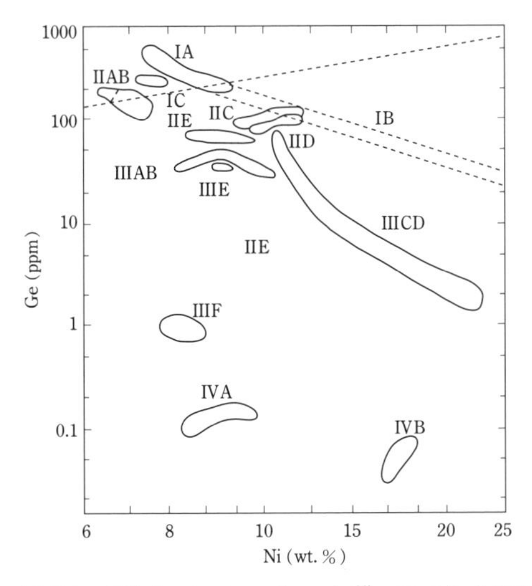

図 8　隕鉄の Ge 濃度と Ni 濃度の log-log プロット[11]．13 の組成領域（データ点が集中して現れる）が識別される．

表 3　化学グループごとの隕鉄の冷却速度[12]．

グループ	冷却速度（℃/百万年）	文献*	評価方法**
IAB	2 〜 3	Goldstein and Short (1967)	1
	63 〜 980	Rasmussen (1989)	1
	25 〜 70	Herpfer et al. (1994)	2
IIICD	87 〜 480	Rasmussen (1989)	1
IIAB	0.8 〜 10	Randich and Goldstein (1978)	3
IIIAB	1.0 〜 10	Goldstein and Short (1967)	1
	21 〜 185	Rasmussen (1989)	2
	56 〜 338	Yang and Goldstein (2006)	2
IVA	7 〜 90	Goldstein and Short (1967)	1
	2 〜 96	Rasmussen (1982)	2
	19 〜 3400	Rasmussen et al. (1995)	2
	100 〜 6600	Yang et al. (2008a)	2
IVB	2 〜 25	Goldstein and Short (1967)	1
	110 〜 450	Rasmussen et al. (1984)	1
	1400 〜 17000	Rasmussen (1989)	1

＊この欄は原論文のとおりに記載したので，必要な場合文献 12) を参照して調べていただきたい．
＊＊評価法：1. フェライト帯幅法†，　2. オーステナイト相中央濃度法，　3. リン化物成長シミュレーション法　† J. M. Short and J. I. Goldstei: Science, 156 (1967), 59-61

る領域に属する鉄隕石は同じ起源を持ち，同じ母天体から形成されたと推定される.

以上に略述した鉄隕石の分類法の詳細は，原論文[13]を参照されたい．表3はGoldstein らによる review[12]に掲載されたもので，各化学グループに属する隕鉄の冷却速度が表示してある．著者は以下のようにコメントしている.

1964 年に Wood によって隕鉄の冷却速度が初めて評価されて以来，多くの研究が行われてきた．ウィドマンステッテン組織の核形成過程における P の影響が明確にされたことにより，計算機シミュレーションの精度はますます上がってきた.

- 例としてグループ IVA 隕鉄に対する値（℃ / 百万年）に注目すると
  7-90（Goldstein and Short 1967）→ 100-6600（Yang et al. 2008a）
  のように 40 年の間に 10-50 倍になっている.
- IIIAB および IVA グループに対する最近の測定結果
  56-338 (Yang and Goldstein 2006)
  100-6600（Yang et al. 2008a）
  は，これまでに行われた評価の中で最も精度が高いものである.
- 同一の化学グループに対する冷却速度が試料により異なっている場合，実際にそうであるのか，それとも評価法に問題があるのかは，慎重な検討が必要である.

総じて解析精度が上がるにつれて，冷却速度の評価値は増加する傾向にある.

隕石の形成過程による分類

鉄隕石の冷却速度の測定精度が高くなるにつれて，隕石の多様性が示された．ここで，隕石の形成過程を模式的に示した図 9 を参照しながら，説明を加えることにしよう[14].

(a) 太陽系ができてすぐ後，残ったチリが太陽の周りを回りながら集積し，たくさんの小さな天体 (微惑星) ができた．いわば宇宙空間における堆積岩である．これらの微惑星の内部は均質なコンドライトの母天体になった.

(b) 微惑星は互いに衝突・合体を繰りかえして大きくなるとともに，衝突のエネルギー，あるいは，短寿命の放射性同位体の崩壊熱により高温となり，

表 4　隕石の形成過程による分類*.

形成過程による分類	化学成分・組織による分類	
始原隕石(Primitive meteorite)	石質隕石 Stony meteorite	コンドライト 86%　Chondrite
分化した隕石 (Differentiated meteorite)		エコンドライト 7%　Achondrite
	石鉄隕石 1%　Stony-Iron metiorite	
	鉄隕石 6%　Iron meteorite	

＊文献 22) の表 (177 頁) を元に作成した.

熱により組織が変化した. いわば火成岩に対応する.

(c) その中には, 高温のために一度火の玉のように融け, 重い金属鉄が内部に, 軽い珪酸塩が表層部に集まった (分化した) ものもある.

(d) 母天体がさらなる衝突によって破壊された.

このうち, (a) や (b) 起源の破片が地球の重力に捕えられて落下するとコンドライトとなり, (c) 起源の破片の場合, その他の隕石 (エコンドライト, 鉄隕石, 石鉄隕石) となった.

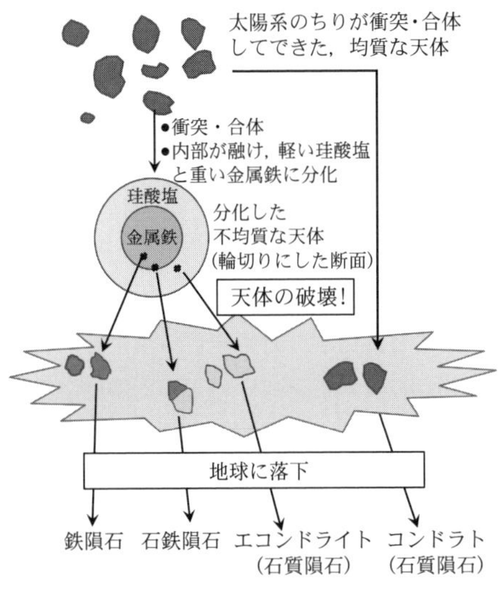

図 9　隕石の形成過程[14].

こうした事情を踏まえて, 表 4 に示すように始原隕石 (Primitive meteorite) と分化隕石 (Differentiated meteorite) に分類することが提案されている.

Fe-Ni 2元系の状態図

図 5 (a) に示した状態図には 600℃以上の部分のみを示した. 低温では Ni の拡散が遅いため, 平衡状態を実現するのに長時間を要する. とくに～400℃以下の温度の平衡状態を実験室で実現することは実際上不可能である. このため, 低温側の知見を得るため, 2 通りの方法での研究が行われてきた.

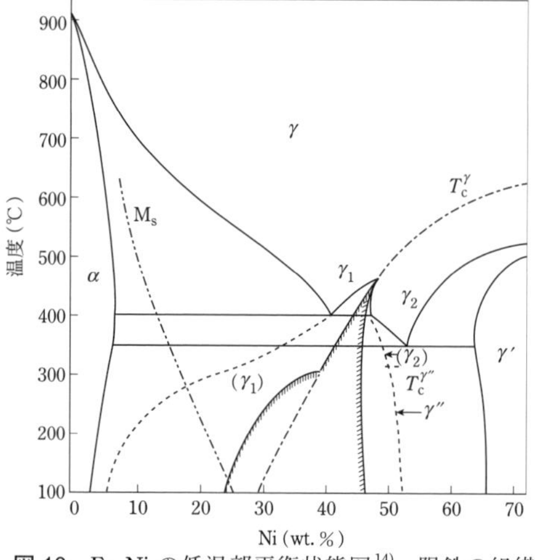

図 10　Fe-Ni の低温部平衡状態図[14]．隕鉄の組織の分析電顕観察結果を反映して構築したもの．

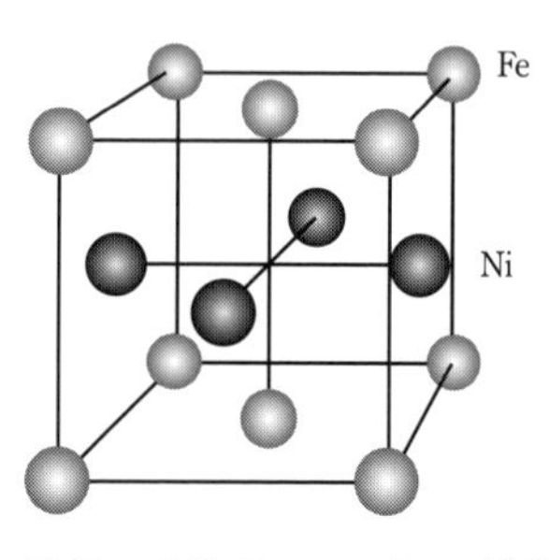

図 11　γ'' 相, Tetrataenite の構造（$L1_0$ 型規則相）．

その一つは熱力学的計算を行うもので，化学的および磁気的効果を取り入れた検討がなされてきた．いまひとつは隕鉄の組織の構造と組成の詳細な解析を行うものである．これらを総合した結果が Yang ら[15]による図 10 である．面心立方構造の結晶相として，以下の領域が示されている．

γ：高 Ni 面心立方相

γ_1：低 Ni 常磁性面心立方相

γ_2：高 Ni 強磁性面心立方相

γ'：規則化した Ni_3Fe

γ''：規則化した FeNi

これらのうち，γ'' は図 11 に示すように，$L1_0$ 構造の規則相で Tetrataenite と名づけられている[16]．この物質の保磁力は通常の不規則相 FeNi と比較して 4 桁以上高く[17]，硬磁性材料としての興味がもたれている．なお，最近，東北大金研の牧野らは，アモルファス合金を結晶化させることによってこの規則相を短時間のうちに生成させることができたとし，希土類元素を含まない強力磁石製造法としての可能性を示唆している[18]．

(a)

(b)

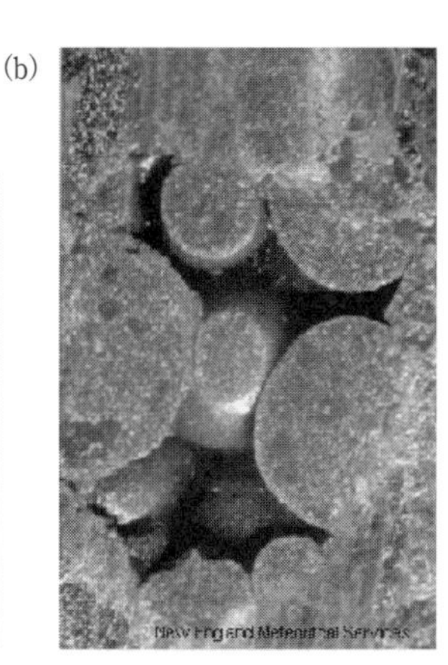

図 12　(a) Albion 隕石の組織写真[18]．ウィドマンステッテン組織中に空洞が認められる．(b) は拡大写真．

ウィドマンステッテン組織は凝固過程で形成された??

上で述べたように，隕鉄におけるウィドマンステッテン組織は，Fe-Ni 合金の γ 相から α 相が析出する固相反応により形成されると理解されてきた．しかし，溶融状態から凝固する際に形成された組織である可能性を指摘する論文[19)〜21)]がある．その著者 Budka は，Albion という呼び名の隕石 (1966 年，米国ワシントン州で発見，国際隕石学会に登録されている) のウィドマンステッテン組織に，不規則な形状の空洞が認められることに注目している[22)]．図 12 にその写真を示す．こうした指摘に対して，他の研究者がどのような見解を示しているのかを知りたいと思うのだが，今のところ賛否いずれの立場の論文も見当たらない．凝固組織に造詣の深い研究者のご教示をいただきたい．

改めまして「ウィドマンステッテン構造の定義」

“ウィドマンステッテン構造”は「隕鉄に見られる特異な組織」というのがそもそもの定義であった．しかし，類似の模様は他の合金でも認められるので，現在ではより一般的な用語として用いられている．以下に ASM Metals Handbook 1985 年版に掲載されている説明を記す．

　母相の固溶体の結晶学的面上に新しい相が析出することにより幾何学

的模様が形成される．この両相による幾何学的模様に特徴付けられる組織をウィドマンステッテン構造と呼ぶ．新相の格子の方位は，母相の格子の方位と結晶学的な関係にある．ウィドマンステッテン構造は，隕石においてはじめて見出された．その後，多くの外の合金，—たとえばチタン合金を適切な熱処理を施した場合—でも観察されている．

隕石保有大国日本—南極は隕石の宝庫

今までに世界で見つかった隕石は約7万3千個で，そのうち4万4千個は南極で見つかったものだそうだ．その30％は日本の南極観測隊が見つけたものである[23)]．なぜ南極でたくさん発見されるのだろうか？

南極大陸では氷の厚さは平均1850メートル，もっとも厚いところでは5000メートル近いという．これは雪が積もり押し固められてできた氷である．南極大陸の氷原上に落下した隕石は，そのまま氷河に閉じ込められる．氷河は年に1～10メートルというゆっくりした速度で大陸の端にむかって流れていく．ほとんどの氷河は海に達して分裂し氷山になるのだが，南極の外辺には山脈があり，流れが阻害される．すなわち，氷河は山の斜面に沿って押し上げられ，山を吹き降ろす風にさらされ表面が蒸発する．こうした氷河の絶え間ない動きが，広く散らばった隕石を集積する．しかも白い氷原上で黒い石を探せばよいので，極めて効率的に隕石を発見することができる（図13参照）．日本の南極観測隊が最初に9個の隕石を発見したのは1969年12月21

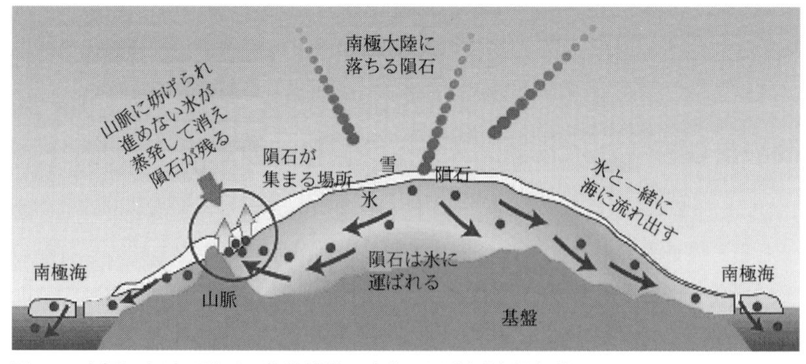

図13　南極における隕石の集積機構．出典：国立極地研究所HP

日で，その後組織的に隕石探査が行われた結果，日本は世界で最多の隕石保有国になった．南極隕石に関する研究の結果は，国立極地研究所が発行した書籍[24]に述べられている．それによれば，隕鉄は48個で総数4万8千個に比べると低い割合である．

隕鉄製鉄器と隕鉄製刀[25]

鉄器文明は人類が隕鉄を手にしたときから始まったといわれている．エジプト先王朝代のゼルゲの墓から出土した鉄の首飾，イラク・ウル遺跡出土の短剣，トルコ・アラジャホユク出土の飾板などは，紀元前2000～3000年頃のもので，ニッケルを多量に含んでいることから隕鉄を素材として製造されたものと推測される．隕鉄を原料に鍛造加工された製品の表面には，針状の三角や四角形を押しつぶしたようなウィドマンステッテン組織が肌全体に現れるものもある．隕鉄は含有炭素の量が極めて低く，硬度という観点から見ると極軟鋼の部類に入り，焼き入れによる硬化は望めない．

古来，隕鉄は天下った霊力があるものとみなされ，隕鉄から刀などの武器を作った例は世界各国に見られる．日本では隕石・隕鉄はご神体として祭られ，あるいは神聖なものとして秘蔵されることが多く，刃物などに加工された記録はなかった．明治中期に製作された流星刀が最初である．

1890年，小林一生氏が鉱山試掘中に富山県白萩村（現在，上市町）の河原で鉄塊を発見した．しばらくは漬物石として使用していたが，大きさのわりに重い（22.7キログラム）ことから，農商務省地質調査所に分析を依頼した．この鉄塊にはニッケルが含まれており，酸で腐食したところ隕鉄特有のウィドマンステッテン組織がみられたことから隕鉄と断定された．ときの農商務大臣榎本武揚は，その報を聴いてポケットマネーで「白萩隕鉄1号」を購入した．以前ロシア大使として赴任中に，ロシア皇帝の秘宝の中に流星刀があることを知り，機会があれば自身も鉄隕石から作成した刀を手にしたいと願っていたからであった．

榎本は刀工の岡吉国宗に流星刀の製作を依頼する．鉄隕石からは4キログラムほどの鉄が欠き取られて使用された．普通の鉄と比べやわらかい隕鉄の加工は難しく，最終的に隕鉄60パーセントに鋼40パーセントを加えて鍛えあげることができた．こうして隕鉄を使用して鍛えられた流星刀が大小4振り製作され，そのうち，2 振りは当時の皇太子（のちの大正天皇）に献上され，残り 2 振りは武揚の子孫へと伝えられた．時に 1898 年（明治 31 年）のこととされる．

おわりに

“百万年に 1℃” という冷却速度とまさに天文学的なスケールの表現に惹かれて，隕鉄関係の論文を眺めてみた．この解説でのべたように，最新の研究によると冷却速度は 2, 3 桁大きいようであるが，それでも人間が実験室で再現できるようなものではなく，隕鉄の組織形成過程は興味がつきない．

メタログラフィーの歴史に関する小文を執筆している際に，ウィドマンステッテンの肖像写真を入手しようとして，友人 Sprengel 博士に話したことがきっかけで隕石に興味を持った．同博士は，ウィドマンステッテンが生れた町オーストリアのグラーツにある大学（Technische Universität Graz）に勤務している．すでに記したように，肖像写真は本人の強い希望で残っていないのであった．

資料収集，調査に多大な協力をいただいた Sprengel 博士に厚く感謝する．

参考文献

1) H. J. Axon: “ The Metallurgy of Meteorites”, Progress in Materials Science, **13** (1968) 183-228. (Pergamon Press).

2) 島　誠：『隕石の科学』, 玉川大学出版部, 1977 年.

3) F. ハイデ，F. ヴロツカ著，野上長俊訳：『隕石　宇宙からのタイムカプセル』, シュプリンガー・フェアラーク東京, 1996 年.

4) リチャード・ノートン著，江口あとか訳：『隕石コレクター』, 築地書館, 2007 年.

5) 松田准一：『宇宙惑星科学』, 大阪大学出版会, 2015 年.

6) 日経サイエンス，**43** No.5 (2013),（特集 隕石の衝撃 コンドライト隕石の秘密）.

7) J. A. Wood: “The cooling rates and Parent Planets of several iron meteorites”, ICARUS, **3** (1964), 429-459.

8) J. I. Goldstein and E. Ogilvie: “The growth of the Widmanstatten pattern in metallic meteorites”, Geochim. Cosmochim. Acta, **29** (1965), 893-920.

9) J. I. Goldstein and J. M. Short: “Cooling rates of 27 iron andstony − iron meteorites”, Geochim. Cosmochim. Acta, **31** (1967), 1001-1023.

10)　J. I. Goldstein and J. Axon: “The Widmanstatten Figurein Iron Meteorites”, Naturwissenschaften, **60** (1973), 313-321.
11)　S. O. Agrell, J. V. P. Long and R. E. Ogilvie: “Nickel content of kamacite near the interface with taenite in iron meteorites”, Nature, **198** (1963), 749-750.
12)　J. I. Goldstein, E .R. D. Scott and N. L. Chabot: “Iron meteorites: Crystallization, thermal history, parent bodies, and origin”, Chemie der Erde, **69** (2009), 293-325.
13)　E. R. D. Scott and J. T. Watson: “Classification and properties of iron meteorites”, Reviews of Geophysics, **13** (1975), 527-546.
14)　科学エッセイ　隕石の分類と太陽系のなりたち，内田洋行教育総合研究所, https://www.manabinoba.com/science/8190.html
15)　C.-W. Yang, D. B. Williams and J. I. Goldstein: “ A Revision of the Fe-Ni Phase Diagram at Low Temperatures (<400℃), Journal of Phase Equilibria, **17** (1996), 522-531.
16)　R. S. Clarke and E. R. D. Scott: “Tetrataenite-ordered FeNi, a new mineral in meteorites”, American Mineralogist, **65** (1980), 624-630.
17)　小嗣真人，三俣千春：“鉄隕石の微細構造と磁性”，まてりあ，**49** (2010), 103-109.
18)　A. Makino, P. Sharma, K. Sato, A. Takeuchi, Y. Zhang and K. Takenaka: “Artificially produced rare-earth free cosmic magnet”, Scientific Reports 5, Article number: 16627 (2015).
19)　P. Z. Budka: “Meteorites as specimens for microgravity research”, Metallurgical Transactions A, **19A** (1988), 1919-1923.
20)　P. Z. Budka: “ The Evolution of Meteorites and Metallurgy” , Meteorite, Vol. 2 (1996), p. 22-23.
21)　P. Z. Budka, J. R. M. Vierti, S. V. Thamboo: “Microgravity solidification microstructures as illustrated by nickel-iron and stony-iron meteorites” 8th International Symposium on Experimental Methods for Microgravity Materials Science, The Mineral, Metals & Materials Society, (1996), pp.49-57.
22)　R. Kempton: “Albion, A new Iron Meteorite”, 1995, Meteorite, Nov.14-15. http://www.meteorlab.com/METEORLAB2001dev/albtxt1.htm
23)　小島秀康：『南極で隕石を探す』, 成山堂書店, 2011 年.
24)　国立極地研究所編：『南極の科学，第 6 巻 南極隕石』，古今書院，1987 年.
25)　田口勇：“南極隕鉄が解明した鉄の歴史”，金属，**58** No.9 (1988), 76.

9
発表の技法
──パワーポイントの功罪──

私が学会などの学術集会に初めて参加したのは 1960 年ごろで，そのころ，講演の多くは幻燈機でスライド（35 mm）を上映しながら話すという方式であった．数式，図面を描いたポスター用紙をめくりながらの講演も少なくなかった．英国留学から帰国した 1971 年には，まだスライドが主流であった．OHP（オーバーヘッドプロジェクター）が普及したのはいつごろだったろうか？私が組織委員長をつとめて京都で開催した 2 つの国際会議，DIMAT1992（材料中の拡散），PTM'99（相変態）の際には，OHP が主流で，スライドを用いる発表は少数派になっていた．オーストラリアの Wollongong で開かれた国際会議 Thermwc 97 では PowerPoint（PPT，パワーポイント）による講演がいくつかあった．京都大学を定年退職した 2000 年 3 月の最終講義は OHP を用いて行った．

2004 年 10 月，ロシアの Voronezh で，“第 21 回固体における緩和現象に関する国際会議”を開くという案内が来た．ドイツ，イタリア，ポーランドなどヨーロッパの知りあいの研究者がぜひ行こうと誘ってくれたので参加することにした．この会議は，1958 年にハリコフ（ウクライナ）で第 1 回が開催されて以来，定期的にロシア（旧）で開催されてきたもので，“国際会議”とうたっているが，ほとんどの発表はロシア語によるものであった．それはともかく，半数以上の講演がパワーポイントによるものだった．研究の第一線を離れた以上，いまさら PPT の使い方を学ぶのは億劫で，年に 1, 2 回あるかどうかの講演は OHP で済ますつもりでいた．しかし，PPT の普及振りを見て，遅まきながら学び始めることにした．

私のパワーポイント経験

パワーポイントを習う

大学に勤めていた頃は，パソコンの扱いなどでわからないことがあれば，周辺の同僚や学生に訊けばすぐ解決した．退職して自宅にこもるとそういうわけにはいかない．PPT のごく基本的な操作を昔の教え子に教わった上で，独習用の本を購入することにした．市立図書館に出かけて，コンピューター関連の書棚から PPT の説明書を数冊借り来て自宅でじっくり眺めてみた．その結果，選んだのは次の本である[1)](図 1)．

図 1　『PowerPoint 疑問氷解 1 XP』.

PowerPoint 疑問氷解 1XP, 高原太郎著, 2003 年, 秀潤社, 定価 3000 円＋税

この本の特徴は“はじめに”において著者自身が語っている．それには大いに共感するところがあるので，以下に一部を引用する．

> ‥‥しかし，この本の出版には相当の不安がありました．内容には自信を持っていましたが，とにかく値段が高くなってしまったからです．3000 円余という定価は 1000 円台があたりまえの類書の中では飛び抜けて高価でした．なぜそうなったかと言うと，前著でも書いたごとく，
> **「節約すべきなのは，紙でも値段でもなくて，僕らの使う時間なんだ !!」**
> というポリシーを貫いたからです．安くあげるために紙量を節約した従来書の何と読みにくいことか．1 つの図に多数の引き出し線を付けて説明するので，視線が激しくあちこちに振れ，すぐに疲れて眠くなります．これに辟易していた筆者は左の図と右の説明を 1 対 1 の関係にし，複数の引き出し線をほぼすべて排しました．ページ数は相当増えてしまいますが，視線移動量は最短になり，規則性が保証されますので自然にリズムがでます．［最短で疑問を氷解させる］ためにはどうしても譲れない線であったのです．心配とは裏腹にこれが読者のみなさんに支持されたことは大変うれしく思います．改めて考えてみますと，紙に支払う余分な

1500円は，時給換算でせいぜい2時間分のコストです．これでうんと分かりやすくなって効率よく学習できるのですから，むしろ得ではないでしょうか．

本書は前著よりさらに内容を充実させたので400ページになりました．でも心配は要りません．逆に普通よりどんどんページをめくって進んでいくことができる利点があります．ページめくりはそれ自体が知的快感です．ぜいたくに紙面を使って分かりやすくなった内容を満喫し，実務に役立てていただければ筆者として最高の喜びです．＜後略＞

以下では，この本の内容を紹介しながら，私のパワーポイント習得あるいは実践の過程で学んだこと，皆さんに伝えたいことを述べることにする．

この本は，PowerPoint 2002を対象として書かれている．PowerPointは，その後，2003，2007，2010，2013など新しいバージョンが出され，いろいろな変更が加えられてきている．残念ながら，新しいバージョンに対応するように書かれた版は出版されていないようだ．したがって，本の記述どおりには作業できないところもあり，全くの初心者は戸惑う面があることは否めない．そうした不便さはあるけれど，なおかつこの本には捨てがたい魅力があり，中古本(現在も入手可能)を入手して利用することを薦めたい．この本の

第3章　さあスライドを作ろう

には，図の作成，編集，図のグループ化，前面，背面移動，表の作成など実践的な知識が，

第6章　一連の作業をスムースに行う

にはアニメーションに関すること，が書かれている．

アニメーションを作る

アニメーションとは「スライド上で図が動いたり，文字が出てきたりする効果」のことである．私がこの効果を使うことにつとめたのは，小学生を相手に1時間の講演を依頼されたときのことである．岡崎市立矢作南小学校は2008年11月に創立100年を迎えた．その記念行事の一環として，同校の卒業生の1人である本多光太郎博士に関する講演が企画され，本多記念会を通じて私に依頼が来た．聴衆は小学校4年から6年および父兄(数百人？)であっ

た．演題は“「鉄学者」本多光太郎—やさしい金属の話—”とした．

そのとき用いたスライドの 1 枚を図 2 に示す．これは鐵という字の成り立ちを示したもので，

(a) 最初スライドにはこの字が表示され，

(b) クリックすると 3 つの成分に分かれ，

(c) 次のクリックでそれぞれが“金の王なる哉”の文章の要素であることが示され，

(d) さらなるクリックで，それが意味するところは“金属の王様である”ことが示される

というわけである．図 3 に，このスライドの“アニメーションの設定”の画面を示した．この種のスライドを作成するには相当手間がかかる．作業の詳細を付録に記したので，関心がある向きは参照していただきたい．

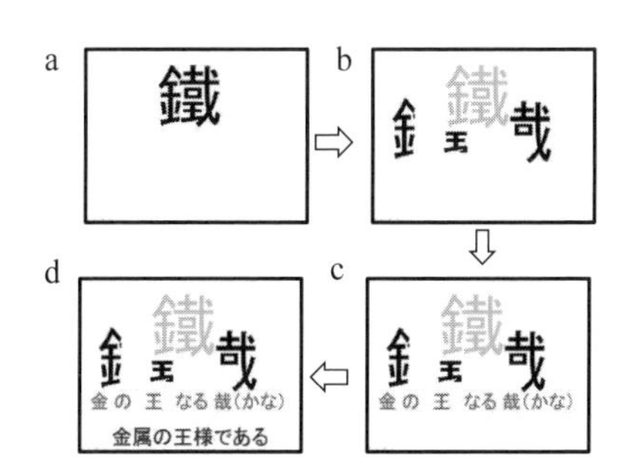

図 2　アニメーションの一例．

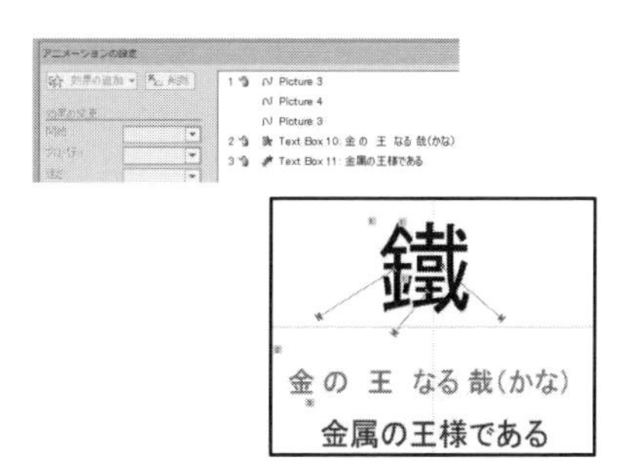

図 3　アニメーションの設定．

アニメーション効果の設定には，ここで示した例のように大変手間がかかることもある．しかし，口で説明するのは厄介で時間がかかる場合でも工夫したスライド 1 枚が威力を発揮する．講演時間節約，効率的な情報伝達のため，アニメーション効果の利用を薦めたい．

効果的なプレゼンテーション

おすすめの『疑問氷解』の第 7 章のタイトルは“効果的なプレゼンテーションとやってはいけないこと”である．学会発表の目的は成果がみなに伝わることで，そのためには“よく練習し，割り当て時間は絶対に超過するな”など，ごく当たり前のことが書いてある．大学に勤めていたときは，学会前には発表練習が必須の行事で，学生諸君には何度も注文をつけて嫌がられ

たものである．もちろん自分の講演も聴いてもらって講演原稿を推敲したのだが，退職して自宅にひきこもると，聴いてもらう相手がいない．しかし，PowerPoint にはリハーサル機能”がある．これを利用すると講演練習が録音でき，スライド 1 枚 1 枚についての時間および総所要時間を知ることができる．私が現職であった頃にはテープレコーダーに録音して練習したのだが，それに比べるとずいぶん便利になった．

第 7 章には，“ポインタの指し方”を述べた節があり，大いに共感する指摘がされている．レーザーポインタは，効果的なプレゼンテーションをするのに役に立つ道具であるが，上手に使う人はそれほど多くない．画面上のポインタはちょっとした手の動きで大きく動く．旧式の指示棒とは違って，講演者が意識していなくても，ポインタはチラチラ動き回り聴衆（観衆？）の目にわずらわしい．表や図面上の注意をひきつけたい部分を指し示す際には，当該箇所の 1 点をごく短時間指すのがよい．同書には具体例が画像で示されており，それに照らして自らの講演振り点検することを薦めたい．

“ポインタの指し方”の注意は，いくら強調してもしすぎることはない…と私は感じている．そこで，このことを指摘しているブログを見かけたので，以下に要約して紹介する．学生を指導する立場にある方には，ぜひ読んでいただきたい文章である．

プレゼンにおけるレーザーポインタや指し棒の正しい動かし方考[注1)]

…スライドをスクリーンに投影し，それを見せながら喋る形式のプレゼンが圧倒的に多くなって以来，とても気になっていることがある．スクリーン上を指し示すレーザーポインタの動かし方である．プレゼン慣れした年長のベテラン研究者ならば，上手に使いこなしているかと言えば，そうでもない．話が上手で，話している内容が素晴らしくても，レーザーポインタの動かし方がなっていないとがっかりする．よく見かける「悪い使い方」は，レーザーポインタの光をスクリーンに照射して，強調したい部分を中心にやたらに動かしたり回転させたりするやつである．

注 1）ameblo.jp/nomimono1/entry-11935375575.html

レーザーポインタの光は，直視すると眩しいので，強調するためにぐるぐる回しても，見る側は目を背けたくなるだけである．つまり逆効果である．おそらく，レーザーポインタをぐるぐる回す人は，意図的にそうしているのではない．大勢の前で話すと緊張するタイプの人に多く見られるので，半ば無意識にぐるぐる回してしまうのだろう．＜中略＞

私の授業では，ときどき「レーザーポインタの使い方」を学生達に解説しているが，一度聞けばすぐに理解できる程度の簡単なことなので，皆すぐに実践してくれる．これを教えた学生のほうが，研究者歴何十年の教員よりも上手にレーザーポインタを使う様子を見ると，爽快でもあり哀れでもある．

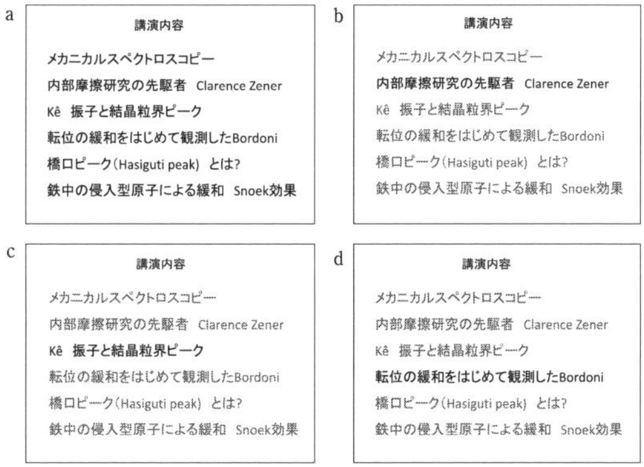

ポインタを使わずに聴衆の注意をひきつけることも可能である．図 4a はある講演の内容を記したスライドである．講演の冒頭でこのスライドを示したのち，進行にしたがって b → c → d と話題が変わるごとに該当部分以外を薄い色で表示したスライドを示すようにするとよい．スライドの中のある部分に注意を喚起するにはアニメーション機能を用いることもできる．しかし，スライドの切り替えはワンクリックで瞬時に行うことができるから，この図に示したように別のスライドを用意する方が手間はかからない．

a
講演内容
メカニカルスペクトロスコピー
内部摩擦研究の先駆者　Clarence Zener
Kê　振子と結晶粒界ピーク
転位の緩和をはじめて観測したBordoni
橋口ピーク（Hasiguti peak）とは?
鉄中の侵入型原子による緩和　Snoek効果

b
講演内容
メカニカルスペクトロスコピー
内部摩擦研究の先駆者　Clarence Zener
Kê　振子と結晶粒界ピーク
転位の緩和をはじめて観測したBordoni
橋口ピーク（Hasiguti peak）とは?
鉄中の侵入型原子による緩和　Snoek効果

c
講演内容
メカニカルスペクトロスコピー
内部摩擦研究の先駆者　Clarence Zener
Kê　振子と結晶粒界ピーク
転位の緩和をはじめて観測したBordoni
橋口ピーク（Hasiguti peak）とは?
鉄中の侵入型原子による緩和　Snoek効果

d
講演内容
メカニカルスペクトロスコピー
内部摩擦研究の先駆者　Clarence Zener
Kê　振子と結晶粒界ピーク
転位の緩和をはじめて観測したBordoni
橋口ピーク（Hasiguti peak）とは?
鉄中の侵入型原子による緩和　Snoek効果

図 4　講演の進行状況を示すスライド．

パワーポイントの使い方—検索に便利な本

ところで，PPT ではスライドが横向き（横長の長方形）に表示するのが標準のようだ．OHP は縦向きに使うのが普通であった（ように思うがどうか？）ので，最初は違和感があった．PPT を縦向きに設定を変更するにはどうしたらよいか？　このように，何かをしたいときどうすればよいかが書いてあること，調べやすい（必要なことを検索しやすい）本を探した．その結果，選んだのは次の本[2)]である．

PowerPoint　実践技＆上級技大全，C&R 研究所　著，2004 年，ナツメ社，定価 2100 円＋税

この本の特徴は目次が詳細に書かれていることである．上述のスライドの向きに関する件に関して述べよう．第 2 章　スライドを思い通りに編集するの目次を以下に示す．

015　新しいスライドを追加する

016　スライドのレイアウトを変更する

017　すべてのスライドのデザインをまとめて変更する

⋮

022 スライドの向きを変更して縦長の長方形にする

このように，目次が具体的な文章で示されているので，調べやすい．ちなみに，目次の項目総数は 100 である．もっとも，現在ではもっと便利な本が出版されているであろう．

パワーポイントとは？

この原稿を書き始めた頃，インターネットでパワーポイント関係の情報を調べている際に，『報道ステーション』のキャスターの古舘伊知郎氏が「パワーポイントを知らない」と発言したことが話題になっていることを知った．理化学研究所の小保方晴子氏について報じた番組（2014/04/09）でのことである．小保方氏は会見の中で，問題となっている論文の中の画像について，“ラボミーティングで使われたパワーポイント資料の写真が論文に載ってしまった”と説明した．このことを紹介する際，古舘氏は「小保方さんは，パワーポイントという特殊なソフトウェアを使用して，研究成果の発表を行っていました」「みなさんパワーポイントとは何かわかりますか？ 私はわかりませんでした」と発言したのである．このことについて，

・キャスターの人がパワーポイントは何なのか説明していることにビックリ．

え !? パワーポイント知らない人いるの ?? カルチャーショック，ジェネレーションショック
・トップキャスターともなれば，プリントアウトされた資料に目を通すのが主で，作成やダウンロードはあまりしないのかもしれない.

など視聴者の反応はさまざまである．パソコンを日常的に扱っている人にとっては，PowerPoint は Windows，Word，Excel などとともに聴き慣れた用語であろう．著名なキャスターは“パソコンを自ら駆使して作業をしているのに違いない”という思い込みが一般聴取者にあるのは無理からぬことではある．今回の事件？は，はしなくもそうではないことを露呈した.

「パワーポイント」と入力して，ウェブで検索してみた．ウィキペディアには，以下のように書いてある.

> PowerPoint（パワーポイント）は，マイクロソフトが開発している Microsoft Office に含まれるプレゼンテーションソフトウェアである．もともとアメリカの Forethought 社によって Macintosh 用のソフト“Presenter”として開発されたものであるが，1987 年に PowerPoint 1.0 がリリースされた後，会社ごとマイクロソフトによって買収された.

この説明は“わかっている人にはわかる”が，パソコンになじみのない人には馬の耳に念仏であろう.

ところで，PowerPoint という名は，どういう経緯でつけられたのだろうか？ Forethought 社で開発を担当した発明者の一人，Robert Gaskins は，その著書[3)]で以下のように語っている（図 5).

図 5　Robert Gaskins の著書.

PowerPoint という名前の由来

我々は 3 年間に及ぶ開発作業の間，その製品を“Presenter”と呼び慣わしてきたので，最終製品の名称としてそれが使えないとは思いもよらぬことであった．開発が最終段階にさしかかったと

き，製品の名前を商標登録する必要があった．この名前について，知的財産担当の弁護士に予備相談をしたところ，“Presenter”という名称はプレゼンテーションのソフトウェアの名称として，ニュージャージーのある会社が以前使用したことがあることを知らされたのだ．最後の段階で，製品の名前の欠落という事態に直面した．これはまことに深刻な問題であった．納品までに長時間を要する印刷物—マニュアル，各種のレファランス・カード，一式を梱包する箱そのもの，PR用の各種資料—に関する作業はすでに始まっており，一刻も早く名称を決める必要があった．

1週間にわたってみんなは必死に考えた．以前，製作したデータベース関連の製品には“FileMaker”という名前をつけたので，それのfamily memberといった発想から，SlideMaker？ OverheadMaker？といった候補が浮かんだ．短期間の利点だけを考えるのであれば，これは理想的な名称だ．これらの名称は，何に用いる製品であるかを，そして，わがForethought社製品の一族であることを表現しているからだ．しかし，長期的な視野でみると，最初に売り出す製品の産物にのみ焦点を当てた名前はよくないし，スライドやオーバーヘッドが消滅したあとでも使われることを考えねばならない．いずれにせよ，この製品は単に“スライド”を作るのではなく，“プレゼンテーション”総体，—多くのスライド，ノート，ビラなど—を生み出すものなのだ．

というわけで，私はfamily memberスタイルの名称に抵抗し，考え続けた．そしてある朝，シャワーを浴びているとき(多くの歴史上の大発見がそのときになされているが)，ふとPowerPointという名前が浮かんだのである．会社に出かけてみんなに話してみたが，誰もいいとは言ってくれなかった．しかし，私はこだわり続けた．その日遅くなってから，わが社の営業部長Glenn Hobinが売り込みのための出張から戻ってきて，名前の案があるという．帰社のための飛行機が離陸する際，窓から滑走路沿いに“POWER POINT”という看板を見たというのである．彼の発見が，私とは無関係に行われたことはよき前兆であると思われたし，なにぶん時間がなかったので強引に推し進めることとし，PowerPointという名前を顧問弁護士に送った．語句の頭文字に加えて中間にも大文字を

使う (Point の P) ことは，当時の Mac software の必須条件であった．

弁護士の報告によると，“power point” は，釣り針，ボールペンを初め各種製品の商標として登録されているが，ソフトウェアについての登録はされていないので，使用可能であるとのことだった．それで，この名前に決めて各種印刷物の原稿改訂を始めた．実際，土壇場になって決まった次第で，私の手帳を見ると，1987 年 1 月 13 日の会議記録には “Presenter” という名称が使われており，1987 年 1 月 21 日の重役会議の項に，初めて “PowerPoint (new name)” が記されている．だから，この名称変更は，公式発表の 1 カ月前に，最初の製品がカスタマーに届く 3 カ月前に行われたことになる．

“PowerPoint” は，1987 年 4 月 20 日，PowerPoint 1.0 の発売の日に正式に商標として登録された．今にして思えば，実にいい名前を選んだものだ．この名前は，“any presentation” あるいは “anymaterials for delivering a presentation” を意味し得るものであるし，非常に抽象的であって，オーバーヘッドや 35 mm スライドが廃れてしまったのちにも生き残ることができるのだ．加えるに，この名は，個々のコンテンツの作成者の手中にパワーを与えるというわれらの目的を示唆しているものでもある．“PowerPoint” の Power は，“Powerful” ではなく，“Empowerment” のそれだと思う．

“PowerPoint” は非常にいい名前であるが，もしも “Presenter” という語を使ってもよかったとしたら，他の語を考えようとはしなかっただろう．

パワーポイント批判

パワーポイントは広く普及しているが，批判的意見も少なくない．それらのうちには，なるほどと共感を覚えるものも少なくない．そのいくつかを以下に紹介しよう．

エドワード・タフティ (Edward Tufte) は情報デザイン，データの可視化の分野の著作で知られた研究者であり，プレゼンテーションの代名詞ともいうべきマイクロソフトのパワーポイントを徹底的に批判した著作[4]により知られている．

この道具（パワーポイントなど）を使えば，中味が空虚でもグラフや図表も不必要なほどカラフルにデザインでき，いかにもそれらしい発表ができてしまう. 聴衆に内容を的確に伝え, じっくり考えさせる機会を奪い, 知識の正確な表現・伝達を妨げているのではないか？

データやアイディアを図表にして表す，その表し方にこそ，創意工夫が凝らされなければならない. テンプレート通りの型にはまったスライド上映ではなく，コンパクトかつ明快で思考を促すような，正確で独創的な視覚化を試みるべきだ. それなのに"パワーポイント"が提供するお仕着せのスタイルを用いた陳腐なスライドが氾濫している.

下手にパワーポイントを使うくらいなら，A3 サイズの紙を 2 つ折りにした計 4 頁の紙の資料を使う方が情報の量と質の観点からもよほど効果的なプレゼンテーションが期待できるはず…

というのが彼の主張である.

タフティは，以下に述べるコロンビア号の事故検討作業において，NASA の技術者が使用したスライドを例に挙げ，パワーポイントの問題点を指摘している.

宇宙船スペースシャトル「コロンビア号」事故とパワーポイント

2003 年 2 月 1 日，「コロンビア号」が 2 週間のミッションを終えて大気圏に再突入する際，テキサス州とルイジアナ州の上空で空中分解し，7 名の宇宙飛行士が犠牲になった. 打ち上げ時（1 月 16 日）の衝撃で外部タンク表面から断熱材の破片が剥離しその破片が左の主翼にぶつかり，シャトルの熱防護システムを壊したことによる. コロンビア号がまだ軌道上にいる間に数人のエンジニアがその損傷に気づいたが，NASA のマネージャー達は"損傷は致命的なものではなく, また修復する手段がない"と判断し，対策を講じなかった. しかし「コロンビア号事故調査委員会」は，もし NASA が即時に決断し直ちに行動していれば，"船外活動によって破損した左主翼の熱保護システムを修復する"など実行可能な救出策があったと結論した. 無為のうちに悲惨な事故に至った原因は何か？

地上における NASA の担当者の協議の場では，ボーイングの技術者が作成した資料に基づいて，"崩落した破片の衝撃の影響"が検討された.

その資料には28枚のパワーポイントスライドが含まれていた．そのひとつが図6に示すもので，誤った結論へと導いたとされる問題のスライドである．

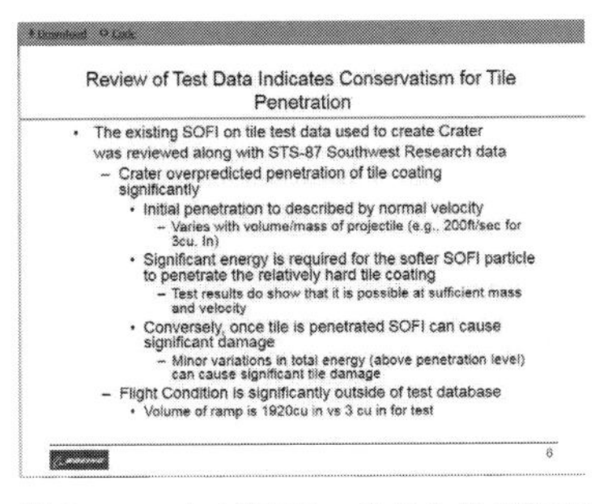

図6　コロンビア号　リスク検討に用いられたスライド．

このスライドの最初の行には大きな文字でReview of Test Data Indicates Conservatism for TilePenetration（試験データによれば，タイル欠損進行は致命傷にはいたらない）と楽観的な見通しが記されている．さらに以下の問題点がある．

・主翼の損傷によるリスクについて，事故の可能性が著しく過小提示された．
・情報の優先順位が誤って伝えられ，不可欠な説明と裏づけ情報が排除されていた．
・タイトルの選択，情報の並べ方，箇条書きでの黒丸のサイズ，などが，運行実施担当者の主観を強調し，危険信号となるはずの不明点や想定を客観的に伝えることができなかった．
・重大な情報はスライドの下の方に埋もれていた．
・スペースは限られているので，簡潔なフレーズにまとめられ，重大な注意事項が小さな活字で書かれていた．

NASAの高官たちは，こうしたスライドを見せられて，「不確かなことはなく，深刻な問題はない．」と信じ，コロンビア号は安全で，更なる点検は不要であると結論した．NASAの技術者の中には，軍の協力を得て高性能カメラで損傷をより精密に撮影し，検討を行うことを主張した人もいたのだが，高官たちはそれを不要と拒絶し悲劇を招いたのである．

アマゾン成功の秘密—パワーポイントは使わない

急成長を遂げた企業，アマゾンの幹部会議ではパワーポイントは使わないという．創業者Jeff Bezos（図7）が幹部社員に送った以下のメール（2004年6

月 9 日）が発端であった．

From: Bezos, Jeff [mailto: ■■■■■■■]

Sent: Wednesday, June 09,2004 6:02 PM

To: ■■■■■■■

Subject: Re: No powerpoint presentations from now on at steam

（今後パワーポイントを禁止する）

少し補足して，理由を説明する．よく練り上げた語り口調の原稿を用意してほしい．箇条書きの文章を並べるだけなら，パワーポイントと同じように役立たずだ．4 ページのよいメモを書くのは，20 ページのパワーポイントを作るより難しい．なぜならば，語り口調のメモを作るには，ものごとの相対的重要性，ものごとの相互関係をより深く考察し理解する必要があるからだ．

パワーポイントスタイルの発表は，何かしら上辺を飾ってもっともらしくみせ，ものごとの相対的な重要性を見えにくくし，アイディアの相互関連をなおざりにする恐れがある．

Jeff

さて，アマゾンの幹部会議は次のように行われる．まず，発表者が作成した 4〜6 ページのメモが配布される，パワーポイントではなく，序論，本文，結論からなる文書で，語り口調の文章で記されたものである．

・会議の最初の 20 分は，参加者全員が静かにこの文書を読むことに当てられる．

・続いてメモの内容について討論が行われる．発表者は質問攻めに遭うが，メモに記された論点に関する討論であるので，きわめて生産的に進行する．

・最後に勧告内容が議論され，決定される．

図 7　アマゾンの創設者．ジェフリー・プレストン・ベゾス（Jeffery Preston Bezos）（ヘレナ・ハント編，片桐恵理子訳『ジェフ・ベゾスの生声』文響社より）．

よいメモとは，アイディアを完全な文章，パラグラフに書き上げたもので，そのようなメモを作成するには，透徹した明晰性が要求される．そのメモは，会議の冒頭に配布される（会議前に配布しておくのではないことに注意）．会議の開始とともにみんなが読む時間をもうけることによって，著者はみずからの労作がたしかに読まれていることを確認できる．もしパワーポイントによるプレゼンをしたら役員の誰かが途中で質問し，会議の進行は中断する．しかし，配布した 6 ページのメモの全部に目を通せば，2 ページを読んでいるときに生じた疑問は 4 ページで答えられているといった具合で，効率的に進められる．

ジェフ・ベソスの言葉をもうひとつ引用しておこう．

> 《Think Complex，Speak Simple》（じっくり考え，分かりやすく話せ）この言葉が私は好きだ．分かりやすく平易な言葉で話すことができるまでに準備することはたやすいことではない．発表の最中に“自分が本当にいいたいことは何であるか”を考えながら話している人がよくいる．なんと聴衆に対して失礼な！ といわざるを得ない．「パワーポイントはプレゼンする側を楽にさせ，聴く側を混乱させる．」

プレゼンテーションの達人　スティーブ・ジョブズ

アップル社の製品が世界中に熱狂的なファンを産み，爆発的な広がりを見せたのは，その圧倒的な商品力，マーケティング戦略，流通戦略 etc. ･･･など，様々な要素があるが，同社の創設者であるスティーブ･ジョブズ（図 8）が行ってきた“プレゼンテーション”はその要素のひとつである．彼のプレゼン術を分析し，解説をしているサイトもある．そこで述べられていることを以下に要約・紹介する．

スティーブ・ジョブズのプレゼン術

・伝えようという「情熱」

ジョブズは「アップル製品の魅力を伝えたくてたまらない」という想いに突き動かされていた．プレゼンの成否を決めるのは，最終的にはテクニックではなく，パッションだ．

・単純明快に

ジョブズはその製品づくりと同様，プレゼンにおいても「シンプルであること」に情熱を注いだ．ジョブズのスライドは「1 ビジュアル」「1 メッセージ」が基本．よく目にする，小さい文字がぎっしりと詰まったスライドとは対照的だ．

・万全の準備と練習

何をどう言うのか，聴衆に何を見せるのか．ジョブズはスライドの 1 枚 1 枚，言葉選び，間の取り方，小道具の使い方，服装，演出など細部まで徹底的にこだわり抜く．たった 5 分間のプレゼンの準備に数百時間を費やしたという．

・独特な SSN 方式話法 Speech → Slide → No slide

何について話すかを述べて (Speech) →
要点を記したスライドを上映し (Slide) →
スライドを消して再びスピーチをする (No slide)

の流れで講演が行われる．

図 8　アップル社の創設者 “スティーブ” ・ジョブズ (Steven Paul “Steve” Jobs，1955〜2011)（パム・ポラック & メグ・ベルヴィン著，伊藤菜摘子訳『スティーブ・ジョブス』ポプラ社より）

このサイトの最後には，YouTube の再生回数を元に「ジョブズのプレゼン人気ベスト 10」が載せられている．ぜひ，プレゼンテーションの帝王といわれる彼のスピーチを視聴してほしい．

◆ジョブズプレゼン動画再生回数ランキング (2014.11.24 時点)

第 1 位　初代 iPod 発表のプレゼン (2001 年)
第 2 位　マックを発表する若き日のスティーブ・ジョブズ (1984 年)
第 3 位　ワールドワイド・ディベロッパーズ・カンファレンス (2007 年)
第 4 位　iPad 発表のプレゼン (2010 年)
第 5 位　初代 iMac 発表のプレゼン (1998 年)
第 6 位　iPhone4 発表のプレゼン (2010 年)
第 7 位　iPod Nano 発表のプレゼン (2005 年)
第 8 位　iPhone 3G 発表のプレゼン (2008 年)

第 9 位　iPhone 発表のプレゼン (2007 年)
第 10 位　MacBook Air 発表のプレゼン (2008 年)

社内会議ではパワーポイントは禁止

アップルの社内では，製品発表のような大きな機会を除いて，ほとんどのプレゼンではスクリーンを使わない．10 人ぐらいのミーティングでのプレゼンなら，スクリーンを使うよりも，ホワイトボードを使ってフリーディスカッションをする．ジョブズはミーティングでパワーポイントを使ったプレゼンなどが大嫌いだったそうだ．彼によると，素晴らしいスライドを作ると，中身がなくてもあるように思えてしまうのだとか．そのため，ミーティング時はスライドを使わず，面と向かって議論したり話したりするように社員に指示をしていたそうだ．そして

> People who know what they're talking about, don't need PowerPoint.
> 「自分が何をしているかが分かっている人はパワーポイントを必要としない」

というコメントを残している．

なお，ジョブズに関しては多くの書籍が刊行されている．図 8 の写真はその中の 1 冊である．

おわりに

大学に勤めている友人の話では，実験をサボっているのに卒論発表を立派にやってのける学生がいる．「君の取った実験データはどれか？」と質問すると，大量のグラフのたった 1 本の曲線だけということもある．前年度の学生の ppt ファイルを貰って，ちょっと手直ししただけ…．また，パソコンが軽くなり，もち歩きが容易になったため，発表直前までスライドの作成・修正を行うことができるようになった．そのメリットの反面，完成度の高いスライドで発表練習を十分に行って本番に臨むという以前の気風がなくなったという．

自分の考え・データ・情報を人に伝えたいという情熱こそが魅力ある発表の必須条件であることは万古不易で，視聴機器，パソコンの機能の進歩とは

無関係である，20 年以上前に書いた関連の文章[7)~9)]を改めて眺めてみたが，今でも通用するように思う．インターネットで簡単に参照できるので，ご覧いただければ幸いである．

付録：文字“鐵”のアニメーションスライド作成手順

“鐵”のアニメーション・スライドを作成した手順を，順を追って説明する．画面に呼び出したテキストボックスに“てつ”と入力して変換すると“鉄”になる．旧字体の漢字を出すには，手書きパッドで入力する．“鐵”という文字が入力できたら，フォントを最大の 96 とする (図 9 の A)．ポインタをこの文字の囲み枠上に移動した状態で右クリックすると画面に表示されるメニュー (コンテクストメニューという) の中に，“図として保存”という項目が現れるので，これを選んでクリックし，適当な場所 (デスクトップなど) に保存し，改めてこれをコピーして画面に貼り付ける (図 9 の B)．A と B は見たところは全く同じであるが，A は「文字」，B は「図形」である．B をコピーして，3 つの図形“鐵”からトリミングしてきりだしたパーツを C に示した．パワーポイントのトリミング操作は，長方形の形状に限られるので，必要な部分のみきれいにきりだすことができない．とくに第 3 パーツは“哉”としたいのだが，余分なものが残っている．これを除く一連の操作手順を中段に示した．d_1 はトリミングしたままの形を再掲したものである．不要部分を取り除くには，描画ツールのうちの“図形”から“フリーフォーム”を選び，不要部分を囲む閉曲線を描く．d_2 はこの閉曲線内を灰色で透過性を残して示したものである．この部分を白色にすると d_3 に示すように，不要部分を除いた形に見える．ここでこの d_3 を改めて図形として保存し，それをコピーしてペーストしたのが d_4 である．(d_3 と d_4 は，見た目は同じであるが，d_3 は 2 つの図を重ね合わせたもの，d_4 は単一の図で，このあとの操作を行う際にその差が認識される．C に示し

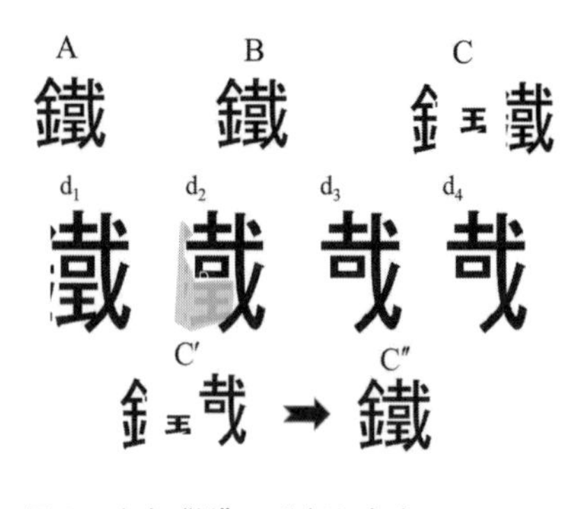

図 9　文字“鐵”の分解と合成．

た第3のパーツを d_4 と入れ替えたものが最下段に示したC′でこれを合成するとC″すなわち“鐵”という文字が合成復元される.

このように合成した文字“鐵”を灰色でプリントしたもうひとつの文字“鐵”に重ねておき，さらにこの文字の下に2個のテキストボックスをおき，それぞれに

金の王なる哉（かな）

金属の王様である

という文章を記す．このスライドについてのアニメーションの設定を示したのが図3である.

・このスライドを上映すると，図1のaの状態になり，
・最初のクリックで，文字“鐵”が3つの部分に別れ，後に灰色の“鐵”が残り（bの状態），
・次のクリックでテキストボックス“金の王なる哉（かな）”が（cの状態），
・次のクリックでテキストボックス“金属の王様である”（dの状態）

が表示される.

参考文献

1) 高原太郎：「PowerPoint 疑問氷解 1 XP』, 秀潤社（㈱Gakken）, 2003年.
2) C&R研究所：『PowerPoint 実践技＆上級技大全』, ナツメ社, 2004年.
3) Robert Gaskins: Sweating Bullets: Notes about Inventing PowerPoint, San Francisco and London: Vinland Books, 2012.
4) Edward R. Tufte: The Cognitive Style of Power Point, http://users.ha.uth.gr/tgd/pt0501/09/Tufte.pdf
5) ウォルター・アイザックソン著，井口耕二訳：『スティーブ・ジョブズ 1,2』，講談社, 2011年.
6) カーマイン・ガロ著，井口耕二訳：『スティーブ・ジョブズ 驚異のプレゼン—人々を惹きつける18の法則』, 日経BP, 2010年.
7) 小岩昌宏：“日本語で講演する人のために”，日本金属学会会報，**22** (1983), 756.
8) 小岩昌宏：“発表の技法 書籍紹介”, 日本金属学会会報, **23** (1984), 108.
9) 小岩昌宏：“印象に残る講演”, まてりあ, **38** (1999), 33.

10
「材料の破壊」のグリフィス理論再訪

2018年4月に上梓した本「原発はどのように壊れるか」の原稿を書くにあたって，“材料の破壊”を改めて勉強し直した．破壊研究のパイオニアであるグリフィスの伝記[1)2)]や原論文[3)]にも目を通した．

材料の破壊現象は，“金属材料”よりは“機械材料”と銘打った書籍で詳しく扱われており，大学教育でも“金属系”よりは“機械系”の学科の講義のほうが詳しい傾向があるようだ．“金属系”の読者が多いと思われる本誌に，グリフィスの業績，破壊現象の考え方を改めて紹介するのもあながち無意味ではあるまい．

グリフィスの生涯と研究歴

グリフィス(Alan Arnold Griffith)は1893年6月13日，ロンドンで生まれた．父親(George Griffith)は，探検家，新聞記者，作家として多彩な人生を送った．永年，南アフリカに駐在して新聞社の特派員を務めたが，グリフィスが7歳の時に亡くなったので，残された家族の生活は苦しくなり，初等教育も満足に受けることができなかった．しかし，奨学金を得てリバプール大学機械工学科に学び，1914年に王立航空研究所に入所し，製図工，技術補佐員を経て1920年には物理計測部の上級科学官に昇進した．

1917年，「ねじり問題を解くための石鹸膜の利用」[4)]と題する論文を発表した．この論文は，複雑な形状をした断面の応力状態を評価する新しい方法を提案したもので，

対象とする物体の外縁形状(edge)を表現するように針金を張り巡らし，

それに石鹸の泡を載せると，膜表面には“応力のパターンを表現する色模様”が現れる．

ことを利用したものである．コンピューターの能力が高まるにつれ，同様なことを数値計算により行えるようになったが，石鹸膜利用による解析は1990年代まで便利な手法として用いられてきた．

1921年に発表した「固体の破断と流動現象」と題する論文[3]は，彼の名前を不滅にした歴史的論文であり，別項に詳しく述べることにしよう．

1926年には「タービン・デザインの空気力学理論」[5]を発表した．これは，当時用いられていたタービンの欠陥を指摘し，新たなデザインを提唱したものである．

1939年にはロールス・ロイス社の研究部門に移り，1960年に退職するまで務めた．彼の伝記（文献1））には17編の公表論文，数十編の未公表論文のリストが載せられているが，前述の2つの論文（文献3)4)）以外は英国航空研究機構（The Aeronautical Research Council）の紀要，技報に掲載されたものである．このことからも明らかなように，グリフィスの活躍の主舞台は航空機技術の分野であり，“航空機用エンジン研究のパイオニア，ジェットエンジンの理論的基礎を与えた人”として歴史に名をとどめている．1941年にはそれらの功績により英国王立協会会員（FRS：Fellow of Royal Society）に選ばれている[注1]．

英国の材料学界は，彼の業績を記念してグリフィス賞［メダル（写真1）と賞金300ポンド］を1965年に制定し，材料科学の進歩に貢献した研究者に毎年贈っている．初代受賞者はコットレル（A. Cottrell，1965）で，歴代の受賞者リストには，モット（N. Mott，1973），ハーシュ（P. Hirsch，1979），ロバート・カーン（R. W. Cahn，1983）など，著名な研究者が名を連ねている．

注1）会員選出の際の業績紹介の文書には，以下のように記されている（ロイヤル・ソサイアティに照会した結果）．

グリフィス博士は，航空機と航空機エンジンの科学の発展に，理論的解析を行う科学者，実践的開発を推進する技術者として多大な寄与をした．彼の研究は，複雑な応力問題を解くための新規な方法，疲労問題から，スーパーチャージャー，ガスタービンの開発など広範な分野に及んでいる．しかし，彼の研究は，事実上すべて航空省の管轄の下に行われたので，機密保持の必要上，広く知らされなかった．（として公表論文は文献3，4のみをあげている—現著者小岩の追記）

グリフィスの破壊理論

写真1 グリフィス賞の銀メダル（スポンサー：ロールス・ロイス社）.

1921年に発表されたグリフィスの論文“固体の破断と流動現象”[3]は，次のような文章で始まっている.

固体材料の強度に対する表面のひっかき傷の影響を調べる過程で，材料の破壊に関する工学，および分子間結合（凝集）の本質の理解に資する，ある一般的な結論を得た．王立航空研究所で行ったこの研究の本来の目的は，繰り返し荷重を受ける金属部品の強度に対する表面処理―やすり掛けや研磨など―の影響の解明であった．鋼や他のよく使われる金属の場合，疲労試験の結果によると，多数回の繰り返し変形ののちには，許容応力は，明らかに弾性限とされる範囲（sensibly elastic）より小さくなる．――

この論文は，“材料科学の分野で非常によく読まれている論文の一つ”とのこと[6]である．全36ページの大作であるが，実験データは数表で示されており，グラフや図面は1枚もなく，読みにくく理解しにくいものである．以下では，他の研究者の論文・解説など[7)~12)]を参照しつつ，原論文の趣旨を述べることにする.

理論へき開強度[10]

図1(a)はへき開面が，面間距離aで分布している結晶を，図1(b)はへき開面に垂直な方向に応力σ_{th}を加えて引き離した結果を示している．このσ_{th}を理論へき開応力と呼ぶことにする．図1(b)から，理論へき開強度は，へき開面の単位面積当たりに作用しているすべての結合を引き離すのに必要な力であることがわかる．簡単な考え方でσ_{th}の値を評価してみよう．へき開面が引き離されるとき，原子間の結合が伸びるため，エネルギーが貯えられる．この貯えられたエネルギーは，破断後には2枚のへき開表面のエネルギーになる．もろい結晶は破断されるまで塑性変形は起こさず，弾性的にのみ変形する．言い換えると，応力-ひずみ曲線は図1(c)に示すように直線になる．結晶が応力σ_{th}まで弾性的に変形するとき，なされる仕事（＝貯えられるエネ

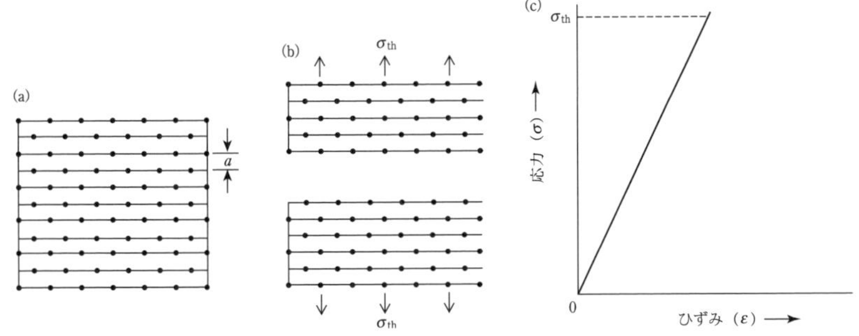

図 1　結晶のへき開破壊. (a) へき開面 (実線), 黒丸は原子の位置, (b) 垂直応力 σ_{th} でへき開破壊した結晶, (c) 破断するまでの応力-ひずみ曲線.

ルギー) は, $\sigma_{th} \cdot \varepsilon/2 = \sigma_{th}^2/2E$ (単位体積当たり) で与えられる. E はヤング率である. したがって, 面間距離が a の隣接する原子面に囲まれる部分に蓄えられるエネルギー W は, 断面積が 1 (単位) である結晶の場合, 以下のようになる.

$$W = \sigma_{th}^2 a/2E$$

破断によって単位断面積の表面が 2 枚作られる. 単位面積あたりの表面エネルギーを γ とすると, 2γ のエネルギーが増えたことになる. なされた仕事と増えたエネルギーを等しいと置くと

$$\sigma_{th}^2 a/2E = 2\gamma$$

すなわち

$$\sigma_{th} = 2\sqrt{\gamma E/a}$$

となる. 以上の計算では, フックの法則 (応力とひずみの比例関係) が破断に至るまで成立していると仮定しているので, 上式の σ_{th} は過大評価になっている. より正確な評価を行うと上述の値の半分程度になる. したがって, 理論へき開強度は次式で与えられる.

$$\sigma_{th} = \sqrt{\gamma E/a} \qquad (1)$$

上の計算は結晶についておこなったが, 結果の表式はガラスなどの結晶でない物質についても適用できる. その場合, a は平均の原子間距離とすればよい.

クラックと応力集中

クラックがあると強度が下がるのはなぜか? クラックのない材料に引張力

を加えたとき，応力は材料全体にわたって均一であるけれども，クラックがあるとその近くでは応力が高くなる．この応力集中効果を眼で見えるようにするため，力線の分布を描いてみよう (図 2)．単軸引張状態にある物体中の応力は，$\sigma = F/A$ で表される．ここで，σ は面積 1 mm^2 あたりの力 (ニュートン)，A は断面積である．荷重 F は面積 1 mm^2 あたり 1 本ずつ存在する大きさ F/A の力線に分けもたれていると考えると便利である．

物体中に孔やクラックのような不連続部分が存在すると，力線はこの部分を迂回しなければならないので，力線の密度 (応力) は大きくなるが，そこから離れると次第に均等に分布するようになり，十分遠いところでは不連続部分の効果は事実上無視できる．

物体中に孔やクラックがある場合の応力は，イングリスが計算している[13]．楕円形状のクラック (長さ $2c$，先端の曲率半径 ρ) の先端の最大応力は次式で与えられる (図 3)．

$$\sigma_{\max} = \sigma_\infty \left(1 + 2\sqrt{\frac{c}{\rho}}\right) \tag{2}$$

なお，試料表面に顔を出している長さ c のクラックの応力場も同じ式で与えられる．孔が円形である場合 ($c = \rho$) には，$\sigma_{\max} = 3\sigma_\infty$，すなわち，遠方 (クラックから遠く離れた場所) の応力の 3 倍の応力が働いていることがわかる．鋭

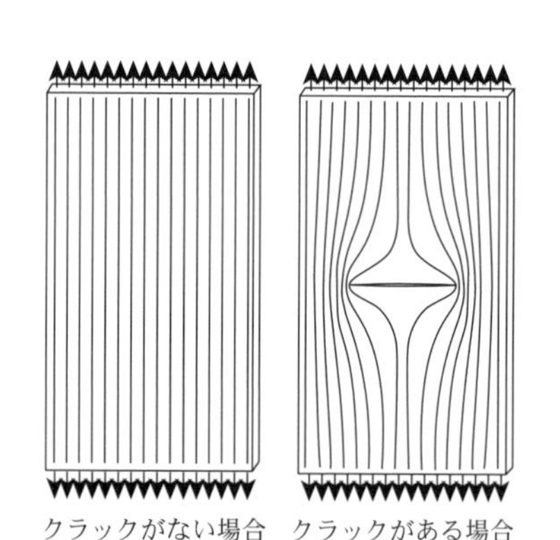

図 2　力線で表した応力集中効果．

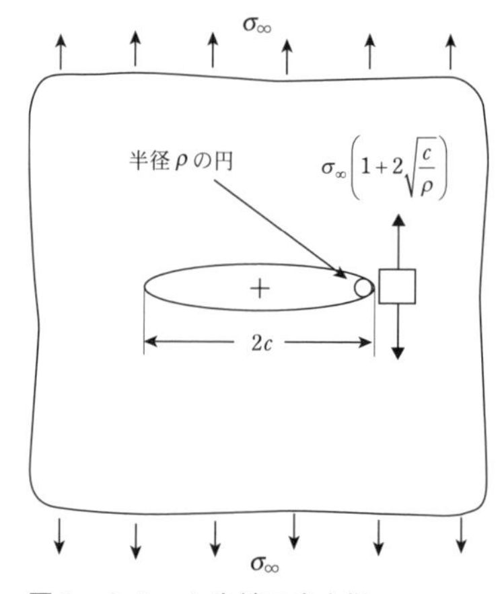

図 3　クラック先端の応力場．

いクラックの一例として，$c = 1\ \mu\text{m} = 10^{-6}\ \text{m}$，曲率半径が原子寸法程度（$\rho = 2 \times 10^{-6}\ \text{m}$）の場合，

$$\sigma_{\max} \approx 140\sigma_{\infty}$$

になる.

クラック成長の条件は？

上記の結果は「鋭いクラック—先端の曲率半径が小さい—があれば，わずかな力を加えただけで，先端部の応力は破断応力を超える」ことを示している．破断応力を超えたら，直ちに破断が起こるのだろうか？そうではない！以下では，ゴードンの著書“構造の世界”[8] の記述に沿って，グリフィスの思考をたどってみよう.

エネルギーという観点からみると，「応力集中は，ひずみエネルギーを破壊エネルギーに変換するための単なるメカニズム（ちょうど洋服のジッパーと同じと考えればよい）」に過ぎない．応力集中の影響はたしかに大きいが，原子の結合を断ち切ってクラックを成長させるには，ひずみエネルギーを連続的に供給しなければならない．ひずみエネルギーの供給が止まれば，破壊の進行もストップする.

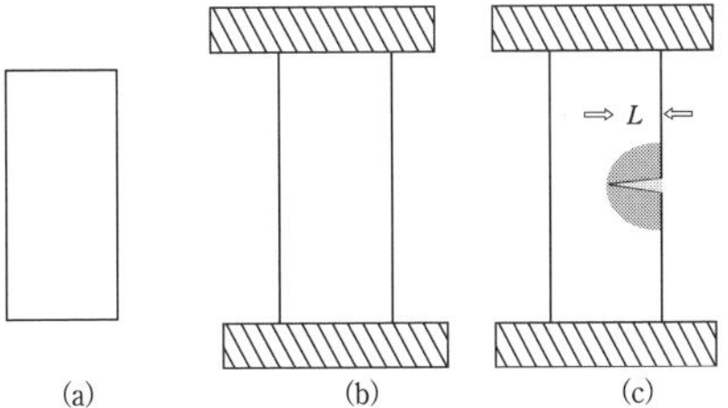

図 4　(a) ひずみを生じていない材料．(b) ひずみを生じさせたまま固定した材料．このシステムでは外部からのエネルギーの出入りはない．(c) 固定された材料にクラックが発生する．網がけの部分のひずみエネルギーは緩和される.

図 4 に示すように，板状の完全弾性体（板厚は単位長さとする）に長さ方向にひっぱり力を加え，クラックが発生する際のエネルギーの変化を考える．物体を変形するときのエネルギーとしては

- 外力のなす仕事
- 物体の弾性ひずみエネルギー
- クラック発生による表面エネルギー

の 3 つを考える必要がある．話を簡単にするため，応力 σ で引き伸ばしたまま両端を固定した状態から出発することにしよう（図 4 (b)）．そうすると，外力のなす仕事を考える必要はなく，一定の弾性ひずみエネルギー（U_0 とする）

を閉じ込めた系であることになる.

ここで，長さ L のクラックが発生した (図 4 (c)) とする．それに要するエネルギーは，表面エネルギーを γ (単位面積当たり) とすると $2\gamma L$ である.

この表面形成に要するエネルギーは，どこから供給されるか？閉じた系であるから，弾性ひずみエネルギー以外にはない．クラック形成あるいは成長によって，それに面した部分のひずみが緩和されることにより供給される．直観的には，半径 L の半円内 (図 4 (c) の網掛け部分) が緩和領域とみてよいであろう．そうすると，解放されるエネルギー量は次のように書ける[注2)].

$$\frac{\pi L^2}{2}\cdot\left(\frac{\sigma^2}{2E}\right)=\frac{\pi L^2\sigma^2}{4E}$$

ひずみエネルギーの緩和量の厳密な計算はイングリスにより行われ，この 2 倍，すなわち $\pi L^2 s^2/2E$ が得られている[13]．したがって，長さ L のクラックが入ったときのひずみエネルギーは,

$$U=U_0-\frac{\pi L^2\sigma^2}{2E}$$

である．したがって，系のエネルギー $\Pi(L)$ は以下のように書ける.

$$\Pi(L)=U_0-\frac{\pi L^2\sigma^2}{2E}+2\gamma L \qquad (3)$$

$\Pi(L)$ およびそれぞれの項の L 依存性を図 5 に示した．曲線 OC 上の X 点まではシステム全体のエネルギーは増加するが，X 点を超えるとエネルギーが低下し始める．当初，クラックが存在しない系の場合，図の ZX に相当する量のエネルギーを供給しない限り，クラックは発生しない．すなわち，ある一定のクラック長さ L_g より短いクラックはそれ以上広がらない安定なクラックであるが，これより長いクラックは勝手に広がっていこうとする危険なものである．この L_g はグリフィスの臨界クラックと呼ばれる．臨界のクラック長さ L_g，は次式で与えられる.

$$L_g=\frac{2\gamma E}{\pi\sigma^2} \qquad (4)$$

ここで σ は，クラックから充分離れた場所での応力である.

注 2）左辺のカッコ内は，単位体積当たりの弾性ひずみエネルギーである.

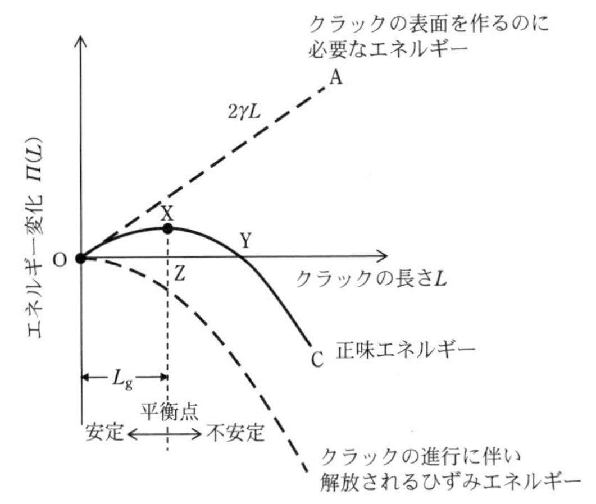

図 5　クラック長さに対するエネルギーの変化.

なお，クラック長さ L が与えられたとき，それに対応する臨界の応力は σ_f は次式で与えられる.

$$\sigma_f = \sqrt{\frac{2\gamma E}{\pi L}} \tag{5}$$

グリフィス理論のもっとも重要な点は「たとえクラック先端の局部応力が非常に大きく (材料の公称応力を上回るほど) ても，構造物の中に臨界のクラック長さ L_g を上回るような長いクラックや大きな開口部が存在しない限りは破壊することなく，安全だ」という点にある．この原理のおかげで，必要以上の警戒をしなくて済む．逆にいえば，構造物を設計する際には，「どの程度の大きさのクラックであれば検出できるか」という保守点検の能力・精度を考慮しなければならない.

破壊理論の実験的証明

導いた式を試すには，破断に至るまでの応力範囲でフックの法則が成り立ち，等方性 (結晶ではない) の物質で，常温における表面エネルギーが評価しやすいものを選ぶ必要がある．このことから，金属よりはガラスのほうが望ましい．グリフィスは，硬質のガラスについて，棒状で両端につかみ用の球部をつけた試料を用いて強度特性などを調べ，次の値を得た.

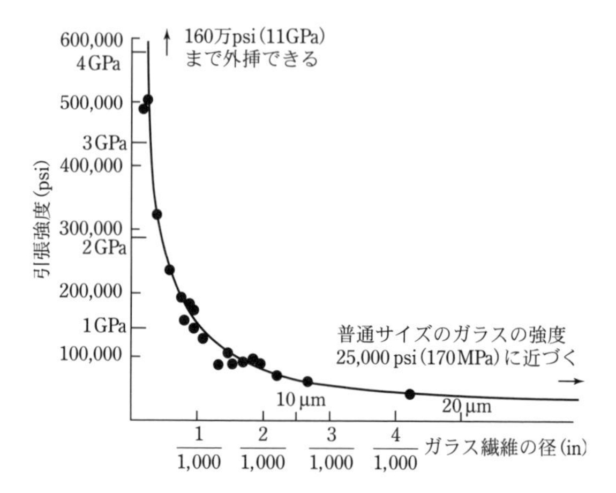

図 6　ガラスの引張強度と繊維の直径の関係（グリフィスの実験）．原論文には実験結果は表として示されている．このグラフは，文献 9（田中啓介著 材料強度学）掲載のものである．原著では単位系としてポンド，インチが用いられており，psi はポンド/平方インチである．引張強度に対する GPa, ガラス繊維径に対する mm の目盛りは，田中による．

ヤング率　E　9.01×10^6 psi = 62.12 GPa

引張強さ　24.9×10^3psi = 171.68 MPa

表面張力[注3)]　γ　0.0031 psi = 0.544 J/m^2

これら，ヤング率，表面張力の値を (1) 式に代入すると，理論的へき開強度として～20 GPa (200 トン /cm^2) を得る．これは実測の引張強さ 171.68 MPa の 100 倍以上大きな値である．

グリフィスは，円筒や球状のガラスにひっかき傷を入れて，その後ひずみとり焼鈍をしてから破壊試験を行い，傷の深さ（クラック長さ）と強度が上述

注 3)　＜表面張力の測定＞

ガラス棒の端を炎の中で熱すると，ガラスは軟化して丸い玉になろうとする．こういう状態でガラス棒をゆっくり引き伸ばすのに要する力は，表面張力（＝表面エネルギー）に等しく，容易に測定できる．ガラスははっきりした融点がなく，構造は液体から固体へと連続的に変化する．したがって表面エネルギーの値も液体から固体へと連続的に変化するとしていいであろう．グリフィスは 1100℃から 745℃の範囲で表面張力を求め，ほぼ直線的な温度依存性を示すことから室温 (15℃) における値として 0.0031 psi を得たとしている．これは pi (lb/in) の誤りと思われる．SI 単位への換算は，この誤りを修正して行ったものである．

の関係(5)を満たすことを示した．さらに，ガラス棒の中央を加熱して引き延ばし，次々により細い繊維をつくり，それらを冷ました後，切れるまで引っ張ってみた．すると，繊維が細くなるに連れて，はじめは強度の増し方がゆるやかだったのが，非常に細くなると強度は急激に増加した．ガラス繊維の径に対する強度のグラフ(図6)はあまりに急激に増加していたので，強度の最大値(上限)を確認するのは難しかった．……，逆数をプロットするという単純な数学的工夫によって，サイズ対強度のグラフを外挿し，径を細めた極限での強度としてかなり信頼できる推定値を得ることができた．その値は11 GPa(110トン/cm^2)だった．

グリフィス理論の金属への適用

グリフィスは物質の実測強度が理論強度よりはるかに小さい事実を，微小クラックの存在によると説明した．クラック近傍には応力集中があり，それが引き金となって破断が起こるというのである．以降の破断理論は，いずれも微小クラック，転位など―前もって試料中に存在している，あるいは変形中に形成される―の存在を考慮したものであり，グリフィスの先駆的業績は高く評価される[注4]．彼の理論は無定形物質(破断に至る高応力までフックの弾性則が成立するような)を対象としたものであり，のちに結晶性物質にも適用できるよう拡張された．

第二次世界大戦中に，米国で全溶接船の大規模なぜい性破壊事故が起こった．当時，海軍研究所にいたアーウィン[14]は，この事故の原因解明に当たった．彼はグリフィス理論に注目し，表面エネルギーに対応する項に塑性変形により消費されるエネルギーを加えれば鉄鋼のぜい性破壊強度が求められると提案した．同年，オロワン[15]も同様な提案をした．

すなわち，上述の(4)，(5)式においては，表面エネルギーγの代わりに，塑性変形に消費されるエネルギーγ_pを加えた“実効表面エネルギー”γ'を用いる．

注4) グリフィスの論文が発表されてから10年以上のちの1934年，固体の塑性変形と加工硬化に関する論文が，3人の著者(オロワン，ポラニ，テーラー)によりそれぞれ独立に発表された．これらは，転位(dislocation)の概念を初めて定量的に論じた論文として，よく引用されている．

$$L_g = \frac{2\gamma' E}{\pi \sigma^2} \tag{4'}$$

$$\sigma_f = \sqrt{\frac{2\gamma' E}{\pi L}} \tag{5'}$$

$$\gamma' = \gamma + \gamma_p \tag{6}$$

実際の破壊では，巨視的な塑性変形が見られないようなへき開破壊を起こした場合でも，破面上では大きな塑性ひずみが起きていることが多く，γ_p の値は γ よりもはるかに大きいことが多い．低温でへき開破壊した鋼の場合，$\gamma_p/\gamma \approx 10^3$ のオーダーである．つまり，補正項 γ_p の方がずっと大きく，破壊現象はクラック先端の塑性ひずみの大小に大きく依存している．

金属疲労と破壊

上述のように，“構造物の中に臨界のクラック長さ L_g を上回るような長いクラックや大きな開口部が存在しない限りは破壊することなく，安全”であるが，その構造物の使用開始後にクラックが新たに生まれることはないだろうか？材料に応力が繰り返し作用すると，格子欠陥（転位，点欠陥）の生成，反応などにより金属の微細構造が変化する．このためクラックの表面形成に必要なエネルギーが低下し，臨界長さより短いクラックが，じりじりと成長することがあり得る．

冒頭でも述べたように，グリフィスの破壊に関する研究は，もともと繰り返し変形−疲労−の解明を目的として始まったものであった．材料について「疲労」という用語を最初に用いたのはフランスのジャン＝ヴィクトル・ポンスレ（Jean-Victor Poncelet）である．ポンスレは1825年頃から兵学校で，材料の疲労についての講義をしていたといわれる．1837年ドイツのウィルヘルム・アルバート（Wilhelm Albert）は，鉱山の鉄製チェーンの疲労に関する定量的な実験結果を報告した．この試験により，アルバートは，鉱山の鉄製チェーンについて静的な破断限界より小さな力でも繰り返し作用することで突然破断することを見出した．繰り返し応力を受ける機会が多い交通機関では，事故の多くが金属疲労を原因とするものである．

1985年8月12日，日航ジャンボジェット機が群馬県御巣鷹山に墜落し，

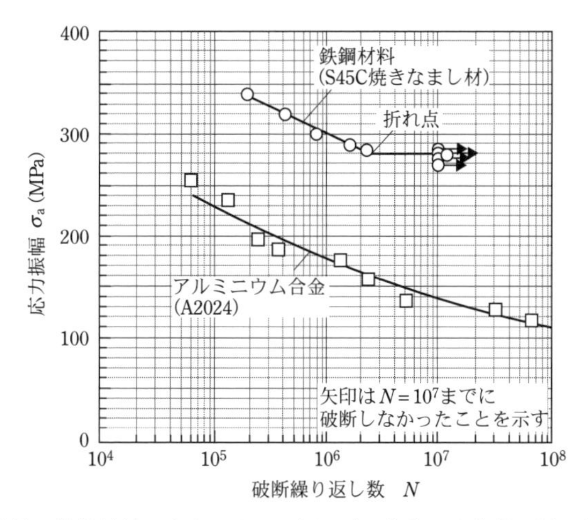

図 7　疲労曲線．鉄鋼材料の多くでは，それ以下の応力では疲労が起らないという疲労限度がある．アルミニウム合金やステンレス鋼では，はっきりした疲労限度がみられないので，実用上，10^7 回の繰り返し数での応力レベルを疲労限度とみなす．

520 名の死者を出すという大惨事になった．後の調査によれば，以前に同機がしりもち事故を起こした際の修理作業にミスがあり，後部隔壁リベット孔から疲労クラックが発生し破壊にいたったものらしい．

図 7 に鉄鋼材料とアルミニウム合金の疲労曲線を示した．繰り返しの応力を小さくしていくと，疲労寿命は長くなり，鉄鋼材料ではある限界の応力以下では疲労破壊は事実上起こらなくなる．この限界応力を疲労限度という．アルミニウム合金の曲線は図に示すように次第に低下していくだけで明確な疲労限界が見られない．このことから，アルミニウム合金の利用はより危険を伴うことになり，鋼材より好まれないとのことである．

航空機における金属疲労といえば，1954 年 1 月の世界最初のジェット旅客機「コメット」第 1 号機の墜落事故が想起される．コメット機は，高度による気圧の変化がもたらす不快感から乗客を守るため，機内を与圧する方式を採用した旅客機であった．与圧された飛行機は上昇・降下のたびに加圧と減圧を繰り返す“薄肉円筒圧力容器”であり，設計に際しては応力集中部の「疲労」に配慮すべきであった．しかし，事故発生に至るまで疲労クラックは一度も発見されることがなかった．今日の飛行機の機体は，約 50 cm の長さのクラックが生じても安全なように設計されているそうである．そんな長いクラックなら容易に見つけられる—だから安全であると誰しも思うであろう．しかし，ゴードンは以下の逸話を紹介して警鐘を鳴らしている[8]．

ロンドン空港の 2 人の女性清掃員の会話．夜遅く定期便旅客機の客室清掃を終え，ドアを閉めて下に降りた．

「メアリー，あんたトイレの電灯消し忘れたわよ」

「どうしてわかるの？」

「あの胴体の割れ目から光が漏れているのが見えない？」

ゴードンは，こうも言っている[8]．

……あらゆる人工の構造物にはクラックや，ひっかき傷や孔や，その他の欠陥部がつきものである．船や，橋や，飛行機の翼には，ちょっとしたことでへこみやすり傷が生ずる．イングリスは，これらの欠陥部に生ずる局部的応力が，材料の公称破壊応力をはるかに上回ることがあり得るといった．しかし，私たちは何とか，これらの欠陥とともに暮らしていけるということを学び取らねばならない．

どうして，このような高い応力が作用しても，たいていは大事故に至らずに済んでいるのかという理由は，A. A. グリフィスが 1921 年に発表した論文で提示された．…当時，グリフィスはまだ若かったので，ほとんどだれも注意を払わなかった．いずれにせよ，力や応力ではなく，エネルギーによって破壊問題を論じようとするグリフィスの試みは，斬新であっただけではなく，当時の，あるいはそれから何年もたった後においても，エンジニアたちの考え方には全くなじみのないものであった．今日でさえ，グリフィスの理論が何を意味するかを本当に理解していないエンジニアは少なからずいる．（下線は筆者による）…

1921 年に発表された論文を“再訪”したのは，このゴードンの指摘に共感を覚えたためである．

● FRS (Fellow of the Royal Society) について

上述のように，グリフィスは1940年にFRS (王立協会会員) に選ばれている．ここで，この協会と会員について補足しておく．

ロイヤル・ソサイアティ (Royal Society) は，1660年に国王チャールズ2世の勅許を得て設立された．正式名称は "The President, Council, and Fellows of the Royal Society of London for Improving Natural Knowledge" (自然知識を促進するためのロンドン王立協会) で英国における科学の運営および行政にも影響をもっている．

王立協会フェロー (Fellowship of the Royal Society) は，「数学・工学・医学を含む自然知識の向上への多大な貢献」をした個人に対して付与されるフェローシップ (会員資格) である．アイザック・ニュートン，チャールズ・ダーウィン，マイケル・ファラデーなど多くの有名な科学者がフェローに選ばれた．2015年の時点では合計8000人以上がフェローとなり，1900年以降で280人以上のノーベル賞受賞者のフェローがいる．2016年現在，約1600名の存命のフェロー (外国人会員・名誉フェローを含む) がいるとのことである．毎年，最大52名の新人フェロー が選出される．

フェローは終身の資格であり，姓名に "FRS" (ポスト・ノミナル・レターズ) を付記することが許される．比較的最近のロイヤル・ソサイエティの状況については，創立350年記念式典を報ずる記事[16] を参照されたい．

なお，ロイヤル・ソサイアティは，数学・工学・医学を含む理系の学問分野の研究者を対象とするが，人文系の学問分野の研究者を対象とする機関としてブリティッシュ・アカデミー (British Academy) がある．これは1902年の創立で会員数はおよそ900名である．

日本の学士院は文理の学問分野から会員が選ばれているので，ロイヤル・ソサイアティとブリティッシュ・アカデミーを合わせたものに相当するといえよう．

本稿の執筆に際して，グリフィスのFRS選出の際の推薦文書等に関し，C. J. ハンフリース博士 (Professor Sir Colin John Humphreys, CBE FRS, University of Cambridge) の協力を得たことを記し，謝意を表する．

参考文献

1) A. A. Rubbra: "Alan Arnold Griffith, 1893-1963", BIOGRAPHICAL MEMOIRS OF FELLOWS OF THE ROYAL SOCIETY, 117-136, 1964, November 10.
http://rsbm.royalsocietypublishing.org/

2) グレースのガイド：Alan Arnold Griffith
https://www.gracesguide.co.uk/Alan_Arnold_Griffith

3) A. A. Griffith: "The phenomena of rupture and flow in solids", Phil. Trans. A, **221** (1921), 117.

4) A. A. Griffith and G. I. Taylor: "Use of soap film in solving torsion problems" Proc. Inst. Mech. Engrs., **93** (1917), 755.

5) A. A. Griffith: "An aerodynamic theory of turbine design", Aero. Res. 1926 (July), T 2317; R. A. E. Report H1111.

6) R. W. Cahn: The Coming of Materials Science, Pergamon, 2001.

7) J. E. ゴードン著，土居恒成訳：『強さの秘密』, 丸善, 1999 年.
(原著 The New Science of Strong Materials or Why You Don't Fall Through the Floor)

8) J. E. ゴードン著，石川廣三訳：『構造の世界　なぜ物質は崩れ落ちないでいられるか』, 丸善, 1991 年. (原著 Structures Or Why Things Don't Fall Down)

9) 田中啓介：『材料強度学』, 丸善, 2008 年.

10) J. W. マーチン著，小岩昌宏ほか訳：『ものの強さの秘密―材料強度学入門』, 1976 年. (原著 Strong Materials)

11) 村上裕則，大南正瑛編：『破壊力学入門』, オーム社, 1979 年.

12) 横堀武夫：『材料強度学』第 2 版, 岩波書店, 1974 年.

13) C. E. Inglis: "Stresses in Plates Due to the Presence of Cracks and Sharp Corners", Transactions of the Institute of Naval Architects, **55** (1913), 219.

14) G. R. Irwin: Fracturing of Metals, American Society for Metals, Cleveland, 1948.

15) E. Orowan: Fatigue and Fracture of Metals, ed. by W. M. Murray, MIT Press, 1952, 139.

16) 創立 350 周年を迎えた英国学士院― natureasia.com
https://www.natureasia.com/static/ja-jp/ndigest/pdf/v7/n9/ndigest.2010.100932.pdf

11
小説の中の金属・小説の中の研究者

小説の中で金属を主題としたものにどんなものがあるだろうか？といろいろ聞きまわっていたら，いつしか編集子の耳に入って原稿依頼がきた．金属に関する話が少し出て来る小説は数多くあるだろうが，ストーリーの主軸になっているものは余り見当らない．いくつか心当りのもののあらすじやさわりの部分を紹介して責めを果すとともに，識者から教えを乞う機会としたい．

以上は月刊誌「金属」1988年11月号に寄稿した拙文[1]の冒頭部である．本書の初校をしているときに昔書いたこの文章を思い出し，編集部からPDFを送ってもらった．そこでは，高木彬光著　肌色の仮面をはじめいくつかの小説を紹介している．高木彬光は京都大学工学部冶金学科の卒業であることから，その学科の同窓会誌である水曜会誌に“探偵作家　高木彬光”と題する一文[2]を寄稿した．本章はこれらの一部を組み入れて構成した．

肌色の仮面（高木彬光著，光文社）1962年

冶金学の権威・近藤博士ナゾの失踪—　私立探偵・富岡俊介は，博士が研究していた金属界の革命児γ合金の機密をさぐっていた矢先だけに，異常なショックをうける．3日たち，5日たっても博士の行方はつかめない．誘拐か，殺害か……憶測が乱れとぶなかで，俊介は部下を総動員して必死の捜索をつづける．博士にはおどろくべき裏面のあることがわかった．意外な事実をつかんで勇躍する俊介だったが，みずから大きな罠におちたことには気づかなかった…….

東邦大学工学部は，私鉄東横線沿線の紅葉ヶ丘に，3 万坪の敷地を持っている大学園だった．渋谷から急行電車で，わずか 15 分のところに，これだけの規模の学部をおくということは，新設の大学では，とても考えられない贅沢さだが，これも創立以来 80 年の伝統を持つこの大学の歴史の厚みを物語るものなのだろう．冶金学教室は，その正門をはいってすぐ右側にある鉄筋 3 階建の建物だった．

その教室の近藤則彦教授は，京都で開かれる日本金属学会で講演するために出張したまま行方不明となり，東横線沿線の某所で死体となって発見される．同教授が発明したとされているガンマ合金の成分表を狙っての犯行らしいということであるが……

「ですから，われわれ学者としても，むかしのように安閑たる態度はとっていられなくなったわけです．大学はどうしても，会社の研究所にくらべたら人の出入りも自由ですし，警戒も厳重にはゆきません．ですから，近藤先生が神経過敏になられたわけもわかるような気がします．坩堝で原料を作るときには，私がアルミニゥムを溶かし，先生がご自分で γ という金属をまぜるのです．それを試験するときには，かならず先生か私が立ち会います．試験した試料は全部回収して重量をはかり，先生のお手もとにお返しします．たとえわずかのかけらが残っても，分析されればその成分を見ぬかれる恐れがあるからです．その分析は，私のところではしなかったのです．ひょっとしたら，東洋金属あたりの研究所で分析だけは行なわれたかもしれませんが，それは私にもわかりません」

「なるほど，しかし先生も専門家なら，なんとか，その成分の推定はできないのですか？」

「この γ というものが，1 種類の金属だとしたら，それはなんとかなるのです．結局 2 種類の金属の合金ということになりますから．ところがこの γ がかりに 3 種類の金属をまぜた合金としてみましょう．すると合金は，アルミまでいれて 4 種類の金属の合金ということになりますね．もうこうなると，へたな推測はできません．天文学的数字とまではゆかないにしても，たいへんな数の組みあわせができるわけですから」

高木彬光は“肌色の仮面”以外に金属を主題にした小説を書いたであろう

か？ 高木の著作に詳しいファンクラブの方によれば，下記のSF2篇くらいであろうとのことだった.

・**ハスキル人**　初出 科学読売 昭和32年1月号〜33年7月号

地球から3.56光年の距離にある遊星，ハスキル星から円筒が飛来した．その中には，ハスキル人の脳が入っていた．円筒を分析したところ，外壁はAl 36%，Ti 57%，Pb 7%の合金であった．これは，地球で作られたものではない…

・**食人金属**　初出 講談倶楽部 昭和33年6月号

着地した空飛ぶ円盤の周辺には，鶏卵と同じような形と大きさの白い物体が無数に落ちていた．見かけの大きさに似合わず非常に重い．外側の卵白にあたる部分をはがすと，中には青銅色の金属が見える．それに触れた生物は，一瞬にして金属化してしまうのだ．ドランと名づけられたこの超金属と人間はどう戦うのか？

探偵作家　高木彬光

高木彬光は京都大学工学部冶金学科を昭和18年に卒業している．同学科の同窓会誌に「探偵作家　高木彬光」と題して寄稿したので，その一部を抜粋紹介する.

> 本名　高木誠一は1920年9月25日，青森市で出生，青森中学4年修了で一高理科に入学，東大理学部化学科を受験するが，試験中に高熱を発し不首尾に終わる．創設2年目で定員不足であった京都帝大薬学科の2次募集で入学した．翌年，再受験し冶金学科に入学する．昭和18年(1943)戦時中の特例の学年短縮により在学2年半で中島飛行機株式会社(富士重工の前身)に就職，群馬県の太田製作所に配属され，まもなく新設された宇都宮製作所へ転勤し，そこで終戦を迎える.
>
> 高木の担当は材料検査であったが，組立工場はできても検査室はできないし，検査用機械も入ってこない．そもそも幹部は「材料検査は必要ない」という考えだ．もし厳密な検査をして，不良品が大量に出ると困るのだ．月産の割り当てに届かないときは，太田で組み立てた飛行機を空輸して宇都宮で製作したことにして員数を合わせた．「宇都宮製作所は

着々と軌道に乗りつつある」と陸軍に印象付ける必要があったのだ．昭和 20 年に入ると空襲にそなえて「近くの大谷石の採掘跡の穴に工場を移し，その中で飛行機を生産せよ」と再疎開の命令が出た．宇都宮は空襲で町の 8 割は焼け，社宅も相当の被害があったが，高木の家は幸い無傷であった．8 月 15 日に戦争は終わり，残務整理の後 10 月に離職する．闇屋（米の運びや）をはじめ，さまざまな仕事につくがことごとく失敗する．骨相師の勧めで小説家を目指し，幼少時に読んだ「謎の民衆裁判」（柳原緑風）を元に「刺青殺人事件」を執筆し，江戸川乱歩に送ったところ認められて 1948 年出版の運びとなり，推理作家としてデビューした．

神津恭介（かみづきょうすけ）は，江戸川乱歩の明智小五郎，横溝正史の金田一耕助と並んで「日本の三大名探偵」の一人で，高木彬光のデビュー作「刺青殺人事件」に登場する．その横顔・経歴を作品から拾ってみると….

白皙の美男子で，中学 4 年修了（府立四中：現戸山高校）で一高理乙に入学，東大医学部を卒業後，軍医として中国・ジャワへ渡り，帰還してまもなくの昭和 21 年 11 月，刺青殺人事件を解決する．東京大学医学部法医学教室助教授を勤める（のち教授に昇進）傍ら，警視庁の依頼を受け数々の犯罪捜査を手がける．

初登場の場面を「刺青殺人事件」から以下に引用する．

神津恭介の初登場「刺青殺人事件」

秋もたけた 11 月の初めごろ，「三四郎」で有名な東大構内の池のほとりに，一人の青年がたたずんで，懐かしそうにあたりの景色を眺めていた．額はぬけ上がったように高く広く，目は黒曜石のように澄んで輝き，漆黒の眉はいくらか力が弱かったか，女のような感受性をあらわしていた．男には珍しいほど美貌の青年ではあったが，美青年にありがちないやらしさを救うものは，その顔全体に，みなぎる気品と英知であった．この青年の名は神津恭介という．一高から東大医学部へ，松下研三と前後して進み，稀に見る偉材といわれていた英才であった．

神津恭介が探偵として最初に解決した事件は，「わが一高時代の犯罪」である．

一高（現東大教養学部）の正門を入ると正面に本館がある．三階の建物の上にさらに3階の高さで時計台が聳えている．その時計台の中から，一人の生徒は忽然と，跡形もなく，煙のように姿を消した．その2日後，その生徒の死体が寄宿寮の寝台で発見される．その部屋北寮17番室は，神津恭介それに“私”（「わが一高時代の犯罪」の語り手松下研三）の居室であった．戦争への気運が日に日に高まる中，憲兵が一高生を装って学園内の自由主義者の情報を集めている暗い時代であった．

一高は昭和25年に廃止され，東京大学教養学部になった．

小説金属（K.A.シュンチンガア著，藤田五郎訳，天然社）1943年

上巻　重金属篇，下巻の軽金属篇の2冊から成る．下巻は第1部アルミニウム，第2部マグネシウムの両章からなっている．第2部は，アルフレッド・ウィルムによるジュラルミンの発明に関するエピソードで始まっている．

ドクタァーヴィルムは球状プレスから細長い金属板を取り出し，ためつすがめつ眺めてから，それを助手にわたした．「こんども寸分違はないよ．この前の土曜，月曜とまるでそっくりだ．ここを見たまへ．これは冷却の直後にはじめて壓迫した個所だが，ぐっと深くて，その深いことはむかしの合金にをさをさ劣りはしないよ．それからここだ．これは別の，新しく壓迫した個所だ．2日經った今壓しつけたものだらう？　眼にも止らないくらゐだよ！この2日間に，これはまるで鋼鐵のやうに固くなってしまった．2日間，熟するのを待つのだね，ヤブロンスキイ！月曜日に呑み込めなかった手品の種を明かせば，正にこれだよ．

「私はもう2年間も実験のお手傳をしてますがね，ヴィルム先生．薄板を520度に加熱して，急冷や，徐々に冷却させたことは，もう何百遍になるか知れはしません．どの薄板にしろ，必ずあとで検査してみました．4, 5日放っておいてからやっと検査したことも珍しくありません．でも，薄板があとになってからはじめの試料より硬くなったことなどは，ただの一度もありませんよ．」

「組成も幾分違っていたよ」

「私，分析してみたのです．先生．アルミニウム96%，銅3%，マンガン1%．これがその結果です．これならもう何週間も前から実験してましたがねえ」

「君は肝心要なものを見つけなかったのさ」

ヤブロンスキイは声を立てて笑った.「肝心要なものとおっしゃるのですか，先生？先生だってまさか見つけなすったわけではございますまい」

「もう一度たしかに言っておくよ．君は肝心要なものを見逃したのだ.」

「その肝心要なものって何でせう？」

「時効硬化をおこさせる金属さ.」

「だってそれはこのマンガンでせう？」

「違う．マグネシウムだよ.」

「マグネシウムですって？一体どこにマグネシウムがあるのでせうか？」

「君が指で押へてる薄板の中にさ．僕は合金に，マグネシクムも少々添加しておいたのだ.」

「添加なら以前だってなさいましたでせう．それなら分析する度にいつも見つけましたが.」

「つまり，今回はごく少量なのさ．だからアルミニウムの96％に押されて，右から左に見つけるわけにはゆかないのだよ.」

「それなら1％よりも少いのにきまってますねえ.」

「1％どころか，その半分しか使わなかったね.」

ジュラルミンの発明に関しては，金属学プロムナードの第12章でも述べた．そこにも記したように，この合金に関するウイルムの最初の論文の表題は「マグネシウムを含むアルミニウム合金の物理冶金学的研究」(1911年4月)で，Mgが硬化の主要な担い手であるとされていたようで，上述の会話はその状況を表したものである.

なお，この「小説金属」は国立国会図書館のデジタルコレクションとして納められており，登録手続をして利用者IDを取得すれば，自宅のパソコンで閲覧することができる.

謎の乗客名簿(福本和也著，ベストブック社)1990年

一流金属メーカー東洋電工の社有機が山肌に激突．捜索隊はリストに記さ

れた4名の遺体を収容した．だが，捜査ヘリの操縦士，滝と同行していた東洋電工の社員大村の態度に腑におちない点が余りにも多すぎた…….
死亡した東洋電工社員の持っていた封筒の中には，合金組成と思われるメモが入っていた．同社では，F大で研究されていた夢の新合金の開発をすすめていたのである．

「そうだな……ひと口にいうと，従来のステンレス鋼とは比較にならないほど腐食が起きにくい新金属なんだ．鉄，クロム，リン，炭素合金のアモルファスで，孔食が起きないばかりか，強度，靭性もこれまでの金属とはだん違いのすぐれた特性を持っている」

玉井は素人にも理解できるように説明してくれたが，それによると，非結晶質金属は原子の配列が不規則なガラス状の物質で，昭和35年，米国カリフォルニア大学のポール・デュウェイ博士がAu-Si合金ではじめてその存在を発見した．その後，ヨーロッパの学者グループによって，他にFe-P-C，Pd-Siなどでも存在することが明らかになった．しかし，実験装置の開発が進まず，微細な粉末状のアモルファスしか得られなかった．これでは，せっかく新しい物質を作り出しても，材料としての特性が調べられない．「ところが…」と,玉井が続けていった．「2年前に，うちのM教授が独自のアイデアと着想で“フィラメント鋳造急冷法”という方法を考案し，線状，リボン状など形を伴なったアモルファスを作り出すことに成功したのです」

M教授は作り出したアモルファスの機械的性質の解明を続けた結果，強度は既成金属の数倍もあり，しかも，強度が高く，金属に共通しているもろいという欠点がまったくないことが判明した．しかし，このアモルファスは，腐食については非常に弱いという致命的な欠点があった．これでは実用にはならない．そこで腐食が専門のH教授が研究陣に加わり, この欠陥を克服するための実験と試行錯誤が繰り返された. その結果, 鉄–リン–炭素合金にクロムを微量添加し，溶解した後で，1秒間に摂氏100万度の割合で急冷して作ったアモルファスは，抜群の耐腐食性を持っているばかりか，孔食がまったく起こらないことも判明した．

このあたりは，ノンフィクションといってもよいであろう．著者，福本和也氏は，自身操縦桿を握るパイロットで，日本大学理工学部の飛行部の指導に当っておられるとのことである．作品中に出てくるP大学の金属研究所は郡山にあることになっている．

運命交響曲殺人事件（由良三郎著，文芸春秋社）1987年

ある地方都市で，有名指揮者を招いて開かれたアマチュア交響楽団の演奏会の最初の曲目は，ベートーベンの第5番「運命」であった．ダ，ダ，ダ，ダーンと演奏が始まったとき，指揮台が爆発した．…爆発現場から1本の音叉が発見された．

> 手袋を借りてその音叉を握り，眺めまわしていた鉄平が，早くも暮色に包まれた外の景色の見える窓のところに行って，それをためつすかしつし始めたが，突然，大声を出した．
> 「叔父さん，やっぱりこれは起爆に使われたものですよ」
> 私も一同と共に，鉄平の立っているところに寄って行った．鉄平はみなに示すように音叉を捧げるようにして持っていた，それはU字型の金属棒で．その左右の端近くに両手に腕輪を嵌めたような恰好の荷垂が付いていた．U字型の中央湾曲部には脚が付いていて，その先には木片が付着している．
> 「ねえ，叔父さん，見てごらんなさい．あまり明るいところでははっきりしないのですが，こうして少し薄暗いところで斜光を当てて見ると判るのです．この両側の同じ高さのところに，1本の縞が見えるでしょう，判りますか．これは爆発のときに荷垂があった位置ですよ．もちろん爆発の影響でそのねじがゆるんで今は位置がずれていますが，爆発と同時に火薬と熱が加わったために，鉄の色が少し変わっています．でも荷垂で掩われていた部分だけは，その影響を受けていません．だからこんな縞模様が出来たんです．そこでこの荷垂をずらしてこの縞にぴったり合わせますと，……ほら，見て下さい．目盛りはまさにEフラットです」
> 「変ホという音ですね」
> 一人の課員が念を押した．
> 「そうです，変ホです．この事はこの音叉が楽団の音合わせに使われたものではないという証拠ですよ，だって音合わせの方は変ホではなくてA

の音ですからね．それに，この音叉の鉄の色が変わったのは，爆発中心点にあって火薬と熱の影響を強く受けたからです」

この小説は，金属がストーリーの主軸になっているものとは言い難いが，この稿に加えたのは学士会報に掲載された以下の文章[3)]が教訓的で，紹介に値すると思ったからである．

推理作家「由良三郎」のできるまで（要約抜粋）

東大医科学研究所（ウイルス研究部教授）を定年退職した後，山梨県の衛生公害研究所長になった．暇つぶしに若いとき好きだった推理小説を200冊ほど読んだ．自分でも書いてみようと思い立ち，処女作を第2回サントリーミステリー大賞に応募したら，なんと入選して賞金500万円をいただいた．

あまり文学の素養がないのに，とんとん拍子に運んだのはなぜかじっくり考えたら，若干思い当たる節があるのでそのいくつかを述べる．

第一．今まで小説を書いたことはなかったが，専門の医学論文は多く書いた．その大部分は英語である．また，他人の英語論文もずいぶん直してあげた．いつも感じたのは，日本人はどうしてこう英語が下手なのだろうということだった．それらは英語がまずかったのではなく，文章そのものが悪かったのだと思う．中学校の英作文のような幼稚な文の羅列，貧弱なボキャブラリー，同型文の繰返し，文脈の飛躍，それらは日本語で書かれていても下手な文章であったろう．私はひとつの前置詞をatにするかonにするかで10分も20分も考えることがある．そういう文章作成の苦労を34年の研究生活で味わってきた．その修練が小説を書く際にも役立った．

第二．文芸ものと違って推理小説では論理性が大切．この領域ではサイエンスをやってきた人間の方が文学畑一本槍で育った人間より優位に立つといえよう．科学研究の場では，正確な観察，緻密な解析，綿密な実験による立証がかけていては商売にならない．そういうことに慣れているわれわれは推理小説を書くのに向いている．

第三．推理小説と科学研究とで完全に一致することは，オリジナリティが絶対必要だという点である．犯人のトリックもそれを解明する探偵の推理も独創性が要求される．それがないと推理小説としては落第だ．科学にたとえてみれば単なる追試に過ぎない．サイエンスの分野では，外国の仕事の追試で満足する研究者はいない（はずである）．科学者の感覚ではオリジナリティのない仕事は発表する気になれない．われわれが小説を作るときには，その気分をそのまま創作に持ち込んでしまうのである．

ただし，この最後の点は相当問題である．自分の作品が先人の真似でないことを確認するためには，従来出版されたものに通暁している必要がある．科学者が広く文献を読みあさるのと同じである．私は，にわか作家の悲しさで，あまり読書範囲が広くなかったから，今になって夢中で乱読している．その結果，新たに2つのことが分かった．その一つは，エラリー・クイーンとかアガサ・クリスティなど古い大家の作品でも，本当に優れたものは，よく人に知られた数篇に過ぎず，後は全部駄作であり，第二には，どの作品も比較的初期の作品にはよいものがあるが，名声を博してから後のものには傑作がほとんどないということである．

吉野亀三郎（由良三郎）の随筆[4]によれば，高木彬光とは一高時代寮で同室であったとのことである．

＜随筆の概要＞

昭和13年に私が一高（現在の東大教養学部）に入ったときは，全寮制で，全員が強制的に寄宿舎に入れられ，どこかの運動部に属さねばならなかった．私の選んだ弓術部は三室から成り，各室に約十名が机を並べ，廊下を隔てて寝室があった．北寮三十一番というのが私の居室で，そこに起居した人々の中に，一年先輩で高木誠一という学生がいた．彼こそ後の推理作家高木彬光氏その人である．彼は一年で部を退いた．たしか体が悪かったと記憶している．

面白いことには，二人ともお互いに，相手が堆理小説（当時の探偵小説）に興味を持っているとは全然知らなかったのである．一年も同居していたのに，と驚く人がいるかも知れない．しかし，あの当時の学生気質，とくに一高の寮内の空気をご存知の方は，それももっともと言われることだろう.

その他あれこれ

はじめにのべたように，金属がストーリーの主軸になっているものではないが，いくつか気づいたものを記しておこう.

松本清張の「考える葉」は，“日本軍がR国の占領地から持って帰った錫，金塊，ダイヤ，白金など”の隠匿物質をめぐる連続殺人事件を描いたものである．文章中には「錫や白銀などの貴金属が隠匿されている」といった文章がよく出てきて，いささか戸惑う.

「絢爛たる流離」は，“ダイアの輝きが誘う11の凄絶な殺人事件—人間の愛憎の切点にひらめく殺意の瞬間をとらえた連作推理”である．その第12話の結末にこんな下りがある.

> 事件から2ヶ月ののち，宮原次郎は，六分通り出来上った鉄骨の上で相変わらず溶接の火を噴かしていた．黒い眼鏡をかけ，胸の前に火花を避ける鉄板を置いて作業をつづけていた．彼の技術もだいぶん上達したので，本職人の太田健一も補助的な部分は彼に任せるようになっていたのだった．その蒼白い火に金属が忽ち熔解した．蒼白い炎は1000度以上もあった.
> —このとき，次郎に思いつきが起った．彼はあたりを見回した．幸い太田も5, 6メートル向こうでしきりと熔接作業をやっていたし，他の作業員のヘルメット帽は忙しそうに動いていた．誰一人として次郎の作業を注意している者はなかった.
> 次郎は，尻のポケットから筐を取り出した．蓋を開き，ダイヤ指輪を赤黒い鉄材の上に載せた．彼は，その上に蒼白い火を噴きつけた.
> ダイヤのガラス体は高熱に飴のように熔けはじめた．のみならず，銀色のまるいプラチナ台も原形がないほど歪みはじめた．キラキラとしたガラス体は，遂に形もなくなり，鉄材の上に消滅した．絢爛たる消滅である.

ダイアは，「飴のように熔け」ることはないと思うのだが…

横光利一の短篇「機械」は，ネームプレートの町工場の内部に題材をとったものである．真鍮の腐食，着色の話が出てくるが，『しかし，横光はここで「機械」のように働いてやまない人間の内面，つまり心理の葛藤を糸をつむぎ出すようにとらえてみせたのだ.』(岩波文庫，保昌正夫による「作品に即して」より) ということで，金属にだけ注目した読み方は邪道ということになろうか.

伊藤整の「氾濫」は高分子学の研究者を主人公とする物語である．化学会社の技師，真田佐平は「接着力の推計学的考察」なる論文で高い評価を受け，その理論を応用して開発された接着剤は会社に大きな利益をもたらし，彼自身も取締役技師長に栄進する．…　伊藤整は東工大に長年籍をおいた人であり，技術的な事柄の描写も安心して読める.

小説の中の研究者

ネヴィル・シュートの小説— No Highway

前の章で述べたジェット旅客機「コメット」第1号機の墜落事故は1954年1月の出来事であった．それに先立つ1948年，英国の作家ネヴィル・シュートは，No Highway (当初の書名は Point of No Return で，後に改題された) と題する小説で金属の疲労による航空機事故を描いていた．コメット機の事故調査委員会でこれが引用されるに及んで一躍有名になった.

ネヴィル・シュート (Nevil Shute，1899～1960) 英国の小説家，航空技術者.

この小説の主人公は，英国の王立航空研究所構造研究部に属する変わり者のホネーである．彼は金属疲労の研究者で独自のアイディアで疲労寿命を予測する式を導いた．一方，実機の尾翼を用いて疲労試験を開始していた．予測によれば1440時間の飛行 (実験) で破断するはずというのである．その頃，同型機がカナダの森林でホネーの予測寿命に近い時に墜落しており，残骸を回収して破断面を調べて疲労破壊であったかどうかを確認することになった．機体回収の任を帯びたホネーは同型機でカナダへ向けて飛び立つ．この機の飛行時間は400時間余で，まだ安全と信じていたホネーは乗員との会話から，正式運行以前の試験飛行時間まで加えるとすでに1422時間に達していることを知り愕然とする．ただちに引き返してアイルランドに着陸しようという機長への提案は入れられず，Point of No Return（行くも戻るも同距離の地点）を越えて，飛行機は飛びつづける．

著者ネヴィル・シュートは，飛行船，航空機の設計・製造技術者で自らも操縦することを好んだという．昼間は航空機設計に励み，夜は気晴らしに小説を書き，1926年に第1作「Mazaran」を発表，1938年以降は文筆に徹し約30編の小説を著した．その一冊「On the Beach」は“渚にて—人類最後の日”と題して創元推理文庫から井上勇訳で刊行されている．これは映画化もされ話題を呼んだ．

ウィリアム・クーパーの小説— The Struggles of Albert Woods

ところで，英国の大学の研究者の歩みを描いた小説の一つに“アルバート・ウッズの闘い”がある．その昔，R. W. カーンと雑談していた折，私がC. P. スノーの小説を読んでいると話したら，もっと面白いから読め”とわざわざ帰国後に送ってくれた本である．30年以上前のことだが，その本はまだ処分せず書棚にあったので，拾い読みしてみた．その中にFRS選出を巡る記述があった．

アルバート・ウッズは地方大学で有機化学を専攻する学徒である．ディブディンはオックスフォード大学で教授ポストをうかがう中堅研究者で，ウッズを将来性ありと見込んで，研究室員として迎える．ウッズは欣喜雀躍，実験に励む．しかし，ディブディンは実験は不器用で，凡庸な指導者であることを知り落胆する．…この研究室を舞台に研究者の喜怒哀楽，昇進をめぐる葛藤がコミカルに描かれている．その一節にFRS（前章の解説参照）に関する興味深い記述があるので紹介しておこう．

> 研究者にとって，FRSに選出されることは，社会的に認められたことを意味する．会員数はおよそ500人である．創造的な研究を行っている研究者の数は全国（英国）で1万人程度かやや少ないくらいであろう．とすると，選ばれる確率（割合）からすればそれほど激烈な戦いとはいえない，と思うかもしれない．しかし，実はこの程度の競争こそ恐るべきものである．もしもsociety（協会もしくは学士院）の定員が現在の10分の1で

あったとすれば，選ばれる確率はあまりにも小さく，ごく少数の人しか自分にもチャンスがあるとは考えないであろう．しかし，20 人に 1 人ということなら，ほとんど全員がチャンスがあると思い競争に参加するであろう．だから，研究者たち（この小説の登場人物）らは，30 歳で選ばれたら素晴らしい，45 歳で選ばれなかったら悲惨だ―と感ずるのである．

C. P. スノーとその小説

筆者が C.P. スノーの名前を知ったのは，インフェルトの自伝“真実を求めて”（鶴岡重成訳，みすず書房）を読んでのことであった．インフェルトの名はアインシュタインとの共著である「物理学はいかに創られたか」でなじみがあった．“真実を求めて”には，C. P. スノーと題する一章があり，ケンブリッジ大学出版局の代表としてアインシュタインとの共著の本の出版に関する打ち合わせに来たスノーとその小説について十数ページを費やしている．

C. P. スノー（Charles Percy Snow 1905～1980）
物理学を学んだ後，小説家となった．イギリス政府の下で科学技術行政に関する職を務めた．シリーズ小説『他人と同胞』(Strangers & Brothers)，および『二つの文化と科学革命』(The Two Cultures) の著者として有名である．

スノーはケンブリッジで分子物理学の研究を行ったこともあるが，早くから天職は文筆業にあると感じ，研究者時代から小説を書き始めた．第二次大戦中は政府機関の職員として科学者の任用配置に関する仕事につき，電力会社重役，労働党内閣の技術省次官，セント・アンドリュース大学学長なども務めた．その経歴を反映して，彼の作品には大学，研究所を舞台にそこでの人間関係を扱ったものが多い．以下，2，3 の本の概要を記す．

The Search（探求）

その主人公，マイルズは作者自身がモデルであるともいわれる自伝的小説である．実験を助手に任せきりにしていたために，重大な見落としをして誤った結論を記した論文を発表し，ほとんど確実視されていた新設生物物理研究所の所長に就任できず失脚する．科学を離れ文筆で身を立てるが，科学への思いを断ち切ることができず，かって手をつけて中断した仕事のアイディアを旧友に提供し，助言する．その友人は次々とすぐれた成果を挙げ始めるが，やがて実験結果を捏造して論文を書き上げ投稿しようとする．それを知ったマイルズはそれを公表すべきかどうか思い悩む―．研究者として心がけるべきこと，決してやってはならぬことなどの教訓が，時には老教授のマイルズへの，あるいはマイルズから友人への忠告として語られている．研究者の生活，仕事を成し遂げるまでの苦労と喜び，いろいろな研究者像が描かれていて，研究生活の経験ある作家ならではと思わせる作品である．

The Affair（事件）

ケンブリッジのあるカレッジで若い研究員ハワードが捏造したデータをもとに書いたとされる論文の責任を問われて追放される．その論文は，著名な物理学者で今は故人となった教授との共著で発表されたもので，「粒子線（中性子？）回折を初めて観測した」と主張するものであった．しかし，論文に掲載された回折写真は，（X線）写真を拡大して回折リングの半径を大きくし，粒子線の波長を“理論”に合うように捏造されたものであることが発覚したのである．自分の責任ではないと主張するハワードの要求に押されて，調査委員会が発足し，亡き教授の遺品である実験ノートを調べたところ，捏造の責任は教授にあるとの疑いが濃厚になる．ハワードの主張は認められるのだが，小説の題“The Affair”が暗示するように….

1894年，フランス陸軍の機密書類がドイツへ売却された事件の容疑者として，ユダヤ系の砲兵大尉，ドレフュスが逮捕され，終身禁固となった．冤罪であるとする作家ゾラなどの知識人と軍部・右翼の間に激しい論争が行われ，フランスの国論は二分された．後に真犯人が現れ，1906年ドレフュスは釈放された．スノーは，「正義というテーマを考えはじめたとき，その出発点はドレフュス事件（the Dreyfus affair）であった．この本のタイトルを事

件 (The Affair) としたのはそのためである」と述べている．なお，実験データの捏造に関しては，1935 年にドイツで起きたルップという研究者の論文取り下げ事件ヒントを得たとのことである．この事件については，まてりあ(日本金属学会，1998 年) に書いた[5] ので，興味のある方は参照していただきたい．

The Masters (学寮長)

“The Master” とは College の長のことである．College を「学寮」と訳すと Master は「学寮長」となるのだろうが，適切な訳とはいいがたい．ケンブリッジとオックスフォードの大学の仕組みはなかなか理解しにくい．大学は 20 くらいのカレッジの集合体である．カレッジは大小，新旧，さまざまで古いものは 1249 年，新しいものでは 1964 年 (その後もあるかもしれない) に創立されている．膨大な土地・資産を有するものもあれば，貧乏なところもある．オックスフォードのカレッジ，Christ Church は 1532 年創立で，歴代英国首相のうち 13 人を輩出している名門校である．カレッジのメンバーによって選出されるマスターには有名な年配の学者がなることが多い．A.H. コットレルはケンブリッジの Jesus College のマスターであった．

この小説はあるカレッジにおけるマスターの選出をめぐる話である．年老いたマスターは瀕死の重病で，彼の生きているうちに次のマスターの選出をめぐる駆け引き，秘密の会合，陰謀が始まる．選挙権のある 13 人のフェローの心理と行動が描かれている．

私はスノーの小説を何冊か読んで英国の社会，大学に関心を抱き，英国で生活してみたいと思い始めた．専門の金属学の分野でも，ヒューム－ロザリーの著書を読んで，彼が初代教授を務めたオックスフォード大学を留学先に選んだ．

ところで，R. W. カーンは材料科学の本の執筆者，編集者としてよく知られているが，なかなかの読書家である．夫人の専門は英文学で，自宅で英文学のクラス (成人学級？) を開いている．数年前，ケンブリッジを訪問したとき自宅に招いていただいた．帰りには，「もう読み終わったから」と何冊かのペーパーバックをもらってきた．その夫妻は，ともにスノーの小説は面白くないという．登場人物の描き方が類型的で，血が通っているように思えないということだった．

カーンと個人的に話す機会を持ったのは，1983年5月に彼が金研を訪れた時のことであった．相変化の速度論のアブラミ（Avrami）が女性であると彼が云い，私がいや男性であると主張したのがきっかけで文通が始まり，国際会議などで顔を合わす度に雑談を楽しむ機会を持った．そんな彼が面白いから読めといってすすめ，わざわざ送ってきてくれたのが，W. Cooperの“The Struggles of Albert Woods”だった．

ロバート・カーンの自伝の表紙．アグネ技術センター刊（2008）．

参考文献

1)　小岩昌宏：“小説の中の金属”，金属，**58** No.11 (1988), 86.

2)　小岩昌宏：“探偵作家　高木彬光”，水曜会誌，**24** (2010) 387.

3)　吉野亀三郎：“推理作家「由良三郎」ができるまで”，学士会報，1986-II, No.771.

4)　由良三郎：“高木彬光氏”，『ミステリーを科学したら』，文芸春秋，1991年，p.152.

5)　小岩昌宏：“背信の科学者－小説と実録と－”，まてりあ，**37** (1998), 102.

12

原爆開発・金属研究所創設・金属学史執筆

―非凡なメタラジスト C.S.スミスの軌跡―

写真1　Cyril Stanley Smith (1903～1992).

10年余り前に金相学の誕生に関する文章を「まてりあ」(日本金属学会) に寄稿した[1]. そこでは, タンマン (Gustav Tammann) を源流とする金相学の材料科学への発展を述べた. その際, "メタログラフィーの歴史に関してはCyril S Smith による名著[2] がある" と脚注に記したが, その業績については言及しなかった. 第2次大戦以降の金属の科学の発展を辿るとき, 彼の存在が大きな影響を及ぼしていることを痛感し, 改めて本稿を起こすことにした.

スミスは, 銅合金製造工業の技術者として実績を上げ, "ものつくりの名人" として原子爆弾製造のプロジェクトにスカウトされた. 第2次大戦後は, メタラジー (冶金学) の根本を成す課題の探求を物理と化学の視点から行う研究所を創設し, 材料科学への展開を先導した. さらに, 有史以来の金属利用, 工芸の発展を探求して, 不朽の名著[2] を表した. 本稿は, スミス自身の回想及び関連の文献をもとに, 彼の足跡を辿る.

英国に生まれアメリカ移住[3]

スミス (写真1) は1903年4月, 英国バーミンガムに生まれた. 幼児期に「チルドレン・エンサイクロペディア (隔週発行) を愛読し科学に興味を抱いた.

大学進学資格試験の点数が不足だったので，1 年間グラマースクール (中学校) の実験助手として働いた．この間，化学実験に熱中し生来の器用さに磨きをかけた．10 歳のとき叔父が試験管，フラスコ，ブンゼンバーナー，化学薬品などをそろえてくれ，自宅に実験室があった．

グラマースクールで飛び級したため算数の基礎を学ぶ機会を逃し，それがいつまでも尾を引いて数学は不得意科目であった．バーミンガム大学では数学の点数が不足で志望の物理学科にすすめず，冶金学専攻となった．彼は“そのおかげで，さいわいにも三流の物理学者になることなく，二流のメタラジストになることができた”と述べている．ある雑誌に掲載されていた米国ベル電話会社の研究所の記事を読み，アメリカに行こうという考えを抱いた．しかし，就労許可がとれなかった (移民制限による) ため，MIT の大学院に入学した．ドクターコースを終えて教職につくことを希望したが，適当なポストがなく，1926 年，銅合金の製造会社 American Brass Company に入社し 16 年間勤務した．その経験を次のように回想している．

合金製造工場の回想

省みてこれは幸福なことであったと思う．実際，このような産業経験もなしにどうして金属学者 (メタラジスト) だと主張できようか．最初は工程管理をする研究室の補助であったが，やがて「銅合金調査研究室」を任され，2 人の助手がついた．いろいろな材料の製造，機械的，物理的性質の測定を行った．このため材質と成分・構造との関係を熟知し，諸性質の精密測定に練達した．

…当時は多くの古い製造プロセスが置き換えられていった変革の時期だった．私は当時のことを感覚的に生き生きと記憶している．燃えるラード油の臭い．鋳造工場での熔融真鍮の流れ．コークス焚き炉の操業風景．ルツボを引き出し，溶融金属表面のノロを除去して鋳込む作業員．

蒸気機関により作動する巨大なはずみ車の回転により連続的に稼働する工場．壮大な圧延機．鍛造プレスの雄大なダンス．銅線の赤熱の蛇をつかまえて，圧延機の孔を通す作業員．針金は圧延機の前後でカーブを画きながら突進する．

これらはすべて 19 世紀，あるいはもっと早い時期からのものであった．

古い製造プロセスは，労働者にあらゆる辛苦を課した．それでも労働者たちは，熟練に強い情熱的な誇りを持っていた．それを見て，私は熟練を賛美するようになった．ものをつくる炉や道具や機械とともに仕事をする労働者が所有する「本物の知識」を賛美するようになった．

これらの多くのものは，現在の生産ラインから消えてしまった．昔の圧延機は人間が操作したのであるが，いまではコンピュータがしてしまう．創造的参加の喜びは労働者から奪われて，システムを開発しデザインする少数の人たちだけのものとなってしまった．こうなると製造プロセスは，昔のように身体的筋肉的要素が精神的理解力と協力し合うことを少しも必要としなくなった．この協力関係こそが，熟練をもって遂行される繰返し作業を我慢できるものにし，そこにはチヤレンジがあるために，楽しみにさえしたのである．…

原爆製造：マンハッタン計画に参加

マンハッタン計画（Manhattan Project）は，第二次世界大戦中，アメリカ，イギリス，カナダが原子爆弾開発・製造のために，科学者，技術者を総動員したプロジェクトである．1945年8月6日，広島にウラン型原子爆弾「リトルボーイ」が，同年8月9日には長崎にプルトニウム型原子爆弾「ファットマン」が投下され，数十万人が犠牲となった．このプロジェクトの本部がニューヨーク・マンハッタンに置かれたため，標題の名称で呼ばれた．プロジェクトは米国の各地の研究所，大学，企業が分担して実施された（図1）．そのいくつかを以下に記す．

オークリッジ　電磁分離法によるU-235の製造
ハンフォード　プルトニウムの生産
ロスアラモス　原爆の製造と組み立て（オッペンハイマー研究所）
トリニティ　　人類史上初の核実験がおこなわれた
⋮

この計画は米陸軍の管轄で実施され，科学部門はロバート・オッペンハイマーが担当した．オッペンハイマーは，材料関係を統括する人物として，C. S. Smithを抜擢した．

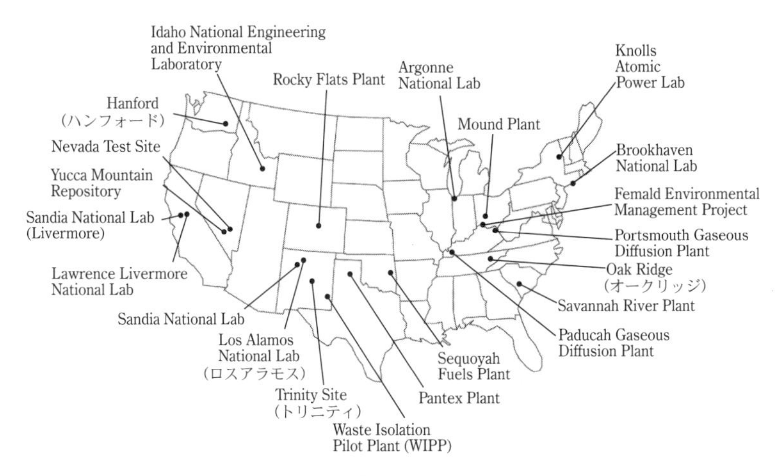

図1　マンハッタン計画のサイトマップ.

ロスアラモスにおけるメタラジー

スミスは，後年，「ロスアラモスにおけるメタラジーの回想」と題する文章[4]を記している．その冒頭で以下のように述べている．

> 編集者は私に“プルトニウムに関する仕事について，個人的な思い出を記すように”と依頼してきた．記憶は誤りやすいものであり，歴史はその時代の記録に従って書かれるべきだ．ロスアラモスのファイルには，様々な記録が残されているが，私の手元には初期の2論文の別刷と“プルトニウムの化学，精製，冶金”(1944年刊，秘密出版の小冊子)があるのみである．これらを眺めていると，いろいろ懐かしい思い出がよみがえる．それらはいわば夢想もしくは幻想であり，事実ではない…

この回想録は学術雑誌に掲載されたものではあるが，‘思いのままに’書き綴られたようで，記述内容も順序だっていない．適宜抜粋して再構成し，紹介することにしたい．

戦時下の計画についての一般向けの読み物の読者は，原子爆弾は物理学者により設計され建造された—という印象を持つであろう．そうでないとは言わない．しかし，物理屋は，自分たちがしたことを文章に書いて印刷したがる人種であり，“広島，長崎の破壊”と“核兵器の本質的危険性の予告”の2点に関して，分担すべき以上の責任を引き受けているように思う．核爆弾は物理の理論と実験の所産ではあるが，驚嘆すべき化学，さらには化学工学と機械工学，様々な奇妙な形状の物体の注文に応ずる冶金屋がいなかったら，所詮，絵に描いた餅にすぎない．そもそも，「核断面積を測る」とか「臨界集合体を作る」には，その前のお膳立てが必須不可欠なのだ．

私は1943年3月に計画に参画した．4月の初めに爆弾の開発・建造に関する会議が開かれ，冶金グループの計画が示された．冶金屋が担当すべき仕事の量は，当初著しく過小評価されていた．最終的には，当初見込みの10倍ほど（仕事量）となり，1945年8月には，冶金グループは115人になっていた．

“核分裂連鎖反応”，安全基準

ロスアラモスの冶金屋たちは，“核分裂連鎖反応”という概念を学ぶ必要があった．臨界集合体の性質を知るために「手を近づけると中性子の増殖率が増加して中性子カウンターの音がけたたましくなる」といった特別なデモンストレーションも用意された．

核分裂物質を大量に扱うようになるとき，連鎖反応の原理を正しく理解し，悲劇的な結果を生じないように細心の注意を払うこと——これは，作業にあたるメタラジスト，ケミストに厳しく要求されることであった．ある工程から次の工程に移る際のものの受け渡しの手順などが細かく定められた．物理屋たちからは安全基準が厳しすぎると批判を受けるほどであった．

ウランの製造冶金

ウランに関する仕事は比較的順調に進めることができた．中性子増殖実験用のウラン235の半球は熱間プレス法で製作された．ヒロシマ原爆用のリングは，真空遠心鋳造により作られた．爆弾の外周部に置く様々な形状の天然ウラン塊が作られた．当時の真空鋳造法による部材としては最大寸法のものであった．

水素は高速中性子の減速材として理想的な物質である．ウラン 235 の核分裂断面積は中性子エネルギーの減少とともに増加するので，「ウランと水素の共存体」は純金属よりはるかに小さい臨界質量を有する．このため，冶金屋の初期の仕事はウラン水素化物の製法，固化方法の開発であった．ウラン水素化物は自然発火性の物質であったが，球，立方体など核実験用に必要な様々な形状の成型法が確立された．このときの U と H の比率は UH_2 から UH_{30} である．

プルトニウムの冶金

プルトニウムの冶金は，冶金部門の最重要の仕事で学問的に最も興味深く，そして最も危険な業務であった．製造技術に関して何もわかっていないにもかかわらず，1 個の爆弾を作るに必要な量が手に入ることがはっきりしたら，直ちにフル生産の体制に入ることが要求された．純度の仕様は非常に厳しいものであった．というのは，放射崩壊により発生する α 粒子が，わずかでも混入している軽元素と衝突すると，中性子が発生して，早期爆発を起こしかねないからである．

当初，プルトニウムはウランと似た性質の物質と想定して実験が行われた．金属プルトニウムが初めて作られたには，1943 年 11 月 6 日のことで，1500℃の Ba 蒸気により～マイクログラムの PuF_3，PuF_4 を還元することにより得られた．

プルトニウムは希少元素であるので，化学あるいは冶金実験に使用したものは回収して精製し再利用する必要があった．反応性の高いプルトニウムを融解するためのるつぼに何を用いるか？ 最初，小型の硫化セリウム製るつぼが使われた．しかし，大量溶解用にどうするか？ なんと MgO るつぼが使えたのだ，熱力学の教えに反して！ プルトニウム金属は，幸いにも凝固に際して収縮しないので鋳造に関する問題は少なく，また熱間プレスにより精度よく成型することができたので，機械加工は不要で，押出，線引き圧延も可能であった．

成形法の開発と平行して，同素変態に関する研究が行われた．室温と融点の間になんと5つもの相があることが判明した．冶金学の立場からすると大変厄介で，魅力的な研究課題の宝庫であったが，不幸にも!! 基礎的知見がないまま経験的方法で成型に成功したのであった．

当時の研究によって明らかになったプルトニウムの特性を示す図を，Los Alamos の報告[5]から抜粋し紹介する（次頁）．

冶金部はあらゆる材料を扱った !!

冶金部は物理学者からの要求にこたえて，さまざまな物質を奇妙な形状に成型する方法を開発する仕事に取り組んだ．“ステンレス製の球がコネクターで結ばれた集合体にフィットする高密度の BeO レンガ” の製作もその一つである（BeO は中性子反射材として優れている）．酸化物粉末をグラファイト製のダイスに詰めて，高圧下 1700℃に加熱する方法で作られた．この経験から，粉末冶金法に関する基礎技術が確立された．

プラスチックスは，いろいろな物質を核測定用に成型するのに用いられた．この結果，冶金部の中に大勢力の高分子グループが生まれた．しかし，多くの場合，水素，炭素の存在が許されないので，ほかの方法で成型する道を探る必要があった．冶金部は，金属の枠を超えた材料部として機能したのである．

シカゴ大学金属研究所

1945 年の夏，戦争が終わったとき，シカゴ大学の総長 R. M. ハッチンスは原爆製造に従事した研究者を大学に迎え入れて，新たに 3 つの研究所（金属・核物理・放射線および生物物理）を創設することとした．金属研究所のリーダーにスミスが指名された．この研究所の活動について，Kleppa による報告[6]，R. W. Cahn の著書[7]の記述を参照して紹介する．

スミスは研究所の発足に際して，その構想を明らかにした．それによれば

この研究所は，メタラジーの根本を成す課題の探求を主目的とし，—間接的にはともかく—技術開発を目指すものではない．とくに，冶金学の，物理学との境界をなす課題への挑戦を歓迎する．研究所の研究スタッフは冶金学者（メタラジスト），物理学者，化学者から構成される．スタッフは金属科学の基本的課題の解明に挑戦する意欲のある人々から選抜さ

プルトニウム　内部に葛藤を抱えた元素

Pu は物理学者にとっては夢の金属であるが，技術者からすれば悪夢のそれである．ほんのちょっとしたことで，密度が 25％も変わる．ガラスのようにもろいかと思えば，アルミニウムのように変形もできる．凝固するときには氷のように体積が増える．削った直後の表面は銀色に光り輝くが，あっという間に曇って黒化する．空気中では反応しやすいが，水溶液中では還元性で，化学プロセスではいろいろな化合物を形成する．放射性崩壊して核変換が起こり，自らの結晶格子に損傷を起こすとともに，ヘリウム，アメリシウム，ウラン，ネプチウム，その他の不純物へと変身する．

Pu はアクチノイド系列（Ac, Th, Pa, U,…）の 6 番目の元素であり，金属である．ほかの金属と同様に電導性（良好とはいい難いが）で，陽性（電気化学的に）で無機酸に溶解する．密度は著しく高く鉄の 2 倍ほどで，温度に非常に敏感で，驚くべき程の長さ変化（密度変化にして 20％以上）が起こる．

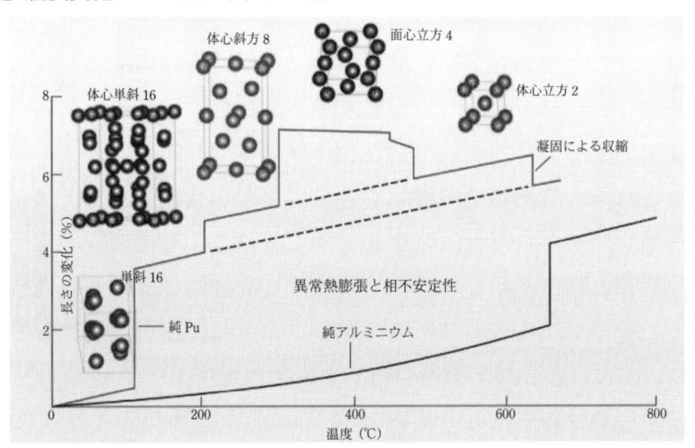

図　プルトニウムの 6 相（体心立方 2 などの数字は，単位胞中の原子の数である）

図に長さの温度変化を示した．不連続な変化が起こるところでは新たな相（phase）へ変態し結晶構造が変わる．融点に至るまでに 6 つの異なる結晶構造を経由する．高圧下では，異なる（7 番目の）構造をとる．室温およびそれ以下の温度においては，対称性が低い単斜晶構造をとり，きわめて脆い．これを α 相と呼ぶ．583 K においては対称性が極めて高い面心立方構造をとる．これを δ 相と呼ぶ．

α 相での膨張率は鉄の 5 倍という大きさであるのに対し，δ 相の膨張率は負（収縮する！）という異常な挙動を示す．そして，913 K という低い温度で融解し，収縮して固相より密になるのである．液相状態のプルトニウムは表面張力が大きく，どの元素よりも粘性が高い．

れ，商業的な配慮をすることなくみずからの研究を進めることが期待される．研究の開始に際しては，物理冶金学の以下の分野のいずれかを選ぶことが望まれる．

弾性，塑性，破壊（高速ひずみを含む），純金属および合金相の構造，強磁性，同素変態の機構，析出，金属状態の理論

これらの物理的分野の問題に加えて，金属腐食および還元の物理化学の探求が望まれる．これらは，科学研究者が取り上げることを怠ってきた問題であり，永年の間，根本的な対応をせずその場しのぎに扱われてきたきらいがある．

科学者たちが“心ならずも冶金の様々なアートに熟練する事態”を避けるために，専門的なメタラジスト，大学院生，テクニシャンから成るスタッフが置かれる．この技術スタッフは，研究スタッフの要請に応じて，指定された組成および処理手順の試料作成を担当する．この金属技術（Metals Technology）部門も製造方法の研究を行うこととする．とくに，稀有金属やまだよく知られていない金属の精製，還元，加工方法の開発が期待される．まだ商業的に利用されていない金属であって，学問的見地から関心がもたれる金属合金が入手できると，基礎研究グループには大きな福音となる．新しい金属や方法は，究極的には産業にとって役立つものであるが，この研究所のスタッフの主目的は金属を理解することにあり，すぐに役立つ応用を目指すものではない．…

スミスの呼びかけに応えて，以下に挙げるような有能な研究者が集まった．

C. Barrett，C. Zener，N. Nachtrieb，W. Zachriasen（結晶学で著名），
A. Lawson，J. Burke，E. Long，T. S. Kê（葛庭燧）

産業界出身のスミスは，企業から潤沢な資金を集めることに成功した．研究所設立から 15 年の間に行われた研究は，格子欠陥，表面現象，回折現象，輸送現象，低温物理，に分類できる．格子欠陥に関しては，Zener のグループによる内部摩擦研究は特筆に値する．この研究には，Kê, Dijkstra，Wert，Nowick のほか数人の大学院学生も参加した．研究成果は，年 4 回刊の研究所報告に掲載され，スポンサーに配布された．それらの論文は，のちに Physical Review に掲載された．

大きな影響を及ぼした Zener の著書“金属の弾性と擬弾性”[8] の原稿も，最

初に日の目を見たのは研究所報告においてであった．Barrett の低温における相変態，Nachtrieb の拡散に対する高圧の影響などの研究は，それまでの金属研究の発想とは異質な，新たな展開を印象付けるものであった．

研究所の衰退と変質

金属研究所は後年，各地に設立される学際的材料研究所の典型として先駆的な役割を果たした．しかし，設立後 8 年を経過した 1954 年，スミスは「冶金関係の部門は消滅の危機にある」と研究所報告に述べている．

新たな人材の導入がうまくいかなかったのである．Zener が 1954 年に転出した後，有力な研究者を招聘することができなかった．N. F. Mott, G. V. Raynor, R. Kubo, Brian Pippard など著名な研究者が数か月程度のビジターとして招かれたが tenured position に就く人はいなかった．研究所のスタッフの中には物理学科の長になった人もいた．しかし，メタラジストは，（初期に採用された人をのぞくと），スタッフになって腰を据えて研究しようとする人は現れなかった．スミスの，「(シカゴ大学に) 冶金学科の創設を固執しない」とした方針が，結局のところ研究所の衰退を招いた．冶金学科を持たない大学に，メタラジストは帰属するという意識 (a sense of belonging) を持ちえなかった，ということであろうか？[7]．

スミスは 1957 年に所長を辞任，61 年に大学を辞職した．そして「冶金学のサイエンス」という設立当初の目標は薄れ，化学物理，固体物理に研究の重点は移り，1967 年，the James Franck Institute と改名し，現在に至っている (James Franck は 1925 年のノーベル化学賞を受章した科学者)．

学術雑誌：Acta Metallurgica の発行を主導

第 2 次大戦終了後間もなく新たな研究の成果が次々と生みだされはじめたとき，それを報ずる論文が物理，化学，冶金など多種類の雑誌に分散して現われた．こうした研究成果が一つの雑誌にまとめて発表されるようになれば，より効率的に情報伝達・交換ができるはずである．この見地から，著名な研究者たちがその可能性を模索し始めた．その中心にいたのがスミスであった．彼を議長とする理事会が発足し，Bruce Chalmers (当時トロント大学教授) を Editor として，新たな雑誌 Acta Metallurgica が 1953 年春に創刊された．その冒頭のページで Cyril Stanley Smith は以下のように述べている (図 2).

図 2 Acta Metallurgica 第 1 巻 1 号 (1953 年) の表紙. 色は群青色あるいは瑠璃色である.

> 新しい雑誌は真に必要がある場合にのみ創刊されるべきである . ＜中略＞　冶金学に関する学術雑誌はすでに多数あり, これに新たなものを加えるからには明快な専門性の確立をめざすべきで, 単に従来の雑誌に投稿されていたものを迎え入れるだけのものであってはならない.
>
> 新しい分野が次々と生まれ専門家によって認知されていく中で, 知識の再編成は進歩の証である. さまざまな目的でいろいろな時期に同一分野の知識が異なったまとめ方がされるが, 我々この雑誌の創設者は冶金学の分野でいま部分的な再構成が起こりつつあると考える. Acta Metallurgica は金属のすべての科学を対象とする. それは物理学および化学という基礎科学とともに, 冶金学的操作から推論される科学にも立脚し, 金属の理解を深める助けとなるという視点から他の材料の特性や他の応用科学の分野にもかなり踏み込むであろう.
>
> ＜中略＞. こうした状況は科学研究が行われているすべての主要国で起こっているけれども, 唯一つの国の国内誌として新たな雑誌を創刊するほどには至っておらず, 国際誌の刊行こそ望ましい形態と思われる.
> (以下略)

この雑誌の第 1 巻 (1953) には 79 の論文, 36 のレターが掲載された. 1967 年にはレター部分を切り離して新たな独立雑誌, Scripta Metallurgica が発足した. 1990 年には対象とする物質の多様化を反映して, Acta Metallurgica et Materialia と変更され, さらに 1996 年には Acta Materialia となった. 2018 年度の Impact Factor は 7.293 で, 金属を主とする材料分野の主要な学術誌として高く評価されている.

金属の歴史に関する研究

1955 年，スミスは 1 年間のサバティカル休暇をとり，冶金の歴史の関する調査研究を行った．1957 年には所長を辞職，そして，シカゴ大学から MIT に移る．1960 年に出版した A History of Metallography[1] のあとがきでスミスは以下のように述べる．

写真 2　A History of Metallography の表紙カバー．

「私は専門の研究生活のほとんどを通じて，常に金属の歴史に興味を持ちつづけた．……しかし，この本の執筆に着手する機会は，シカゴ大学から MIT に移った後の 1955～56 年，私が 56 歳になるまでこなかった．この年はじめて私はジョン・シモン・グッゲンハイム財団からの特別研究費と全米科学財団の研究下付金とによって，ロンドンで何の妨げもなく，1 年間を金属史の研究に打ち込むことができた」

“A History of Metallography”（写真 2）の内容を簡単に紹介する．この本は大要を 3 つの部分に分けることができる．

1. 古代の芸術品のメタログラフィー
2. 顕微鏡が用いられる以前の構造観察の学問的背景
3. ソルビー以後の観察と理論の発展

この本の初めの部分は，金属製品の審美的外観と構造の関連を扱っている．“金属が無数の微小結晶粒のランダムな集合体である” ことを学者が認識するよりもはるかに古い時代から，匠は ‘構造’ の存在を利用してきたのだ．西洋では，化学薬品による腐食が均一でないことを利用して刀剣に模様をつけることが 2 世紀という早い時期に行われたが，この手法は後世に伝わらなかった．一方，東洋においては，表面の集合組織を装飾に利用する手法が伝承されてきた．

ダマスカス刀および日本刀の優位性は，刀工が “ある種の可視的な集合組織が武器としての優位性と関連あること”を認識し，製造工程を調節してそのような組織を作るようにしたことである．金属の工人たちは，扱っている材料の内部構造に敏感であり，それをあらわにする技を磨き，加工と熱処理を意識的に行うことにより，製品の外観と使用特性を制御できるようになった．

“金属が微小結晶粒の集合体である”という概念の形成を扱った次の部分は，この本の主要部分であり，もっとも興味ある部分でもある．17世紀までは，金属は本質的に無組織で均質であるというアリストテレスの考え方が受け継がれていた．デカルトは金属の破断面の観察から，組織の概念への道を開いた．後年，レオミュールは粒子論（corpuscular）を再解釈，再構成して，「化学的な原子」という概念が成立する以前の時期における鉄と鋼の本質に関する理論を展開した．

最後の節は，ソルビーとその継承者の仕事の関するもので，現代（出版当時）の研究者の仕事も多く紹介されている．

「ソルビー100年記念シンポジウム」

ソルビー（1826〜1908）は，英国シェフィールドの富裕な家庭に生まれた（写真3）．家庭教師に数学，化学，解剖学を学び，地質，岩石，金属と思いのままに研究三昧の生涯を送り，いささかも名利を求めなかった．植物の薄片を顕微鏡で観察する技法にヒントを得て，岩石薄片の透過顕微鏡観察，金属表面の反射光観察による組織研究の道を開いた．1863年7月28日の日記には次のように記されている．

「Ⓛ鉄（スウェーデンのダネモラ鉱石から作った錬鉄）にウィドマンシュテッテン組織を発見」

この日は，記念すべき“金相学研究発祥の始点”と位置付けられる．

それから100年後の1963年，スミスの提唱により米国クリーヴランドで記念のシンポジウムが開催された．この講演会は大成功でE. C. Bain, R. F. Mehl, W. Hume-Rothery, E. Orowan, G. Taylorなどがファラデー，ソルビー，チェルノフなど，この100年間の偉大な金属学者たちの業績をたたえた． 1965年に出版された講演集[9]は11ページに及ぶスミスの序文に始まり，金属学諸分野の歴史に関する報告が掲載されている（33篇，558ページ）．

美的好奇心が技術を発展させる

写真 3　Henry Clifton Sorby (1826～1908).

朝日新聞の坂根厳夫記者は MIT の研究室にスミス博士をたずねて興味ある対話を交わした．以下に抜粋紹介する[10)].

スミス博士によると「必要は発明の母」というのは誤りで，戦争や飢えのような，さし迫った必要は，既成の技術を集約して安直に使ったり，せいぜい，より効果的に改良する動機にはなっても，ほんとうに独創的な技術を生み出すことはない．これに対して，歴史上の有用な技術の芽はほとんど強い美的好奇心や芸術的楽しみを求める動機から生まれてきたというのである．

エジプト，ギリシャ，中国などの古代の装身具や彫像から，中世，近世の刀剣，ガラス，陶磁器，漆器など歴史的に古い美術品をあたっていくと，当時の一般技術の中にはまだみられなかった新しい技術的試みが，時代を先どりして使われていたことが次々に明るみに出てきたのである．

たとえば銅の叩（たた）きだし技法は，実用的なナィフや武器に使われるより前に，ネックレスや装身具をつくるのに使われていた．合金や加熱成型の技術も，宝石や彫刻をつくる際にはじまったあとがあり，金属を溶接する技術も，古代ギリシャで鋳ものの彫像の部分をつなぎ合わせるために考え出されていた．調べていくと，世界各地で同様な独創的技術の芽が，当時のクラフトマンやかじやの美的好奇心から生みだされていた．

「日本へも行き，日本刀や陶磁器などが，いかに美と用を結合したすばらしい作品であるかを発見しました．日本刀は結晶構造の物理的性質を巧みに利用して，素材の強度を美的表現に結び付けています．刀のツバはもっと純粋な美的目的で作られ，表面張力を利用して模様を作る技術など，いくつも新しい発見が行われています．」

「美的好奇心こそ，人類の遺伝的進化や文化的進化において，重要な中心的役割を果たしてきたものだ」とスミス博士は，さまざまな調査活動の末に結論づける．単純な実用主義とちがって自分がほんとに気に入った色彩やテクスチャーなどを求めていけば，自然にその美的表現を支える構造，つまり材料の組成や，加工法などに対しても，目が開けてくるからだという．

博士は坂根記者との対話の1年後の1981年『A Search for Structure』[11]を出版した．生涯に発表した200篇の論文から，14篇を選んで1冊の本にしたものである．そのタイトルを以下に示す．

1. 粒の形およびトポロジーの金属学への適用
2. 鋼中の炭素（Carbon）の発見
3. 構造，亜構造，超構造
4. 人工金属製品の微細組織の解釈
5. 物質（Matter）対材料（Material）
6. 鋳造・鋳型・凝固科学の初期の歴史
7. 磁気とプルトニウム
8. 美術・技術・科学―この3つの相互作用
9. 美術史についての金属学からの脚注
10. 19世紀の技術および装飾美術の回顧
11. 美術・発明・技術
12. 腐食の有効利用法
13. 私的科学観・科学史観
14. 科学・美術・歴史の構造的ヒエラルキー

スミスに学べと唱えた人たち

ベックの鉄の歴史の訳業で知られている中沢護人さんは，鋼の時代（岩波新書，1964），鉄のメルヘン（アグネ，1975）などの著作もあるが，スミス博士の著作を知って深く感動し，金属の歴史研究の必要性を痛感された．金属学会の会報に「金属学史研究のすすめ」を寄稿しておられる[12]．また，志村宗昭さん（故人，東北大金研に勤務）は，1980年代の初めに北京で古代冶金の国際会議が開かれた時，スミス博士と会い，懇談されたとのことである．スミス博士の逝去（1992年8月25日）を知ったお2人は，雑誌バウンダリー[注1]

注1）コンパス社，1巻1号（1985.5）～22巻12号（2006.12）

の編集者と相談して特集を組むこととした．以下にその掲載号を示す．

中沢護人	スミス博士断章	1995	8	64-72
志村宗昭	スミスの森散策	1995	8	56-61
志村宗昭	続スミスの森散策	1995	9	72-77
志村宗昭	スミスの森散策補足	1995	10	75-81

志村さんはこれらの記事において，

> ……．彼が1960年以降は金属の研究をやらなくなったという話もあるけれど，それは違いますね……1980年代の初めころ伊豆の下田で開かれた“Topological Disorder in Condensed Matterのシンポジウムにも姿を見せていますし，その少しあとアメリカで行なわれた多結晶体のトポロジーの研究会にも出席していました．(バウンダリー1995年，9月)

と述べておられる．なお，中沢さんの文章は，同氏の追悼出版[13]にも収録されている．

来日したスミス博士は，広島・長崎を訪れたであろうか？ 自らの貢献が大きかった原爆がもたらした惨禍をどのように感じたであろうか？ 原子爆弾は，核分裂反応の人工操作という独創技術である．坂根氏に語ったという「戦争や飢えのような，さし迫った必要は，—独創的な技術を生み出すことはない」と美的好奇心主導説を唱えた心境を問いただしてみたかったと思うのは，私だけであろうか？

参考文献

1) 小岩昌宏：“金相学の誕生と材料科学への発展”，まてりあ，**48** (2009), 412.
2) Cyril Stanley Smith: A History of Metallography: The Development of Ideas on the Structure of Metals before 1890, University of Chicago Press, 1960.
3) 後出文献11) の第13章 A Highly Personal View of Science and Its History.
4) C. S. Smith: Some Recollections of Metallurgy at Los Alamos, 1943-45, J. Nuclear Materials, **100** (1981), 3.
5) Plutonium An element at odds with itself, Los Alamos Science, Number 26 (2000).
6) Ole J. Kleppa: The Institute for the Study of Metals: The First 15 Years, J of Metals, (1997), January 18-21.
7) R. W. Cahn: The Coming of Materials Science, Elsevier, (2001).

8) C. Zener: Elasticity and Anelasticity of Metals, University of Chicago Press, 1948.
9) The Sorby Centennial Symposium on the History of Metallurgy, ed. by C. S. Smith, Gordon and Breach Science Publishers, 1963.
10) 坂根厳夫:『境界線の旅』, 朝日新聞社, 1984年. なお, この記事は朝日新聞 (1980. 5. 16) にも掲載された.
11) C. S. Smith: A Search For Structure Selected Essays on Science, Art and History, MITpress, 1981.
12) 中沢護人:“金属学史研究のすすめ”, 日本金属学会会報, **16** No.5 (1977), 291.
13) 中沢護人記念出版を進める会:『鉄の歴史家・中沢護人 遺したこと遺されたこと』, 新時代社, 2003年.

13

鋼の中の炭素の発見
―C. S. スミスの論文紹介―

「鋼は鉄に炭素が溶けた合金である」ことは，金属を学んだ人であればだれでも知っている常識である．でも，それはいつ頃確立された知見であろうか？C.S.スミスの紹介原稿（「金属」2020年11月号）[1]を書いているとき，彼の業績リストの中に表題の論文[2]があるのを見て，虚を衝かれる思いがした．興味深い内容であるが冗長と思われる部分もあるので，適当に抜粋し抄訳紹介する．

鋼の本質についての初期の概念

鉄および鋼ほど人類の歴史に対して大きな影響を与えた金属はない．最古の人工鉄はBC2800年ころに作られたとされている．ある程度まとまった量が生産されるようになったのはBC1500年ごろで，アナトリア半島に王国を開いたヒッタイトが最初の鉄器文化を築いた．柔らかな鉄を鋼という素晴らしい素材―成型加工が比較的容易で，工程の最後に熱処理して強さと硬さを付与できる―に変身させる技が見つかるまでは青銅が優位だった．鋼の諸特性―豊富な資源量，成形性，調質性は，ほかのどの材料より格段に優れている．

硬化機構の詳細は，まだ解明されていない点もある．しかし，鋼と純鉄の違いは微量の炭素（0.2～1.5％）の存否のみにある[注1]こと，硬化が鉄結晶の

注1）ここでは，不純物あるいは添加元素の効果は無視している．また，今日では「鋼」という語は非常に拡張して用いられ，軟鋼（低炭素）のみならず鉄が主成分であるすべての合金―何と炭素が招かれざる不純物であるステンレス鋼―までもが含まれている．この用語の意味の変化は19世紀末に起こったことで，錫を含まない銅合金をも“ブロンズ”と呼ぶようになったのと同様な技術用語の商業的劣化である．

原子配列の変態に由来すること，は疑いようもなく確立された．その変態温度は純金属では一定であるけれども，炭素が溶け込むと変化し，変態により生ずる組織は炭素量によって変わってくる．組織構造とその性質は，冷却速度によって大きく異なる．最高の硬さは焼き入れ（超高速度の冷却）をした場合にのみ得られる．こうした冷却は高い温度で起こる軟化過程を抑制するけれども，200℃近傍で起こる硬化相への構造変化には影響しない．長い間，鋼とは焼き入れによって硬度をあげることができる材料を意味してきた[注2]．鋼は道具や剣の（高級な）材料であって，一般的な構造用の材料ではなかったのである．

（金属）材料に対する火の効用に気づいた人間は，いろいろな合金を発見・開発した．B.C.1000年にいたるまでに，鉱物鉱石の炭素還元によって得られるすべての金属合金が開発対象となった．成分組成（意図的な割合に混合した素材鉱石）と合金の性質の関係は，ブロンズ（青銅），貴金属合金，硬いソルダー，柔らかいソルダー，さらには真鍮（黄銅）について，相当程度知られていた．しかし，鋼もまた合金であるという事実はそれほどはっきりとはしていなかった．実際上の発見からなんと3000年もたった18世紀末になって，ようやく“鋼は合金である”ことが受容された．その知識（認識）は化学革命から生れもので，また，そのこと自体が化学革命に対して貢献もしたのである．

「鋼は合金である」と認識することが困難であったのは無理からぬことと思える．それは，合金元素がほかならぬ炭素であったからだ．炭素は冶金的操作にはつきもので，以下の3つの働きをする．

- 燃焼して熱を供給する燃料
- 鉱石鉱物から酸素を除去する還元剤
- 金属中に溶け込む合金元素

注2）初期の鋼の硬化処理は，すべて“鋼を焼き入れ浴に投入し，浴から取り出すと所望の硬さになる”といういわば直接法により行われていた．これは困難で危険な作業であった．かつて「焼き戻し鋼（tempered steel）」といいならされたものがこれである．完全焼き入れと焼き戻し（再加熱）により，のぞみの程度に軟化させるという現代の処理方法は，16世紀以前の文献には見いだされず，いつ頃導入されたかは明らかでない．

この第3の働きは，古代に用いられたいろいろな金属のうちで，鉄だけに見られるものである.

燃焼および金属の煆焼 (calcination) における酸素の役割は，1772～1774年にシェーレとプリーストリーにより独立に発見され，やっと認識されるようになった. 同じく重要なのは，木炭が何か怪しげな物質ではなく，れっきとした化学元素 (まもなく炭素と命名されることになる) であり，古くから行われてきた金属鉱石の還元操作の際には，(以前はその存在が認識されてなかった) 酸素と結びついて“固定空気 (fixed air)”を生成することが認識されたことであった. 鋼と鉄が含有炭素量により区別されることが認識されたのは，新たな気体とその反応が発見され，(フロギストンの存在を仮定することなく) 還元過程の説明がなされた興奮の時期のことであった. 煆焼還元反応において，“フロギストン”を“マイナス酸素”と置き換えると，種々の鉄鋼材料の諸性質がうまく説明できる. このとき以来，鋼の改良へのこの知識の適用は (まやかしの説明ではなく) 応用科学となった. この初期の時代においては，技術が科学に負うというより，科学が技術に学ぶ方がはるかに多かった.

*　　*　　*

鍛冶職人の炉には木炭がどっさりあったので，それが少し金属中に溶け込むとは思い及ばなかったのではあるまいか？ 鋼は鉄とまったく別物で，鉱石も製法も違うと考える人もいた[注3]. アリストテレスとその信奉者は「鋼は鉄の純度が高いものであり，鉄は金属性が高く (脆さはこの見方に反するのだが)，さらに“純化する”と鋳鉄となり，可鍛性はなくなるが金属の本来的性質である熔融性が増す」と考えていた.

ビリンシオ (Vannoccio Biringuccio，イタリア) は1540年に以下のように要約している.

注3) 1962年，このエッセイの著者スミスはイランの熟練鍛冶職人と会話する機会があった.「鉄と鋼は柳と樫がちがうように，まったく別ものさ」という. 彼は，“鉄と鋼は同じ金属”という事実を受け入れようとしなかったが，そのことは彼の仕事に何の影響も与えなかった. 彼は，鋼から一級品の農業用具を作っており，鉄といろんな鋼 (米国製のクランクシャフトやスプリングなどの廃材) の扱い方の違いをわきまえていた. しかし，もっと古い時代の工人は，多分製錬工も兼ねていたから，熔解炉の様子によっていろいろ違ったもの (鉄と鋼のように) ができることを知っていたはずだ.

鋼は鉄以外の何物でもない．巧みに純化され，火の煎じ作用によってより完全な特性を与えられたものである．添加物から何か適切なものを取り入れてその乾性を薄め，より白くそして密になり，もともとのものとはすっかり変わったものになった．

「鋼が鉄を純化したものである」と昔の人が考えたのも無理からぬことではある．というのは，鋼は長時間火の中に保持することによって作られたからだ．「ものが火によって純化される」ことはよく知られたことだった．初期の鋼は，おそらく木炭中に埋め込んで炉中に長時間保持することにより作られたであろう．有名なインドのウーツ鋼は，ダマスカス刀の原材料であり，鉄と木材をるつぼの中に入れ，熔けるまで熱することにより得られるのだが，この方法は1800年までヨーロッパには伝わらなかった．高炉から鋳鉄が得られるようになったとき，鋼は「鋳鉄を平炉で部分精錬する」か，もしくは「鍛鉄を溶融した鋳鉄に浸す（これは高炉法を示唆するものである）」のいずれかであった．しかし，この「鋳鉄」なるものも，炉がある特殊な方法で操業されたときにできる，というそれ自体も神秘的なものであった．セメンテーション過程（鋼の大量生産法としては，おそらく16世紀に始まったものであろう．）においては，鉄は木炭と一緒に箱詰めされ，長時間の加熱によって鋼に変換された．

鋼の大量生産法としての鉄のセメンテーション過程は1589年にイタリアで報告され，17世紀初期に工業的に利用され，特に英国で用いられた．高級工具の素材として最適であるが，高価であった．農業用の道具は“自然鋼”（natural steel，平炉での直接還元と炭化による生産）で作られたが，炭素量が場所によって大幅に変動するのは避けられなかった．

17世紀末には，鋼を製造する工程において工人たちは（無意識的に）炭素を導入していたのであるが，哲人たちは何か有害なものが除去される，と考えていたのだ．

フロギストン説による鋼

「ものが燃える」とはどういうことか？ それを説明しようとして提唱されたのがフロギストン理論（説）である．この理論によると、“物質中には可燃元素があって，その物質が燃えると，それが放出される”というのである．その可燃元素は，ギリシャ語で「可燃要素」を意味する「フロギストン」と名付けられ，この呼称が人口に膾炙した．フロギストン説は，最初，ドイツの化学者ヨハン・ベッヒャーによって1667年に提唱され，ドイツの化学者ゲオルク・シュタールによって一般に広められた．

フロギストン説によれば，物質が燃えて灰になると質量が減るのは，それがフロギストンを失ったからである．しかし，金属は燃やすとむしろ質量が増える．この事実は,フロギストン説の矛盾を鋭く突くものであった．しかし,フロギストン説は18世紀の終わりまで，西洋の科学者たちに幅広く支持された．

鉄と鋼に関する最初の科学的な研究は，レオミュールによって行われた(写真1)．

写真1　レオミュール(René-Antoine Ferchault deRéaumur, 1683～1757)フランスの万能の科学者(数学，物理学，動物学，製紙，養蚕，製陶，鉄鋼…などの分野に業績)．

彼が発表した数十巻にも及ぶ膨大な技術叢書の第1巻は1722年に発表されたもので，「鍛鉄を鋼に変える技術」と「鋳鉄を可鍛性にする技術」の2大論文から成っている．彼は理論よりも実際を重視した．鋼を作る4つの主要な方法を対照比較して，一般に支配的であった見解に抗して，“鉄から鋼への転換に際しては，何かが加えられるのであって，除かれるのではない．”と結論した．その何かを彼は「硫黄・塩(sulphurs and salt)」と呼んだ．もちろんこれは今日用いられている意味での硫黄ではなく，“可燃性の還元力がある素”として名付けたものである．「硫黄・塩」を炭素と置き換えれば,そのまま鉄と鋼に関する正しい説明になる．レオミュールは“鋼は錬鉄と鋳鉄の中間に位置するものであり，どちらから出発しても得られる”こと，添加物(炭素)は鉄の構造を変えること，熱処理で硬化するのは構造が変わるためであることなど，正確な認識を持っていた．しかし，彼の研究が認められるには，酸素が発見され，フロギストンが姿を消すのを待たねばならなかった．

フロギストン理論は，金属の化学に大きな刺激となり，実験研究を活性化したが，産業技術との関連は薄かった．英国では産業革命とともに鉄鋼産業が繁栄したが，創造的な貢献は気体化学の分野ではあったが金属の分野では少なかった．英国の経済的成功を支えるがごとく，他の鉄鋼生産国，とくにスウェーデンとフランスにおいて，鉄鋼の科学的研究が盛んになった．ドイツの化学者，クラマー（J. A. Cramer）は，古くからの化学分析法の理論的枠組みを解説する最初の書籍（ラテン語）を1739年に出版した．彼は，生粋のフロギストン信奉者であった．実験室において鉄から鋼を作る方法を詳述し，それは「鉄にフロギストンをいっぱい詰め込む操作に他ならない」と述べた．

東洋のテクスチャがヨーロッパの科学を覚醒した

フロギストン説に立脚した鋼の説明は，当時の化学理論にうまく合うように思われた．そのことは，当時の化学理論の正しさを示す根拠ともされた．「鉄は，鋼というもっと純度の高い状態へ還元される中途の段階にある」という概念は，化学理論におけるフロギストンの絶滅以後もあとを引いた．正しい認識は，化学分析法の進歩とともに普及して行った．メタラジーは複雑巧妙なアートであり，金属を使う立場の人々は（生産者は別として）組成よりもテクスチャが絡む問題に関心を抱いてきた．ヨーロッパにおいては，金属の破壊表面における粒あるいは繊維組織と材料の使用可能性の関連という立場での関心である．東洋のメタラジストは，永年にわたって裸眼にも見えるようなテクスチャを持った複合材料を使ってきた．よく知られた例はダマスカス鋼（写真2）で，高炭素，低炭素の鋼の織りなす組織になっている．これらは（凝固の際の）結晶化あるいは鍛造のいずれかの方法で作られたものだ．刀や銃身を化学的にエッチング（腐食）すると，このテクスチャをはっきり視ることができる．これは作成法の正しさを視覚的に保証するものであり，また審美的な価値もあり，ヨーロッパの製品に欠けているものである．

写真2 ダマスカス鋼で作成したナイフ．

18世紀の初期，ヨーロッパでは中国の磁器製品を複製する試みがなされ，高温技術，分析手法，粘土とほかの鉱物，ケイ酸塩などについて盛んに研究が行われた．18 世紀末には，メタラジストたちは，東洋と同じ程度に材料のテクスチャに敏感になった．これが鋼の中の炭素の発見へと直接につながったのである．

東洋の鋼に，2 種の際立って異なるテクスチャを持つ鋼がある．

(1) 真のダマスカス鋼　熔融高炭素鋼を非常にゆっくり冷却してつくられる樹枝状晶組織のものを鍛造したもので，炭素量が高い部分，低い部分が層状に重なり合った組織になっている．

(2) 鉄と鋼の棒を束ねたものを溶接し，鍛造とねじりにより 2 種の金属の不規則な混合物としたもの. 仕上げた表面には 2 種の金属が複雑に混じりあった模様が見られる.

前者は主に刀に使われ, 1821 年までヨーロッパで複製されることはなかった. (1), (2) ともにダマスカス鋼と呼ばれる．鍛造製品はインドおよびトルコで銃身製造に用いられ，18 世紀にはヨーロッパでも複製されるようになった．

層状に重ねた鉄と鋼の鍛造材からダマスカス銃身を製造する工場がスウェーデンに建てられた. 1773 年, この工場のマネージャー (Peter Wäsström) がスウェーデン科学アカデミーに工場の詳細を報告した．それには，ダマスク構造を顕在化させるため銃身を腐食する方法が記されていた．この方法は，著名なメタラジスト リンマン (写真 3) の関心を惹いた．

写真 3　スヴェン・リンマン (Sven Rinman, 1720～ 1792) スウェーデンの化学者.

リンマンは，腐食したときに見られる表面の凹凸は，テクスチャに存在する 2 種類の材料の腐食速度の違いによるものであると指摘し，1 年後，“鉄と鋼のエッチングの実験” と題する詳細な論文を発表した．この論文は，色の違いが鉄の種類の差によることを明確に示した重要なものである．彼は，硝酸にも不溶の残留物があり，きわめて引火性が高いこと，灰色鋳鉄は溶解した後の黒色の沈殿物を残すこと，これはフロギストンを過剰に含んだ鉄であることなどを述べている. リンマンの著「鉄の歴史」(1782) は,永年の経験と研究を集大成したもので，科学理論に基礎を置いた名著である．“フロギストン(の量)が鋼，鋳鉄，鍛鉄の違いである”として，これまでとらえどころがなかったフロギストンを分離可能な物質として探求の可能性を示唆した点が注目される．極度にフロギストン化された灰色鋳鉄においては，black lead (plumbago, graphite) と同定された．これは，当時スウェーデンの化学者によって熱心に研究されていた物質であった．

鉄の分析に関するベリマンのエッセイ

リンマンの観察は，同じくスウェーデンの化学者ベリマンの注目を引いた(原文は冗長であるので，中沢護人著『鋼の時代』[3] の記述を借用する)．

> ベリマン(写真 4)は定量分析法により鉄の中からはじめて炭素を取り出した人である，この世紀の化学者としてフロギストンの幻想に生きていた彼は，これをグラファイトと呼び「フロギストンと空気酸との可燃性化合物」と定義したが，彼の分析によって得たものは紛れもなく炭素だった．しかも，彼の分析の正確さは鍛鉄と鋼と鋳鉄においてこの炭素量が相違することを明らかにした．彼は，この三者の相違は彼がグラファイトとよんだ炭素含有量の相違からくるものであることを確認した．彼は，レオミュールが浸炭法の事実から導き出した仮説を分析により実証したのである．

写真 4　トルビョルン・ベリマン (Torbern Olof Bergman, 1735〜1784) スウェーデンの化学者，鉱物学者．

研究のフロンティアはフランスへ

スウェーデンとフランスの化学者間には緊密な接触があり，ベリマンの著書 De analysi ferri はフランス語に翻訳され 1783 年に出版された．フランスの著名な化学者ギトン・ドゥ・モルボ (Guyton de Morveau) は「鋼は強くフロギストン化した鉄である」という当時の通念に感化されていたが，やがて疑念を抱くようになり，1787 年にはラヴォアジェの新理論の信奉者となっていた．1789 年に出版された鋼に関する文書には次のように述べている．

> 鋳鉄，鋼，鍛鉄はいずれも同じ物質からできているものであり，適当な処理により互いにほかの状態に移行させることができる．すべての証拠を慎重に検討すると，鋼と鉄は熱量もしくはフロギストンの量が違うのではない．ベリマンの分析は（差異は）plumbago（黒鉛）であることを指示している．そして，燃焼実験により plumbago は木炭（charcoal）であることを示した．

1786 年 5 月，de Morveau と時を同じくして 3 人の人物：C. A. Vandemonde（1735～1796），C. L. Berthollet（1748～1822），Gaspard Monge（1746～1818）により，鉄鋼の科学文献のランドマークともいうべき論文が科学アカデミーに提出された．これは,「鉄の様々な金属状態について」と題する論文である．この人々はナポレオン時代の重要人物で高名な科学者である．この論文の内容を一般向きに要約したパンフレットが革命委員会の肝いりで，1793 年に発行された．

炭素の受容

上述のフランスの論文で木炭と呼ばれたものは，新たな化学命名法の下で基本的要素（元素）である炭素の名が与えられた．この炭素の登録は，主要元素としての酸素に次ぐもので，化学革命の重要な出来事である．

メタラジストたちは，フランスの研究者たちが下した結論：“鉄鋼における主役は炭素である”を直ちに受け入れたわけではなかった．しかし，その後の鉄鋼科学の進展は，鉄および鋼中における炭素の存在形態の詳細な解明であり，様々の不純物の働きの解析であった．ケイ素 Si はベリマン により重要性が指摘された元素で，鋼の硬化を担うものと考えられた時期もあった．鋳鉄におけるケイ素の役割は神秘的で，冷却の際には黒鉛化を促進するが，その解明は 19 世紀末まで待たねばならなかった．

炭素の化学的な役割が明らかになったため，鋼の生産が制御できるようになった．フランスでは Clouet が 1798 年に鋳鋼を生産している．彼は鍛造による，ダマスカス鋼の精妙な組織模様作りのリーダーでもあった．

分析は材料破断の説明，金属製錬および精錬の制御に役立ったが，基本理論的な理解という面での進展は遅かった．組成と構造の関連の解明は，光学顕微鏡レベル(ソルビーに始まる), 原子のレベル(X線回折, 1912年以降), そしてその中間レベル(電子顕微鏡レベル, 1950年以降)と進んできた. 1世紀にわたる偉大なスウェーデンとフランスの化学者の寄与を眺めてきたが, 冶金学の諸問題は最前線にいる純粋科学者の興味を惹くことは少なかった.

その理由の一つは, 金属材料は物理学者にとってあまりに複雑であったことであろう. そして, 金属材料の多くは固溶体であり, 単純な組成比平均による分子論でものを考える化学者の手に負えなかったことである.

20世紀においては, メタラジストが経験的に積み重ねた合金に関する知識が固体量子論の発展を促した. 金属の塑性と拡散に関する考察は, 転位その他の格子欠陥などの導入により固体物理学を多彩なものとし, X線回折により導かれた結晶の描像—規則的な原子の整列—を脅かしている. 今後は, 純粋科学と応用科学がさらに寄り添って成長し, 技術と間断なく融合していくであろう. 現場で働く人が直面する複雑に錯綜した現実は, 理論的研究の沃野であり続けるであろう.

要約

18世紀末は鉄と鋼を理解する上で特に重要な時期である. 幾世紀にもわたって, 鋼は極めつくされた匠の技により作られたが, その技は科学的に説明されるものではなかった. 鉄は炭素を溶解する唯一の金属(ありふれた金属の中では)であり, 木炭の三重の役割:「燃料, 還元剤, 合金元素」はまことにユニークなもので, 解明がむつかしかったのである.

アリストテレスは「鋼は鉄を精製したものである. なぜなら, 鋼は鉄より火中でより長時間加熱されたものだから」と信じていた. それをこえるものとして最初に現れたのが, フロギストン理論による説明である. この理論では,「鋼は鉄よりもフロギストンを多量に含む」とされた. レオミュールは「硫黄・塩(sulphurs and salt)」の量の違いと実体的な説明をしたのであるが, 18世紀の化学者のほとんどはフロギストン説に従った.

科学的理解の次の段階は, 科学からではなく, 東洋の観察手法から生まれたものである. すなわち, 表面を酸で腐食すると, 鉄と鋼の材質の差異が裸眼でも確認できるような模様を現出する. これは, 分析技術が急速に発展し, 新たな気体・燃焼現象が詳しく調べられた時期のスウェーデンでのことであった．鋼を酸の中で溶解したときには発生する気体を分析したベリマンは鋼の諸性質を炭素由来の残渣の存在に帰した．ただし，彼はフロギストンが主要な役割をしているという見解を維持した．

このころ，フランスにおいてはラヴォアジェの明瞭な思考により，燃焼現象がそれにかかわる酸素，炭素，水素，金属酸化物などの成分要素により説明された．これは，基本的に今日の理解と同じものであり，フロギストンという超自然的なものを考える必要はなくなった．しかし，炭素と炭化物を識別することができなかったので白色銑と灰色銑の差異は間違った説明（酸素によるとされていた）がなされていた．この誤解が解消するには長い時間を要したが，誠に重要な進展であった．化学組成が神秘的な原理に置き換わったのである．

現場で働く“鉄鋼工人”がこの新知識のおかげを被るのは極めてゆっくりしたものであったかもしれないが，彼の実践的知見こそが炭素を化学元素として認知させ，化学革命の展開に少なからぬ貢献をしたのである．

参考文献

1）小岩昌宏：“原爆開発・金属研究所創設・金属学史執筆—非凡なメタラジスト C.S. スミスの軌跡”, 金属, **90** No.11 (2020), 951.（本書の 12 章として掲載）

2）Cyril Stanley Smith: The Discovery of Carbon in Steel, Technology and Culture, Vol.5, No. 2 (Spring, 1964), pp.149-175.
なお，この論文は Smith の著書（下記）の第 2 章としても採録されている．
A Search For Structure Selected Essays on Science, Art and History, MIT press, 1981.

3）中沢護人：『鋼の時代』, 岩波書店, 1964 年.

14
化学革命
——それに続く化学の基本概念の形成——

前章で「C. S. Smith の論考：鋼の中の炭素の発見」を抄訳，紹介した[1]．そこでは「鋼は鉄に炭素が溶け込んだ合金である」ことが受容されたのは 18 世紀末であること，その認識は化学革命から生まれたものであることを述べた．“化学革命” とはなにか？ あまり広く用いられている用語ではない．

この機会に，人間が物質の成り立ちをどのように理解してきたか—物質観の変遷，化学革命，それ以降の化学の基本概念の形成過程を概観してみよう．なお，化学の発展史に関しては，関連の書籍[2)～4)] を参照した．

ギリシャ人の物質観

chemistry（化学）の語源は，エジプト語の黒を意味する語に発するといわれている．これが示すように，化学は古代エジプトの窯業や冶金の技術に始まり，そこからギリシャ，ローマに伝わった．

「すべてのものは何からできているか」という根源的な問いに答えたのはギリシャの商人タレス（BC6 世紀）で，すべての物質の根本は水であると考えた．しかし，ギリシャで支配的であった物質観はアリストテレスの 4 元素説で，火，空気，水，土が元になるとされた．古代ギリシャの哲学者レウキッポスとその弟子デモクリトスは，最も古い原子論者と言われている．彼らは物質を分割していくとそれ以上は分割不可能な終局的微粒子に到達すると考え，これを「アトモス」と呼んだ．Atom の語源である．

錬金術

近代化学の源流となったのは，ギリシャ人学者たちの間でBC1世紀ごろに起こった錬金術で，金属加工職人の技術とギリシャ哲学の融合に起源があるという．ギリシャの錬金術は8世紀ごろアラブ世界にわたった．卑金属を貴金属に変えようとする努力は，その目的のためには不毛であったが，化学物質を取り扱う装置や手段の進歩をもたらし，近代化学を生み出す基盤となった．なかでも蒸留は錬金術で最も重要な手法であった．皿，ビーカー，フラスコ，乳鉢，漏斗，るつぼなどの器具が使われ，16世紀ごろまでに7種の既知の金属（鉄，銅，金，銀，水銀，錫，鉛）に加えて亜鉛，アンチモン，ヒ素も使われた．

その他，硫黄，炭酸ナトリウム，ミョウバン，食塩などの塩が知られていた．また，硫酸，硝酸，王水などの酸が作られるようになった．

医化学

紀元2世紀にギリシャの医者ガレノスによって体系化された医学が中世を通じて西欧世界を支配していた．しかし，16世紀になると，蒸留技術の進歩により得られた新しい物資が医学に持ち込まれた．13世紀ごろから蒸留物が医薬として用いられはじめ，16世紀には様々な油類，薬草類の蒸留物が薬品として用いられた．スイス人医師，パラケルススは医化学を体系化した．彼は“錬金術は医学の基礎の一つであり，錬金術の真の目的は金属の変換より薬品を作ることにある”と信じた．

技術の遺産

16世紀にはヨーロッパで鉱山業が主要な産業となり，採鉱・冶金に関する書物が出版されるようになった．なかでも有名なのがドイツの医師アグリコラ（1494～1555）による著書「デ・レ・メタリカ（de re metallica）」である．この本は採鉱・精錬・冶金・分析の技術を詳細に記述し，豊富な図版が当時の技術の様子を伝えている．これらの本の記述から，天秤を用いる定量的な分析の努力が行われたことがわかる．当時の最良の天秤は0.1 mgまで測定できたという．16世紀にはガラス，陶器，火薬，酸，塩などの無機物の製造技術も発達した．

17 世紀の化学

中世から 16 世紀に至るまでの科学は，アリストテレスの自然学やプトレマイオスの天文学の権威に支配されていたが，17 世紀にはいると変化が生じ始めた．ケプラー，ガリレオ，ニュートン，ハーヴェーらによる天文学，物理学，生物学におけるいわゆる「科学革命」である．しかし，化学の分野ではまだ革命は起きなかった．それは化学がそれまで複雑な物質を取り扱ってきたためである．化学が大きく発展するためには，純粋な物質を同定して，それを定量的に扱うことが不可欠で，それにはまだ 1 世紀以上の時間が必要であった．17 世紀における化学の進歩にもっとも大きく貢献したのはロバート･ボイルである．また，ゲーリケにより真空ポンプが発明されたことをきっかけに気体への関心が高まり，気体化学が勃興した．

ボイルと粒子論哲学

1654 年にフォン･ゲーリケにより空気ポンプが発明された．ボイルはすぐにこれを製作し，空気の圧力や真空に関する研究を行い，気体の体積と圧力が反比例するという「ボイルの法則」を発見した．

ボイルは，「すべての物質は粒子によってできている．この粒子は形，大きさ，運動を備えているため，粒子の異なる組み合わせや衝突の仕方により，物質の違った特性が現われる．ある物質がある溶液に溶けるかどうかも，この粒子の性質によって説明される」と主張した．しかし，実際の化学元素と対応づけるものではなかった．

図 1 はボイルが 1662 年に描いたとされるものである[5]．「原子は空間を占め，圧力に耐え，体積

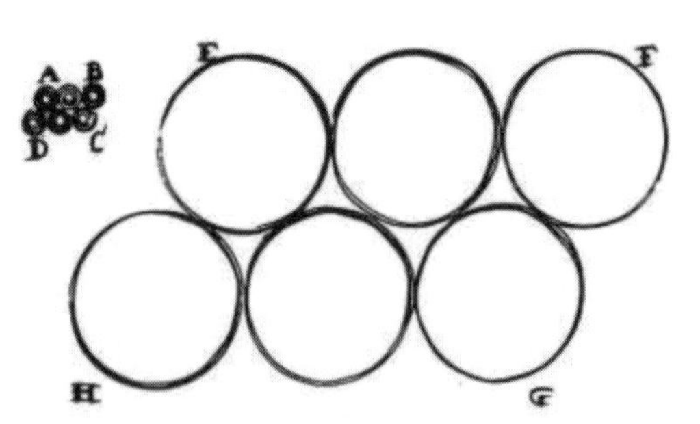

図 1　ボイルが描いた空気の粒子の図[6]．ABCD：高圧下，EFGH：低圧下 (原子は，時計のスプリングのようにコイル状であると想像していた)．

を変化させることができる」ことから，原子は時計のスプリングのようにコイルを巻いていて，ある軸の周りに回転し，ばね性に富む小球であると想像した．2個の図は高圧下(ABCD)，低圧下(EFGH)を示している．

“原子(あるいは分子)が自由に動き回っている”という気体分子運動論の描像は，1860年の国際化学会議(後述)以降に共有されたもので．それまではこの図に象徴されるように，「気体中の原子は静止して格子を組んでいる」とする格子理論が支配的であった[6]．

フロギストン説

燃焼のしくみを説明する有力な説として17世紀後半，ドイツでフロギストン説が起こった．“物質中には可燃元素があって，その物質が燃えると，それが放出される”というのである．その可燃元素が「フロギストン」と名付けられた．物質が燃えて灰になると質量が減るのは，それがフロギストンを失ったからである．しかし，金属は燃やすとむしろ質量が増える．この事実は，フロギストン説の矛盾を鋭く突くものであった．

気体化学の発展

フロギストン説は18世紀末まで人々をとらえていた．産業革命が起こり，蒸気機関とその応用が盛んになるにつれ気体化学の研究が盛んになった．主要な気体の発見の経緯を記す．

炭酸ガス：エジンバラ大学の医学生であったジョセフ・ブラックは胃酸を抑える塩の研究で炭酸塩に興味を持ち，それを加熱して発生する気体(CO_2)を固定空気と名付けた(1750年ごろ)．

酸素：化学史上，最も多くの新しい気体を発見したのは英国の牧師でアマチュアの化学研究者，ジョセフ・プリーストリーである．そのもっとも重要な貢献は酸素の発見である．1774年，水銀を空気中で熱して得た赤色の水銀灰(HgO)を加熱して，新しい気体(酸素)を得た．フロギストン説の信奉者であった彼は，「脱フロギストン空気」と考えていた．プリーストリーよりも少し早く酸素を発見していたのがスウェーデンのシェーレである．彼は空気が2種の気体から成り，一つは燃焼と呼吸を維持し，もう一つはそうでないと考えていた．金属灰を加熱して燃焼を維持する気体(酸素)を得て，これを「火の空気」と名付け，この事実を1773年に本に書き記したが，この本は1777年まで出版されなかった．

水素：ヘンリー・キャベンディシュは1776年に「可燃性の空気」として水素を発見した．彼は，希硫酸や希塩酸を亜鉛・鉄などに作用させて水素を発生させた．彼はこの「可燃性の空気」をプリーストリーの「脱フロギストン空気」(酸素) 中で燃焼させると水が生ずることを報告した．

ラヴォアジェと化学革命

化学現象における酸素の役割を理解するにつれ，ラヴォアジェ (写真1) はフロギストン説に疑いを抱くようになった．1783年の論文「フロギストンについての考察」でその追放に立ち上がった．フランス国内では，1787年ごろまでに有力な化学者たちが彼の主張を受け入れ，ラヴォアジェと協力して新理論の普及に努めた．当時混乱していた化学用語の体系化が提案され，1787年に「化学命名法」が刊行された．この命名法では，分解できない物質を単体 (元素) とし，どの名前を命名法全体の基礎とした．

写真1　アントワーヌ・ラヴォアジェ (Antoine-Laurent de Lavoisier, 1743～1794)．

1789年には化学の新しい教科書「化学原論」が出版された．ここでラヴォアジェは，化学的方法では分解できない物質を化学元素であると定義し，33の物質を元素として挙げた (表1)．邦訳したものを表2に示した．この中には後に元素でないとわかったものや，光と熱素も含まれていた．なお，図2はこの本にある実験器具の図で，ラヴォアジェ夫人により描かれたものである．

ラヴォアジェの業績は化学に未曽有の変革をあたえたので，多くの化学史家によって<u>化学革命</u>とよばれてきた．

表 1　『化学原論』(1789) に掲載の単体表.

TABLEAU DES SUBSTANCES SIMPLES.

	Noms nouveaux.	Noms anciens correſpondans.
Subſtances ſimples qui appartiennent aux trois règnes & qu'on peut regarder comme les élémens des corps.	Lumière	Lumière.
	Calorique	Chaleur. Principe de la chaleur. Fluide igné. Feu. Matière du feu & de la chaleur.
	Oxygène	Air déphlogiſtiqué. Air empiréal. Air vital. Baſe de l'air vital.
	Azote	Gaz phlogiſtiqué. Mofete. Baſe de la mofete.
	Hydrogène	Gaz inflammable. Baſe du gaz inflammable.
Subſtances ſimples non métalliques oxidables & acidifiables.	Soufre	Soufre.
	Phoſphore	Phoſphore.
	Carbone	Charbon pur.
	Radical muriatique.	Inconnu.
	Radical fluorique	Inconnu.
	Radical boracique	Inconnu.
Subſtances ſimples métalliques oxidables & acidifiables.	Antimoine	Antimoine.
	Argent	Argent.
	Arſenic	Arſenic.
	Biſmuth	Biſmuth.
	Cobolt	Cobolt.
	Cuivre	Cuivre.
	Etain	Etain.
	Fer	Fer.
	Manganèſe	Manganèſe.
	Mercure	Mercure.
	Molybdène	Molybdène.
	Nickel	Nickel.
	Or	Or.
	Platine	Platine.
	Plomb	Plomb.
	Tungſtène	Tungſtène.
	Zinc	Zinc.
Subſtances ſimples ſalifiables terreuſes.	Chaux	Terre calcaire, chaux.
	Magnéſie	Magnéſie, baſe du ſel d'Epſom.
	Baryte	Barote, terre peſante.
	Alumine	Argile, terre de l'alun, baſe de l'alun.
	Silice	Terre ſiliceuſe, terre vitrifiable.

表 2　ラヴォアジェの「元素」または単体 (表 1 を訳したもの).

分類	元素
自然界に広くあるもの (5)	光　カロリック (熱素)　酸素　窒素　水素
非金属 (6)	硫黄　リン　炭素　塩酸基 (塩素) フッ酸基 (フッ素)　ホウ酸基
金属 (17)	アンチモン　銀　ヒ素　ビスマス　コバルト　銅　スズ 鉄　モリブデン　ニッケル　金　白金　鉛　タングステ ン亜鉛　マンガン　水銀
土 (5)	ライム (酸化カルシウム)　マグネシアバリタ (酸化バリウ ム)　アルミナ　シリカ

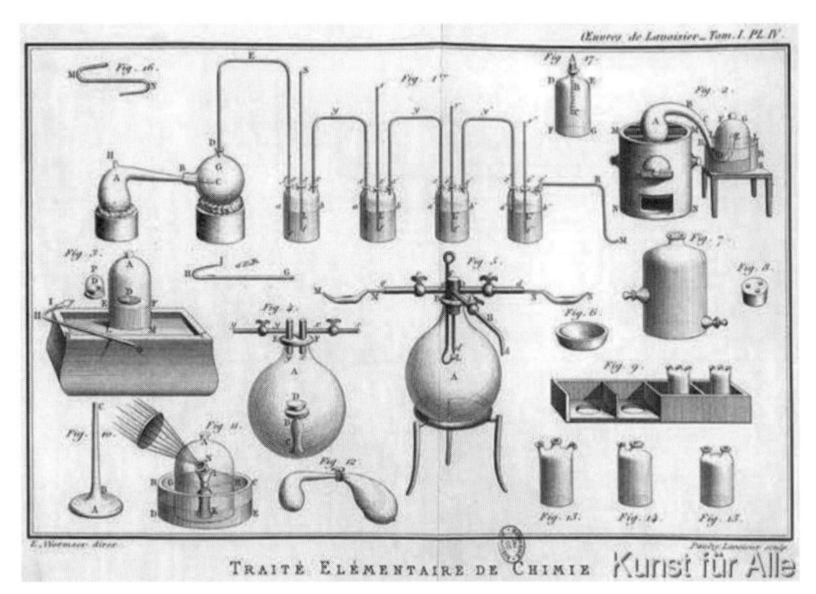

図 2　「化学原論」にあるラヴォアジェ夫人によって描かれた実験器具の図.

ドルトンの原子論

ラヴォアジェの化学革命に続いたのが英国のドルトン（写真 2）である．気象の研究から大気と気体に関心を抱いた彼は，ニュートンの「気体は微粒子により構成されている」という説に触発されて，以下のように原子説を提案する.

①物質は，それ以上分割できない小さな粒子からなる．この小さな粒子を原子とよぶ.

②各元素には，それぞれに固有な質量と性質をもつ原子が存在する.

③すべての化学変化では，原子の組み合わせが変わるだけで，原子そのものが新しく生成したり消滅したりすることはない.

④化合物は，成分元素の原子が一定の割合で結びついてできている.

写真 2　ジョン・ドルトン（John Dalton, 1766～1844）.

異なる種類の原子の質量の比：原子量は，化学反応の経験則（定比例や倍数比例の法則）から推測できる．1808年に出版された「化学の新体系」には原子記号（図3）とともに原子量の表が掲載されている．しかし，「水素，酸素は単原子気体である」（実際には2原子分子であるのに）と仮定するなど実際とは異なる前提で計算されたので，今日受け入れられている数値とは異なる．図4はドルトンが描いた「酸素と窒素ガス中の原子の図」である．前述のボイルと同様に，気体中での原子は格子を組んでいると想像していたことがわかる．「格子定数」が酸素と窒素で異なる—後述のアボガドロの仮説に反対した—ことに注意したい．このような「気体格子モデル」においては，“分子はゆっくり滑りあって2つの格子が次第に相手の格子へと相互に侵入することにより，拡散が進行する”と説明された．

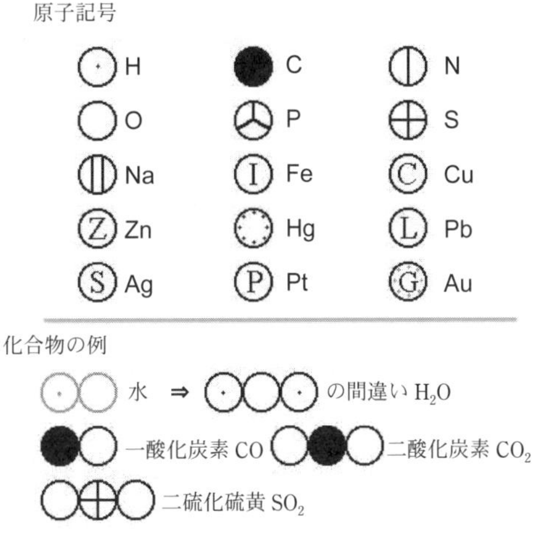

図3　ドルトンの原子記号.

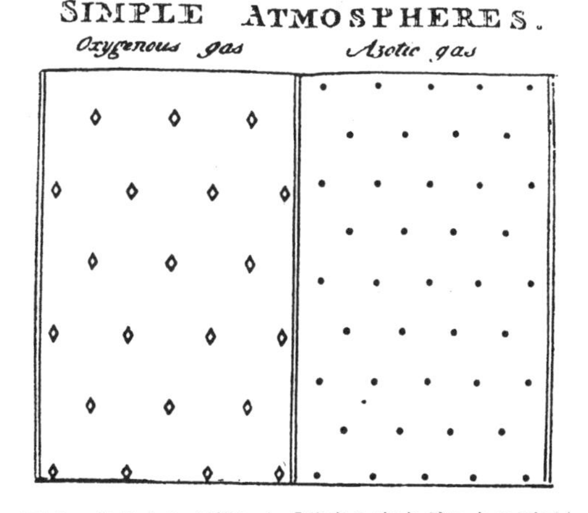

図4　ドルトンが描いた「酸素と窒素ガス中の原子」の図（出典：J. Dalton: Mem. Manchester Lit. Phil. Soc., 1802, 5, 535-602 and Plate8）.

アボガドロの分子仮説

1811年，アボガドロ（写真3）はフランスの学術雑誌に原子分子の概念を明確化し，原子量の正確な測定法の道を開く重要な仮説を発表した．仮説は2段階からなっている．

(i) 温度，圧力が等しい気体の同じ容積中には同数の粒子が含まれている．

(ii) 気体を構成する粒子は，複数の原子が結合した分子から成っている．

アボガドロの仮説の独創的な点は，分割可能な分子の概念を導入したことである．水素や酸素は二原子分子で，水は水素2原子と酸素1原子から成るとし，水がHOであるとしたドルトンの考えを修正した．

写真3　アメデオ・アボガドロ（Lorenzo Romano Amedeo Carlo Avogadro, 1776～1856）．

物理学者であるアボガドロは，自らの実験結果を踏えてこの仮説を提唱したのではない．化合物の成分比，気体反応の容積比，などに関する経験的事実を矛盾なく説明することを目指したのである．しかし当時は，「同じ種類の原子には静電的な斥力が働く」との電気化学的な見方がされており，同種の原子が結合して分子を形成するという考えは受け入れがたかった（共有結合の概念を提唱されたのは1916年，その理論的根拠が量子化学的に説明されたのは1927年である）．アボガドロの仮説がその真価を認められるまで50年もの長時間が必要であったのは，こうした当時の化学界の状況によるものである．

元素記号

1813年，スウェーデンのベルセリウスが，元素をアルファベットの頭文字で表す方法を提案した．当初は1文字であったが，新元素の発見により同じ頭文字のものができたので，頭文字とそれに続く文字の中の1文字を使って，

2文字でも表すようになった．以下に由来のいくつかを示す．

水素　H　ギリシャ語の「水を作るもの」の頭文字から
炭素　C　ラテン語｛木炭｝の頭文字から
酸素　O　ギリシャ語で「酸を作るもの」の頭文字から
金　Au　ラテン語の金，Aurum オーロラも同じ語源
銀　Ag　ラテン語「白い輝き」を意味する Argentum から
銅　Cu　ラテン語の銅 *cuprum*，銅の産出地の名にもちなむ

なお，ドルトンは，原子は丸い粒だとベルセリウスの提案に死ぬまで反対し図3の表記法にこだわったとのことである．

カールスルーエ国際化学会議

1890年9月，ケキュレ (August Kekule) の発案により表記の国際会議が開催された[5]．同年6月15日付の招請状には次のように記されている．

> 近年，化学は目覚しい発展を遂げていますが，理論上の食い違いも目立ってきました．これからの進歩のため，議論すべき時です．・・・参加者の自由で徹底的な討論によって，次のいくつかの点に合意が得られればと存じます．
>
> - 原子，分子，当量，原子度，塩基度など　の化学の主要な概念の定義
> - 当量と化学式にかかわる諸問題
> - 表記法と統一的な命名法の制定

3日間にわたってカールスルーエの州議事堂で開かれたこの会議には，独，仏，英，露などヨーロッパの諸国から約140名の化学者が参加し熱心な議論が行われた．参会者の1人に32歳のイタリアの化学者カニッツァーロ（写真4）がいた．彼はゼノア大学の化学の講義を担当し，アボガドロの信奉者としてその理論を数年にわたって講じてきたのであった．最終日に行われた彼の講演は熱のこもったものであったが，その場における聴衆の反応は今ひとつであった．会議の最後に彼はパンフレットを聴衆に配布した．これは2年前にイタリアの学術雑誌に“化学哲学概論”と題して投稿した論文の別刷で

写真 4　スタニズラオ・カニッツァーロ (Stanislao Cannizzaro, 1826〜1910).

写真 5　ロータル・マイヤー (Julius Lothar Meyer 1830 〜1895).

ある．大学における講義の要約と各種の図表を含み，口頭発表よりはるかに明瞭にその意図を伝えるものであった．パンフレットを受け取った 1 人，マイヤー (写真 5) は会議からの帰途，それに眼を通した．その感想を以下のように述べている．

> 私はそれを繰り返し読んだ．そしてこの小論文が我々の討論の主要な課題をくっきりと照らし出していることに驚嘆した．眼から鱗が落ち，懐疑は消滅し，確信が生まれた．争点を明確に整理し，頭を冷やすことができたのは，まさにこのカニッツァーロの小冊子のおかげであった．
>
> 会議参加者の多くも同様に感じたはずである．戦いの潮は引き始めたのである．アボガドロとデュロン-プティの法則の見かけ上の不一致も説明され，ともに有効に利用できることが示されたのである．

マイヤーはカニッツァーロの考えに強く共鳴し，その考えを盛り込んだ化学の教科書を著した．マイヤーの名声は当時世界的であったので，その教科書は広く使用された．その結果，アボガドロの仮説も広く普及することになった．

最初の周期表を1870年に発表したメンデレーエフは，この会議について以下のように回想している．

> 周期律についての私の思考を発展させる決定的瞬間を与えたのは，1860年のカールスルーエ化学者会議と，その席上イタリアの化学者カニッツァーロによって原子量が明確にされたことで，これが研究の始点となった．

この国際会議は，多くの研究者による化学の基礎概念の共有の起点となったといえよう．会議の報告は，邦文の書籍[7)~9)]のいくつかにも紹介されている．

参考文献

1)　小岩昌宏："鋼の中の炭素の発見"，金属，**91** No.9 (2021), 764.
2)　内田正雄 編，化学史学会監訳：『入門化学史』，朝倉書店，2007年.
3)　廣田襄：『現代化学史』，京都大学学術出版会，2013年．
4)　W. H. ブロック著，大野誠ほか訳：『化学の歴史 I』，朝倉書店，2003年.
5)　小岩昌宏："原子仮説の確立過程"，『金属学プロムナード』，アグネ技術センター，2004年．
6)　Eric Mendoza: "The Lattice Theory of Gases: A Neglected Episode in the History of Chemistry", Journal of Chemical Education, **67** (1990), 1040.
7)　筏英之：『百万人の化学史—［原子］神話から実態へ—』，アグネ承風社，1989年.
8)　化学史学会編：『原子論・分子論の原典3』，学会出版センター，1993年.
9)　松村敬一郎，藤村みつ子：『化学の形成』，霞ヶ関出版，1996年.

15

書くこと読むこと　断想

——執筆・翻訳・書評——

書類の整理をしていると，ノートに書きとめた，あるいはコピーした文章が目に留まる．捨ててしまうには忍びない．雑誌に寄稿すれば誰かに読んでもらうチャンスが生まれる．そんな気がして落穂をひろい，書き残すこととする．

私は東北大学金属材料研究所に21年，京都大学工学部に15年務めた．大学教官の仕事のかなりの部分は，学生の論文の執筆・講演発表の指導である．したがって，その関係の本などを読んだり，また自分でも書いたりした．「書くこと」について印象に残る文章を記しておく．

執筆について

Schribe wie du sprichst（口で言うように書きなさい）

寺田寅彦の弟子である中谷宇吉郎は，雪の研究で著名である．この師弟は，ともに科学随筆を多く執筆したことでも知られている．表題のエッセイは中谷の随筆選集[1]におさめられているもので，彼が小宮（豊隆）から「科学者などいわゆる文章の素人の人が書いたものの中には非常に面白いものがあるから，何か書いてみてはどうかとすすめられたことがある」という書き出しで始まる．

> …そのとき，レッシング（ドイツの詩人）の話が出た．レッシングがその姉に手紙をときどきくれと云ったら，姉は教育を受けていないので碌な手紙は書けないという．レッシングはそのとき姉に，“Schribe wie du sprichst”（口で言うように書きなさい）といったという．

中谷はこれを聞いて…なるほど文章はだれにでも書けるものであるという気がした.

写真1　中谷宇吉郎(1900～1962). 雪と氷の研究者. 出身地である石川県加賀市に「中谷宇吉郎雪の科学館」が設立されている.
(中谷宇吉郎記念財団提供)

> この心得はその後始終守るようにしているが, 文章の可否は別問題として, 自分には大変気安くものが書けるようになった. もっとも実際にはこの心得をもっと引き下げて「むずかしいところは一度口でいってみてその通りに書く」というふうに変形して使うことにしているが, 本当の素人にはそのほうがわかり易いようである. 実は英文を書く時には前からこの心得を守っていたらしいことを後になって気が付いた, それはいつか大変云い廻しが難しいところがあって, そこを散々苦労して書き上げて英国人に見てもらったら, どうしても意味が分からぬという. それでその意味を説明したら,「それではなぜその通りに書かぬか」といって, 説明したとおりに書きなおしてくれたことがあった. それ以来英文を書くときには, いつもこの手を用いていたのであった. 心得などというものは, やはりちゃんとした「文句」にして覚えていなくては役に立たぬものらしい. (昭和11年12月)

丸谷才一「文章読本」[2)]

「文章読本」と題する本は, 昭和9年谷崎潤一郎があらわしたものをはじめとし, 川端康成, 三島由紀夫, 中村真一郎など数人の小説家によって書かれているが, 私が繰り返し読んだのは丸谷才一によるものである. 執筆しているのは小説家であるから. 主たる対象は“小説”で, 科学論文・解説とは趣が違うが,“文章”を問題とする限り, 共通の点も多い. 丸谷才一の文章読本の第3章は次のように始まる.

> 「思ったとほりに書け」という文章訓があって, これがなかなか評判がいいらしい. 話が簡単で威勢がいいから受けるのだらうが, わたしに言わせれば大変な心得ちがひである.
>
> と言っても, もちろん思ったとほりに書くな, 心にもない嘘八百をな

らべなさいとすすめるつもりはない. …

だが, 実はここに一つ, 思ったとほりに書く方法があって, それは書くにふさわしいやうにあらかじめ思ふことである. その思ったことを書き写せば一応文章が出来上がるだらう. 心に思ふ思ひ方が巧みであれば巧みな文章, まづければまづい文章が書き記されるだらう. かう言えば人は騙されたやうに感じて舌打ちするかもしれないが, さう感じるのは何かとてつもない秘法を期待したせいである. しかし, そんな結構なものなどあるはずがない.

写真2 丸谷才一『文章読本』, 中央公論新社 (中公文庫).

…書くにふさはしいやうにあらかじめ心に思ふ思ひ方がある. これもまた, 極意でも奥義でもなく, 当たり前の話にすぎないけれど. 文章の型を学び, 身につけ, その型に合わせて思ふことがそれである. すなはち一切は, 前章で述べた, 名文を読めといふ心得に帰着するだろう.

(丸谷才一は 歴史的仮名遣い を用いているので, 上記引用部でもそれに従った.)

先に述べた中谷宇吉郎の話“口で言うように書きなさい”という教訓と相通ずるところがあるように思う.

三島由紀夫は, 喋った言葉がそのまま文章になった[3)]

作家 白石一文は, 小学校低学年のころ, やはり物書きであった父にこう教えられた.「文章をうまく書けるようになるには, 常日頃から正確な言葉をじっくりしゃべるように努力すればいい. …そのまま文章にしても大丈夫な言葉を喋れるようになる.」

後年, 月刊誌の編集部で働いていた白石は, 編集長から以下のような話を聴いたという. 三島が出した警世の書は,「…あの本は, 全部語り下ろしだ. 喋りだと速記を起こしてもちゃんとした文章にならないが, 三島さんは例外だった. 大袈裟でなく一字一句, 彼の喋った言葉がそのまま文章になった.」

英語で論文を書く

日本金属学会が欧文誌の刊行を始めたのは1960年で，このころから英語で学術論文を執筆する研究者が増えてきた．不慣れな英語での論文執筆を支援・指導するための文章が学会誌によく寄稿されるようになった．日本物理学会誌に「Journalの論文をよくするために」と題する記事の連載が始まったのは1961年で，最初の著者は東大理学部の高橋秀俊先生であった．数年にわたって掲載されたこのシリーズの記事は，のちに「Journalの論文をよくするために―物理学論文の著者への道―」[5]として刊行された．

私はこの書を手元に置いて，論文を書くごとに参照し，読みかえしたものである．なかでも印象的であった上田良二先生の文章を以下に抜粋紹介する．インターネットで検索参照できるから，ぜひ全文を読んでいただきたい．

「論文を書くにあたっての心構え」[6]

上田良二

私が初めて論文と名のつくものを書いたのは，東大で西川正治先生(1884～1952)の助手をしていた時です．…約一年あまり実験や計算をして，ちょっとした仕事がまとまったので，それを英文で書きあげました．…原稿を受け取られた先生は，嬉しそうな顔をされ，「もうできましたか．拝見しておきましょう」と言われました．…ところが一週間はおろか，一か月経っても二か月経っても先生は何も言われないのです．…二年以上も経ったある日のこと，先生はその古い原稿を示され，「これから校訂をします」と言われました．…

先生はまず題目を読み，この題ではこれこれの意味になるから，内容としっくりしない．「もう少しよい題はないでしょうか」と言って，目をつぶって考え込まれました．…じつに題目だけで二時間近くも議論し，それでもまだ何も決まらなかったのには驚きました．

…先生は一行の文章を読むと，まず文法上の誤りを直し，意味の曖昧なところを明らかにされました．そのうえで，その文章の意味を厳格に吟味し，それがいま書こうとしている結果と一致しているかどうかを細かく検討されました．先生の考え方はじつに精密で，あたかも天秤の左皿に書くべき内容をのせ，右皿に書いた文章をのせて，完全なつりあいがとれるまで文章を切り盛りするというふうでした.

このように精密にやられては日本語でもかなわないところですが，英語の場合は全く参ります．表現法を十分に知らないため，多少は意味の違う文章で代用させてあることが極めて多いのです．先生はそれを許さず，どんなに時間をかけても内容ずばりの文章になるまで努力されたのです.

一番適した単語を選ぶためにはシソーラスなどで多数の同義語をならべ，さらに辞書によってその意味の異同を検討し，また類似の文章をいくつも書いて，その中から一番よいのを選ばれました．あまりに暇を食うので，外国人の文章をそのまま借用しておくと，文章そのものはよくてもここの意味とは違うと言って，消されることが多かったように思います.

先生の校訂を受けた文章は，一つの考えが一つのセンテンスに対応し，全く簡単で平凡という感じになりました．一つ一つのセンテンスができると，センテンスの間に意味の重複はないか，跳びはないかと調べられました．重複は少ないが，跳びはしばしばありました．書く人は内容を知っているから，跳びがあっても頭の中で補って読める．しかし，読む人は跳びがあると理解できない．特に書きはじめの文章がやぶから棒だといって，一, 二行を付け加えられたことがよくありました.

論文は読む人のために書くのだから，誰が読んでもすらすらと頭に入るように書け，と言われました．ある時，“It is well-known…”と書いておいたら，「これは，あなたがたには well-known だが，ほかの読者にもそうでしょうかね」と問われたことがありました．これなど，読者の立場で書くということのよい例かと思います.

…文章が粗雑だと，おのおののパラグラフの主題が何かと問われても答えられません．分析不十分な考えがあちこちに分散し，重複があることも少なくありません. 文章を精密化していくと, 自然に考えが整理され, 主題がはっきりとしてきます．西川先生はじつに根気よく，文章を通じて考えを分類し整理することを教えられました．私の最初の論文の校訂は一か月近くもかかりました.

…私の教えられたことは，読者にわかる文章を書くためには容易ならぬ努力が必要だということです.

翻訳について

昔,「翻訳の世界」という雑誌があり,「欠陥翻訳時評」という名物コーナーがあった. 毎月, 翻訳本を1冊取り上げて, その中の誤訳を指摘する内容であった. 最初に取り上げられたのが, ジョン・ガルブレイス著, 都留重人監訳の「不確実性の時代」である. のちに, 16冊分の時評をまとめて単行本[7]が刊行された. その冒頭に,「欠陥翻訳時評」を始めた“こころ”が記してある. それを以下に引用紹介する.

> 欠陥商品というのがある. 運転中にハンドルが抜ける車, 一度洗っただけでゴムが伸びるパンツ, けずってもけずってもしんが折れる鉛筆……翻訳も本になり人が買うものだからある意味では商品で, 商品に欠陥商品があるごとく翻訳にも欠陥翻訳があるだろう――と一応は考えられる. 商品のほうには多分通産省の何とか局その他お役所, 主婦連その他の消費者団体が目を光らせていて, 欠陥商品が見つかればたちまち報道され, 回収の何のという騒ぎになるから, メーカー側もうかうかしていられない. しかし, 翻訳についてはどうかというと, お上の口出しはもちろん願い下げだし, 消費者(読者)は欠陥かどうか判断する力がない. というのは…翻訳はかりに欠陥があったとしても消費者にせっぱつまった実害が及ぶわけではない. 消費者は出てきたものをただ有難く受け取るだけである. つまりは目を光らすものがどこにもいないわけで, メーカー側は作り放題の一方通行. たまに新聞雑誌が「これはひどい」「けしからん」と文句をつけることがあるが, 知らぬ顔の半兵衛をきめこんでいればやがてほとぼりもさめる. ライバル商品はないのが普通だから, 消費者は結局それを買うほかないのである. 日本は翻訳王国とよく言われる. いやむしろ翻訳者天国だと私は以前「翻訳の世界」に書いた.
>
> これはよくない. 消費者を闇討ちにするようなことはやめるべきだ. といってもいったいどうすればいい? 結局はお互いに欠陥商品

写真3　別宮貞徳『誤訳迷訳欠陥翻訳』, 筑摩書房(ちくま学芸文庫).

を出さないように致しましょうと自戒するほかないのではないか．自主規制というやつである．「欠陥翻訳時評」などといういささかショッキングなコラムができたのはそういった狙いなのだろうし，私がその大それた役を引き受けたのももちろん自戒の意味．私自身神ならぬ身の悲しさ，将来絶対に欠陥翻訳を出さないとは—人殺しをしないと同じく——言いきれない．通産省や主婦連気取りで目を光らせるなどとんでもない話で，たまたま身辺の翻訳作品でおか目八目的に欠陥に気づいたのを紹介して，我が身をも含めて翻訳界の戒めにしたいだけである．〈後略〉

固体物理や材料科学などの翻訳書でも，意味がとり難い文章に悩まされていたので，この文章には深く共感した．そして，翻訳書の書評をする機会があったら，率直で遠慮のない紹介をしようと思った．たまたまその時期，アグネから

訳書：ウイリアム．ヘンリー．ブラッグ—人間として科学者として—[8)]

の書評を依頼された．以下，その書評の一部を再掲し，補足を加えることにする．

書評について

ウイリアム．ヘンリー．ブラッグ—人間として科学者として—の書評[9)]

本書は『X 線結晶学』で著名なブラッグ（以下 WHB と略記）について，その娘キャローが書いた伝記の邦訳である．WHB は英国北西部の農家に生れ．ケンブリッジ大学で数学を専攻し，1886 年 24 才の若さでオーストラリアのアデレード大学教授（数学および物理学）に就任した．彼は大学教育の改革，一般市民の啓蒙には熱心であったが，長年のあいだ“研究”にはほとんど手をつけなかった．42 才のとき，科学振興協会の物理部門の長として，気体のイオン化に関する講演の準備をする過程で，キュリー夫人の X 線の吸収に関する論文を読んだことがきっかけとなり，偉大な実験研究者への道を歩みはじめた．

WHB は 1909 年，請われて故国のリーズ大学へ．そして 1915 年にはロンドン大学へ転ずる．オーストラリアで数学を学んだ子息 W. L. ブラッグはケンブリッジのキャベンディシュ研究所にあって，父と協力して X 線回折の研

写真4　ブラッグ親子．ウィリアム・ヘンリー・ブラッグ（WHB）とウィリアム・ローレンス・ブラッグ（WLB）．

究に従事し，この父子はノーベル物理学賞受賞の栄誉に輝く．しかし，父子のあいだには微妙な対立があり，とくにノーベル賞を受けてからは，「父の名のみがもてはやされる」といういらだちを隠しきれず，うちとけない不幸な関係がつづいた．

WHBは科学研究の成果の普及，一般大衆の啓蒙，教育の改革，産業と基礎科学の協力にも熱心で本書には，WHBのこの仕事への傾倒ぶりがくわしく述べられている．

これが科学者の伝記として成功しているかとなると，正直なところ良い点はつけられない．…

ある友人（英国生れ）は，“たまたまブラッグの娘であるというだけで書いたもので，文章もお粗末で感心しない”と酷評していた．事実，この訳書には意味のとりがたい文章が多い．原著を参照してみると，原文自体理解しがたいところもいくつかある．このような難書の訳業にとりくまれた訳者の苦衷は想像に難くないが，文章全体として読みやすい日本語になっているとはいいがたいし，訳者自身が責めを負うべき誤訳も少なからずある．　以下，二三例をあげる．

●WHBがオーストラリアで一般市民向けに行った講義に関して，
“…そして，講義の内容は初歩的なものになるだろうし，聴衆はおそらく物理学の知識はないだろうと公言されていたことは，まさしく本当だった”という記述がある．

原文は“and the audience, would not be supposed to have a knowledge of physics.”とあるから，「講義は素人向きで，聴衆には物理学の知識があるものとは想定していない，という前ぶれであったが，その予告どおりわかりやすいものであった．”と訳すべきであろう．

● “コンソート王子が二人の令息を連れて出席された写真があるが…”という一節がある．Prince Consortというのは「王位にある女王の夫君（the husband of a reigning female sovereign being himself a prince）」すなわち．「ビクトリア女王の夫君，アルバート公（殿下）」.

● “ブラッグ（父）がロンドンで，二輪辻馬車に飛びのって，「祖国へ」と叫んだのであった.”

という一節がある．？？？

この原文は，“Home!!”である．オーストラリアでは知名人であった彼が，ロンドンでもつい「家までやってくれ」といってしまった．ということである.

この他，Public school を「公立学校」，Trinity College, Cambridge を「ケンブリッジのトリニティ大学」，ブリティッシュ・コロンビア大学を「米国の」としている（カナダ），など気になる訳または誤りが目につく．ほとんど毎ページごとに首をひねる箇所があり，よくこれで出版したものだというのが率直な感想であった．しかし，アグネの出版に携わっておられた長崎誠三さんからは，「（こんなに手厳しい書評では）本が売れなくなる．少し手加減を…」といったニュアンスの苦言があり，他からも同趣旨の声が聞こえてきた．訳者との接触はなかったが，数年後同じ方が出された訳書“科学に生きる：ネビル・モット自伝”をたまたま図書館で見かけた．ざっと見たところでは，まともな翻訳のように見受けられ，あるいは筆者の苦言が薬になったのかも…と思った次第である.

ラングミュア伝[10]の書評

上述の書評をする以前に，やはり科学者の伝記である「ラングミュア伝」の書評[11]をした．ラングミュアーは企業にあってノーベル賞を受けた数少ない物理学者の一人である．この本の第9章の表題は，掘り出し上手（セレンディピティのフリガナ付き）で，Serendipity に関する詳しい紹介が記されている．筆者がこの語に関心を持つ切っ掛けとなったのは，この書の書評を引き受けたことにあった.

この訳書は，上述のブラッグ伝の訳書と対照的に素晴らしい出来栄えであった．書評[11]の末尾の文章を以下に再掲する.

> ところで，訳書というものは概して誤訳や意味の通じないところがあってなやまされることが多い．評者もかなり意地の悪い眼で見たのであるが，残念ながら（？）とりたててケチをつけるところは見出せなかっ

た．日本人になじみのうすい人名，地名，ことわざなどには訳注で出典などを明らかにするという行き届いた配慮もなされている．理学部物理学科出身の兵藤申一氏と英語英文学専攻の兵藤雅子夫人という，本書の訳者として申し分のない御二人の労作に敬意を表し，本書が多くの人々に読まれることを期待したい．

英語の慣用句

native speaker で教養のある人でないとわからないような表現が多く用いられている本もある．当然のことながら，翻訳者はそのことを予期して仕事を進める必要がある．私が気付いた例を二三あげることにしよう．

At the eleventh hour

1990 年代，米国での金属間化合物に関する研究討論会でのこと．30 人ほどの参加者が数グループに分かれて個別に議論し，その結果を各リーダーが全体会議に報告することになった．私のグループのリーダーはアジア系の米国人であった．10 時ころ議論をはじめ，11 時近くなったので，そろそろまとめをしようと“At the eleventh hour, …”と口を切った．彼は，この句が慣用的に用いられるものであることを知っていて使おうとしたのだが，その由来，適切な用法は知らなかったようだ．

手元にある英和辞典でこの語句を調べると，以下のよう記されている．

- 仕舞際に（後れ馳せに）－熟語本位英和中辞典　岩波書店
- 終わり間際に，きわどいときに　由来　新約聖書のマタイ伝から．
  －ライトハウス英和辞典，研究社．

英語には，聖書に由来する表現がよく用いられが，この句もその一つである．マタイによる福音書第 20 章　ブドウ園で働く労務者の話　に出てくる．以下は，『新約聖書の英語』[12] からの抜粋である．（第 3 章　イエスの生涯と宣教　第 42 項　The Eleventh hour どたん場，113 頁）

> And about the eleventh hour he went out and found others standing; and he said to them, ‘Why do you stand here idle all day ? ’ They said to him,

‘Because no one hired us.’ He said to them, ‘You go into the vineyard too.’ And when evening came, the owner of the vineyard said to his steward, ‘Call the labourers and pay them their wages, beginning with the last, up to the first.’ And when those hired about the eleventh hour came, each of them received a denarius. (Matthew 20 : 6～9)

5時ごろ[注1)]も行ってみると，ほかの人々が立っていたので，『なぜ何もしないで一日中ここに立っているのか』と尋ねると，彼らは，『だれも雇ってくれないのです』と言った．主人は『あなたたちもぶどう園へ行きなさい』と言った．夕方になって，ぶどう園の主人は監督に『労働者たちを呼んで，最後に来た者から始めて，最初に来た者まで順に賃金を払ってやりなさい』と言った．そこで，5時頃にやとわれた人達が来て，一デナリオンずつ受け取った．（マタイによる福音書第20章　6～9節）

天国がどういうものか，ぶどう園のたとえ話で説明したものです．1日1デナリオンの給料という約束で，ぶどう園の主人が労働者を雇います．早い人は夜明けとともに働きだしますが，9時に働きだす人も，12時の人も，3時に始める人もして，その一番遅い組が5時に働き始めた人．しかし，1日1デナリオンという約束通り，みな同じように1デナリオンをもらい，しかも遅く来た人から手渡される，つまり後のものが先になり，先のものが後になるというものです．天国での報酬が，この地上の世界でいう報酬とは異なったものであるということが示されている話です．

現代英語では，“5時を始点として，11番目の時間である17時までに”何事かを行えば間に合う，許される…　というニュアンスで「どたん場で，ぎりぎり間に合って」の意に用いられる．

なお，三浦綾子の著書　新約聖書入門[13)]では，「先のものが後のなる」こと，

注1）原文はabout the eleventh hourであり，“朝6時から数えて”11番目の時間である「5時ごろ」（筆者補足）．

「1日フルに働いた人と1時間しか働かなかった人も同じ給料であること」についてさまざまな考察・解説を加えているので，関心ある向きは参照されたい．もっともこれは，at the eleventh hour が“ぎりぎり間に合って”“きわどいところで”という意味で用いられることとは関係のない話であるが．

Mr. Barrett ってだれ？

英語をマスターするには，英語の小説をたくさん読むのがよい．どんな本がよいか？ アガサ・クリスティのポアロやマープル夫人ものは，読みやすく書かれており，高校生の読者も多いという．もっとも，私自身は受験生の頃にこうした本を手に取ることはなかった．30歳を過ぎて英国に2年滞在する機会があり，以前，邦訳を読んだことのあるもの（コナン・ドイルのシャーロック・ホームズものなど）の原作を読んだ．英国滞在から帰国して4年たった1976年，学術振興会の国際交流でカナダの原子力研究所（Chalk River）に3か月滞在する機会を得た．この間に読んだペーパーバックの1冊がアガサ・クリスティの「*Curtain: Poirot's Last Case*)」である．

エルキュール・ポアロは，アガサ・クリスティの33の長編・54の短編・1つの戯曲に登場する名探偵のベルギー人である．その初登場は『スタイルズ荘の怪事件』（1920年）で『カーテン』（1975年）で終焉を迎える．

『カーテン』の舞台はアガサ・クリスティのデビュー作の舞台でもあったスタイルズ荘である．過去に悲惨な殺人事件のあったスタイルズ荘は現在高級下宿になっている．友人ヘイスティングスはポアロに呼び出されて懐かしいスタイルズ荘に訪れる．しかしポアロは老いていて心臓を患って，余命いくばくも無い様子．そんな中でもここスタイルズ荘で殺人事件が起こるとポアロは察知してヘイスティングスを呼び出したのだ．ヘイスティングスの愛娘ジュディスは，理学士の学位をと

写真5　アガサ・クリスティ（1890～1976）．ミステリーの女王．

り，熱帯風土病の研究をしている医師の助手を務めているのだが，雇い主である医師ともどもスタイルズ荘に滞在中である．

写真6　『カーテン』アガサ・クリスティー．左：原書，右：中村能三訳（早川書房，ハヤカワ文庫）．

この小説を読んでいるとき，気になる一節があった．50ページほど読み進んだところで，Mr. Barrettという人名があらわれた．当該部分の原文を以下に記す．

> Really, Father, you' re being too idiotic. Don' t you realize that at my age I' m capable of managing my own affairs? You' ve no earthly right to control what I do or whom I chose to make a friend of. It' s this senseless interfering in their children' s lives that is so infuriating about fathers and mothers. I' m very fond of you – but I' m an adult woman and my life is my own. Don' t start making a Mr Barrett of yourself.

初めからページを繰りなおしたのだが，Mr Barrettはそれ以前には登場しない人名である．数人の友人（カナダ人）に訊ねてみたが，首をひねるばかりである．

英和辞典には，冠詞aの用法として，

a Newton　　ニュートンのような人（大科学者）

という用例がある．Barrettという知名人はいるのだろうか？

この疑問にスコットランド出身の友人が答えてくれた．要約すると…

> ウインポール通りのバレット家（The Barretts of Wimpole Street）という戯曲（ルドルフ・ベジア作，1930）がある．ロンドンで初演ののち，1931年ニューヨーク初演，1934および1957年に映画化された．結婚に頑固に反対する父親Mr. Barrettの妨害をはねのけて結婚するエリザベスとロバート（ブラウニング夫妻[注2]）の出会いを描いたものである．これをもとに，英国ではMr. Barrettは“娘の結婚に強固に反対する父親”の代名

詞となった.

ところで，アガサ・クリスティの作品は（おそらく）すべて日本語に訳されている．a Mr. Barrett のくだりはどう訳されているだろうか？ 以下に該当部分を記す.

「ばかなことを言わないでよ，お父さま．あたしくらいの年になれば，自分のことは自分で始末できるわ．あたしが何をしようと，誰と親しくなろうと，お父さまにあれこれ言う権利はないのよ．子供の生活にくだらない口出しをする父親や母親ほど腹の立つものってないわ．そりゃ．あたし，お父さまが大好きよー でも，あたしだってもう一人前の大人だし，あたしは自由なのよ．おせっかいはやめてちょうだい.」

（中村能三，1982 年 10 月　早川書房）

対応する部分をならべてみると…

Don't start making a Mr. Barrett of yourself.

おせっかいはやめてちょうだい.

日本語訳では，a Mr. Barrett は完全に消えている．しかし文意は伝わっている．たしかに，ここでは，バレットさんを完全に無視したほうが無難で，一般向きの訳書としてはこれでよいであろう.

注 2）ブラウニング夫妻の略歴を記しておく.

ロバート・ブラウニング（1812〜1889）

ロンドン郊外の裕福な家庭に生まれ，12 歳で詩集を作り、14 歳でギリシア語・ラテン語をマスターし，古典を耽読した．21 歳から詩や戯曲を発表した．1846 年，34 歳のとき 6 歳年上の詩人エリザベス・バレットと結婚するも，岳父の反対によってフィレンツェに移住する．愛妻の死後にロンドンに戻る．晩年にヨーロッパを渡り歩いた末にイタリアに戻り，最後の詩集が刊行された日にヴェネツィアで客死．彼の詩は，上田敏の訳詞で日本でもよく知られている.

エリザベス・バレット（1806〜1861）

快適で裕福な少女時代を送り，ギリシャ語，ラテン語を独学で学んだ．14 歳の時に『マラトンの戦い』を私費出版　1845 年 1 月 10 日，エリザベスの詩に感動したロバートが手紙を送り，それがきっかけで結婚までの約 2 年間で 574 通のラブレターを送り合った．1846 年の 9 月に結婚し，イタリアへ駆け落ちをする．1861 年フィレンツェで 55 年の生涯の幕を閉じる.

この原稿を書いている段階でインターネット Agatha Christie Wiki というサイトが開設されていることに気づいた. https://agathachristie.fandom. com/wiki/Main_Page である. これで調べてみると, クリスティーの作品 Sleeping Murder にも a Mr. Barrett が登場することが分かった.

写真 7 エリザベス・バレット・ブラウニング(Elizabeth Barrett Browning, 1806～1861).

訳書 スリーピング・マーダー(早川書房)[13] で対応する部分を探してみたら, 終わりに近い 364 頁に以下の文章があった.

> 「…彼女の兄さんは“厳格で”,“古風だった”. そのことは何となく,〈ウィンポール街のミスター・バレット〉を思い出させるでしょう?」…
>
> 「そうね. 彼は正常でなかったわ. …娘が結婚するのを―若い男に会うことさえいやがる父親. ミスター・バレットのように.」

上述の「カーテン」の邦訳では“バレット”という名前を表に出さない翻訳文であったが, こちらでは〈ウィンポール街の…〉とそのまま出ている. しかし,〈ウィンポール街の…〉がなにであるか疑問に思う読者が圧倒的に多いのではなかろうか?

もうひとりの Barrett さん

“Barrett”は私には懐かしい名前であった. 冶金学科の学生として, はじめて購入した洋書が Charles S. Barrett 著の Structure of Metals (1943) であったからだ. この本は, 結晶学, X 線回折の教科書として優れている上, 1900 年代からの研究の文献情報も豊富なため, 出版後数十年を経た今日でも有用で, 2007 年にペーパー・バックで復刊されている.

金属学の学術誌として著名な Acta Metallurgica は 1953 年に創刊された. その第 1 巻第 1 号の冒頭論文の著者は, C. S. Barrett で, タイトルは

An abnormal after-effect in metals（金属の異常余効）

であった．その内容は－

金属のワイヤをねじり変形したあと，応力を取り去ると，ねじれの戻りが起こる．しかし，表面に酸化膜がある試料の場合，観察途中に酸化膜を溶かすと異常な挙動―ねじれ方向の逆転―が起こる．酸化膜による転位の堆積のためと説明される．――

私も大学院博士課程で実験を行っている最中，異常な塑性余効現象を見出したので，バレットさんの論文に興味があった．1965年ころ，Barrettさんが訪日され，東北大にもお出でになった．金研の所長室でお目にかかり，異常余効について話し合ったのは忘れえぬ思い出である．

参考文献

1) 中谷宇吉郎：『随筆選集 第1巻』，朝日新聞社，昭和41年．
2) 丸谷才一：『文章読本』，中央公論社，1977年．
3) 白石一文：『君がいないと小説は書けない』，新潮社，2020年．
4) 吉野亀三郎："推理作家「由良三郎」のできるまで", 学士会報, No.771, 1986年4月号．
5) 日本物理学会：『Journalの論文をよくするために―物理学論文の著者への道―（増訂版）』，1975年．
6) 上田良二："論文を書くにあたっての心構え"，日本物理学会誌, **16** No.5 (1961). https://www. social.env.nagoya-u.ac.jp/sociology/kamimura/uyeda2-01.htm
7) 別宮貞徳：『誤訳迷訳欠陥翻訳』, 文芸春秋, 1981年．
8) G. M. キャロー 著, 山科俊郎, 山科紀子 共訳：『ウイリアム. ヘンリー. ブラッグ―人間として科学者として―』, アグネ, 1985年．
9) 小岩昌宏：上記訳書の書評，材料開発ジャーナル BOUNDARY, **1** No.8 (1985), 36-37.
10) アルバート・ローゼンフェルト著，兵藤申一，兵藤雅子 共訳：『ラングミュア伝』，アグネ, 1978年．
11) 小岩昌宏：上記訳書の書評, 金属, **49** No.3 (1979), 65.
12) 西尾道子：『新約聖書の英語』, サイマル出版会, 1990年．
13) 三浦綾子："マタイによる福音書",『新約聖書入門』, 光文社, 昭和52年, p.85.
14) Agatha Christie: Curtain: Poirot's Last Case
15) Agatha Christie 著，中村能三訳：『カーテン』, 早川書房, 2020年．
16) Agatha Christie 著，綾川梓訳：『スリーピング・マーダー』, 早川書房, 2004年．

16
セレンディピティの誕生と拡散そして迷走

はじめに

「セレンディピティ」は，1980年代から新聞，雑誌，書籍などでよく見かけるようになった言葉である．大学の入学・学位授与式における学長訓話や研究所長の講話などで使われるケースも多い．この語に対する関心が高まったのは，ノーベル賞を受賞した白川英樹，田中耕一が自らの研究に関してセレンディピティの重要性を語ったこともあるように思われる．

“Serendipity”という語の誕生と世間に広まった過程を詳しく記した書[1)注1)]が2004年に刊行された．本稿ではこの書，および1965年に刊行されたRemerの書[2)]を主に参照しつつ，「セレンディピティ」の誕生とその“拡散”過程を紹介する．この語の語源は明らかであるにもかかわらず，巷間いろ

写真1 R. K. Merton and E. Barber “The Travel and Adventures of Serendipity”

注1) この本の原稿は1958年には完成していた．著者の一人R. K. Mertonが1965年に刊行した“On the Shoulders of Giants”でこの未刊の書に言及したところ，多くの読者から問い合わせが寄せられたという(筆者もその一人である)．結局，この書は最初にイタリア語で出版され(2002年)，その後に英語で出版された．E. Barberとの共著であるこの本の主要部分は，1958年に完成していた原稿そのもので，巻末には70ページ余のAfterword（R. K. Mertonが加筆)が付されている．なお，Mertonは2003年，Barberは1999年に亡くなっており，ともに英語版の著書を眼にすることはなかった．

いろな異説が語られている．その事情についても触れてみたい．

私は「ラングミュア伝」[3]（1978 年刊行）で，初めてこの単語に出会った．この本の第 9 章の表題がセレンディピティ（“掘り出し上手”と訳されている）であった．以来，私はこの語に興味を持ち，あれこれ調べた結果を雑誌などに寄稿した[4)~6)]．本稿の記述は，これらに記したことと一部重複することをお断りしておく．

新関はこの言葉とその意味の歴史を見直すために，関連する人物や事件を

表 1　セレンディピティ年表

時代	人物	事項	注釈
物語“セレンディップの三人の王子”の成立			
1302	Amir Khusrau（ペルシャの詩人）	叙事詩 Hashi bihisht（八つの天国）ペルシャ，インドの昔話を元に構成	ペレグリナッギオの原典
16 世紀	Christoforo（アルメニア人）	上記にほかの話も加えて，“セレンディッポの王の 3 人の若い息子の遍歴（ペレグリナッギオ）”としてペルシャ語で出版	Hashi bihisht の翻案
1557	Tramezzino	ペレグリナッギオのイタリア語訳を出版	ヴェニスの印刷業者
1719	Chevalier de Mailly	上記のフランス語訳	パリで出版
1722	William Chestwood	フランス語版の英訳	
Serendipity の誕生			
	Horace Walpole	幼い頃，de Mailly のフランス語訳を読む．	（1717～1797）
1754		Serendipity を造語．その定義を述べる．	Horace Mann 宛の手紙
1833		Walpole 書簡集（Mann あて）発行	
1857		Walpole 全書簡集発行	
1875	Edwards Solly	Notes and Queries* に serendipity に関する質疑が掲載される	*1849 年創刊の週刊誌．後出　注 8）参照
Serendipity の拡散			
1900-1935	このころ　文学者，好事家の間で Serendipity が関心を呼ぶ		
1909		Century Dictionary and Cyclopedia	辞書に収録
1913		Oxford English Dictionary	辞書に収録
1930～	W. B. Cannon	自然科学分野で Serendipity が使われ始める	ハーバード大学生理学教授
1965	T. G. Remer	Serendipity and the three Princes	シカゴ在住の弁護士
1965	Elizabeth J. Hodges	The Three Princes of Serendip セレンディップの三人の王子	子供向きの物語．原作とはかなり内容が異なる．2003 年 7 月邦訳出版
2004	R. K. Merton & E. Barber	The Travels and Adventures of Serendipity	Princeton University Press

年表にまとめ，「セレンディピティの今昔」と題する文章を発表している[7]．本稿でも新関にならってセレンディピティに関する年表（表1）を示したので，随時参照していただきたい．

辞書をひもとくと…

英語の接尾辞 -ty は性質・状態などを表す名詞語尾である．手元にある「英語学習逆引辞典」[8] には語尾が -ty で終わる単語が 300 余，そのうち -ity で終わる単語が 246 語収録されている（この辞典には serendipity は載っていない）．その大部分は形容詞に接尾辞 -ity を加えたもので，語幹から容易に意味が推測できる．二三例をあげておこう．

periodic ⇒ periodicity

popular ⇒ popularity

regular ⇒ regularity

これに対して "serendipity" の語幹，serendip は聞きなれない単語で，それを知らなければ意味を推測しようがない．そのことが言語愛好家，好事家の好奇心をそそった．英和および英英辞書でこの語を調べた結果を示そう．

プログレッシブ英和中辞典

〔名〕〔U〕《文》ものをうまく発見する能力，掘り出しじょうず；幸運な発見；〔C〕《-ties》 運よく見つけたもの ［Horace Walpole がペルシアの寓話 The Three Princes of Serendip (Ceylon の旧称) (1754) の主人公たちのもつ能力から造語］

The Oxford English Dictionary

Serendipity [f. Serendip, a former name for Ceylon + -ITY] A word coined by Horace Walpole, who says (Let. to Mann, 28 Jan. 1754) that he had formed it upon the title of the fairy tale 'The Three Princes of Serendip', the heroes of which 'were always making discoveries, by accidents and sagacity, of things they were not in quest of.' The faculty of making happy and unexpected discoveries by accident.

要するにこの語は Ceylon の古名 Serendip から来ており，ウォルポール

(Horace Walpole) が友人にあてた手紙で「“The Three Princes of Serendip” という物語の題に因んで造語した」と述べている—というのである．その手紙の造語に関するくだりを示そう[注2]．

…この発見は，正しく私が“serendipity”と呼ぶ類のものです．この“serendipity”は非常に味のある言葉で，その定義をいうよりも由来をお話した方がよく分っていただけると思います．その昔，私は「セレンディップの3人の王子」という他愛ないおとぎ話を読んだことがあります．王子たちは，偶然と賢明さに助けられて，探し求めていたものではないものを発見するのです．たとえば，彼らの1人は，歩み進んできた道の左側の草だけが喰われている—右側の方が豊かに繁っているにもかかわらず—という事実から，ごく最近同じ道を右眼が盲目であるらくだ[注3]が通ったはずだと発見するのです．Serendipity という言葉の意味がお分りいただけたでしょうか？

童話「セレンディップの3人の王子」

シカゴに住む弁護士, Remer 氏は“Serendipity”についての本[2]を出版した．この本には，ウォルポールの手紙，童話の出版と翻訳，各界におけるこの語への関心など，“ Serendipity のすべて”が述べられているといっても過言ではない．また巻末の約60頁は，童話原典[注4]の初めての完訳英語版に当てられている．その冒頭部分を抄訳して以下に示す．

昔々，ずっと遠くの東方に，Serendippo という国があり，立派な王様が治めておりました．王様には3人の王子があり，偉い学者を招いて教育

注2）（該当部分の原文）This discovery, indeed, is almost of that kind which I call Serendipity, a very expressive word, which, as I have nothing better to tell you, I shall endeavour to explain to you: you will understand it better by the derivation than by the definition. I once read a silly fairy tale, called the three Princes of Serendip: as their Highness travelled, they were always making discoveries, by accidents and sagacity, of things which they were not in quest of: for instance, one of them discovered that a mule blind of the right eye had travelled the same road lately, because the grass was eaten only on the left side, where it was worse than on the right — now do you understand *Serendipity*?

注3）物語の原典ではらくだ (camel) であるが，ウォルポールの手紙では mule（らば）になっている．彼の記憶違いであるので，ラクダと訳してある．

注4）「セレンディップの3人の王子」の原本は，1557年にヴェニスで発行された「Peregrinaggio di tre giovani figlioli del re di Serendippo」(写真3)（イタリア語）である．

した甲斐あって賢く育ちました．一人前に育ったと判断したとき，1人1人呼び出して質問してみると，3人とも賢く，身のほどをわきまえた受けこたえをするので，王様は内心大層嬉しく思いました．でも表向きは気に入らないふりをして，他国でもっと経験を積み，知識を磨いてこい—と送り出しました．

SERENDIPITY
AND THE
THREE PRINCES
FROM THE
Peregrinaggio
OF 1557
EDITED BY
THEODORE G. REMER
With a Preface by
W. S. Lewis
UNIVERSITY OF OKLAHOMA PRESS
NORMAN

写真2　T. G. Remer. "Serendipity and The Three Princes"

母国を離れベラモ (Beramo) という王様が治める国（ペルシア）についた3人は，自分が飼っているらくだの行方が分らなくなったと探している男に会いました．「そのらくだは，片眼で」，「歯が1本欠けており」，「足を1本怪我しているのではありませんか？」と3人の王子は口々にたずねました．「そんなによく知っているのは，お前たちが盗んだからにちがいない」とその男に訴えられて，王子たちは牢屋に入れられてしまいました．ところが間もなく，らくだは家に戻ってきたので，その男はすぐ王様に話して3人を牢から出してもらいました．「見たこともないらくだの様子がどうしてわかったのか？」とたずねる王様に3人は口々に答えました．

PEREGRINAGGIO
DI TRE GIOVANI FI-
GLIVOLI DEL RE DI
SERENDIPPO,
PER OPRA DI M. CHRISTOFO-
RO Armeno dalla Persiana nell'Ita-
liana lingua trapportato.
E' IL MIO FOGLIO
QVAL PIV FERMO
E' IL MIO PRESAGGIO.
Co'l Privilegio del Sommo Pontefice, & dell'Illu-
striss. Senato Veneto per anni X.
Courtesy of the British Museum
The title page of Tramezzino's 1557 edition of the Peregrinaggio.
Peregrinaggio

写真3　Peregrinaggio di tre giovani figlioli del re di Serendippo

「旅をしてくる道すがら，片側の草はよく繁っており，反対側はそうでもないのに草を喰べた跡があり，そのらくだは片眼しか見えないと思いました」

「道には草のきれはしが散らばっており，ちようど欠けた歯のすき間位の大きさだったのです」

「はっきりした脚あとは3つ足分で，足をひきずったあとが目立ちました」

王様は3人の王子の賢さと注意深さに感じ入り，客人として手厚くもてなしました．…

その後，王子たちはベラモ王の暗殺計画を察知し，未然に防いで一層信頼を受ける．そして王の依頼を受けて，以前盗み出されて現在はインドの女王の手元にある“正義の鏡”を取り戻して帰国する．王子たちが留守の間にベラモ王はふとしたことから短気を起こして最愛の少女ディリラム (Diliramma) を放逐する．すぐに後悔して八方手を尽くして探すのだが，杳として行方はつかめず落ち込んでいる．以上がこの本の第 1 部ともいうべき部分である．

不幸な王を慰めるため，3 人の王子は提案する．

「色とりどりの 7 つの宮殿を建て，それぞれに，広く諸国から呼び寄せた美しい王女と，名だたる語り部を住ませなさい．王様は，月曜から日曜まで一日一夜，各宮殿に泊まって面白い話を聞き，悲しみを忘れるのです．」

その 7 つの宮殿で，語り部が王に語った 7 つの話が，この本の後半の第 2 部を構成している．これらの話は第 1 部とはほとんど関係がなく，それぞれ独立な，いわば話中話である．ただし，最後の第 7 話では，王が行方を捜していた少女ディリラムの消息が判明し，目出度い結末を迎える．

童話「セレンディップの 3 人の王子」の諸外国語への翻訳

この童話が出版された 6 年後には，早くもドイツ語の翻訳 (J. Wenzl, 1583) が出たが，イタリア語の原著とは 100 カ所も違ったところがあるそうだ[2]．フランス語版は 3 種あるが，de Mailly (1719) がもっとも信頼できるとされ，1722 年に再版されている．しかし，イタリア語の原著の第 2 部の 7 つの話のうち，第 4 話から第 7 話の部分を入れ替えて，新たに 5 つの話を加えた．この de Mailly 訳から，英語 (Chetwood, 1722) およびオランダ語，デンマーク語，ドイツ語への 2 次翻訳が行われた．serendipity の研究書を出版した Remer は，イタリア語の原典からの英語への直接翻訳の必要性を痛感し，かつてシカゴのイタリア領事館で文化アタッシェを務めた A. G. Borselli 氏と同夫人 Theresa (アメリカ生まれ) の協力を得て，その著書[2] に英語訳 (完訳) を掲載した (この英語訳の抄訳を前節に示した)．

日本語への訳はどうであったか？筆者がセレンディピティに関する文章[4)5)]を記した 1988 年には，「セレンディップの 3 人の王子」の邦訳は出版されていなかったが，それから間もなくして出版された二三の書籍[9)10)] には話のあらすじが紹介されていた．2004 年以降，以下に示す 4 冊の翻訳が出版された．

写真4　竹内慶夫訳『セレンディップの三人の王子たち〜ペルシアのおとぎ話〜』偕成社.

写真5　『原典完訳 寓話セレンディッポの三人の王子』著者：クリストフォロ・アルメーノ，監訳:徳橋 曜，KADOKAWA.

(a) プレシャニック真由子 訳『セレンディップの三人の王子』[11] 2004年7月
(b) よしだみどり 訳『セレンディピティ物語』[12] 2006年4月
(c) 竹内慶夫 訳『セレンディップの三人の王子たち』[13] 2006年10月
(d) 徳橋曜 監訳『原典完訳 寓話セレンディッポの三人の王子』[14] 2007年12月

このうち，(a) と (b) は Elizabeth J. Hodges が 1965 年に出版した児童向けの書[15] の翻訳である．後述のように，ウォルポールが読んだ本[注5]（原著「Peregrinaggio di tre giovani figlioli del re di Serendippo」のフランス語訳）とはかなり内容が異なる．竹内訳の (c) はウォルポールが読んだ本の英訳版 (Chetwood) を児童向きに邦訳したものである．(d) はイタリア語版（2000 年に刊行された校訂版）原典の完訳である．

日本に来ていた「逃げたらくだ」

筆者がセレンディピティについて書いた文章[4] を読んだある知人は，「らく

注 5)「ウォルポールが読んだ本は英訳版 (Chetwood) であるとされてきたが，フランス語版 (De Mailly, 1721) らしい.」と Remer[2] は記している.

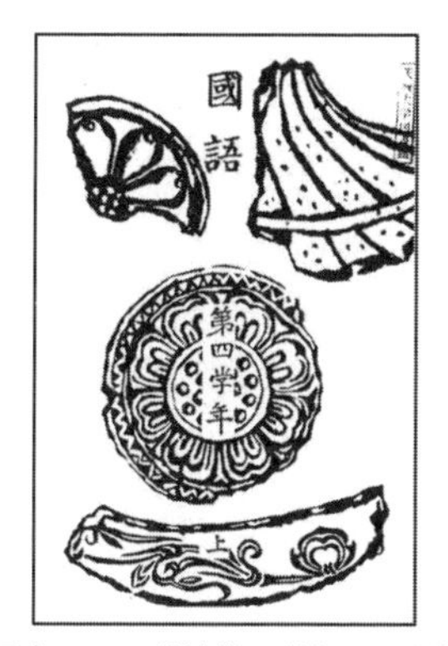

写真 6　小学校第 4 学年用国語教科書[16]（東京書籍株式会社, 昭和 22 年）

写真 7　THE OCEAN READERS BOOK II[17]（大日本図書株式会社，大正 14 年）

だの話は昔の小学校の教科書に載っていたはずです．子供のころ，姉が朗読しているのを聴いたことがあるし，私自身も読んだ記憶があります.」と教えて下さった．調べてみたところ小学校の国語教科書（大正 7 年～昭和 15 年, 昭和 21 年～24 年）に，「逃げたらくだ」という表題でらくだの話が載っていることが分かった[注6]．昭和ひとけた生まれの人は 3 年生で，昭和 11～14 年生まれの人は 4 年生でこの話を読んだはずである．

この話は，「もと外国の読本にあった材料」（「小学国語読本総合研究」，国語教育学会，岩波書店，昭和 11 年）とのことである．それならば，中等学校の英語教科書にも載っているだろうと見当をつけて探してみたら，大正 14 年および昭和 7 年発行の教科書に「The Lost Camel」という表題の話があった．

“serendipity” の拡散

ウォルポール[注7]が友人への手紙にこの語 serendipity を用い（1754 年）て以

注 6）国定教科書の内容，変遷，成立事情などについては下記の書に詳しい記述がある．
高木市之助 述，深萱和男 録「尋常小学国語読本」，中公新書 1976

注 7）ウォルポールの「書簡や回想録は，英国貴族の目に映じた 18 世紀ヨーロッパ文化の姿を反映したものとして，文化史的価値を有する」（岩波西洋人名事典，1981）といわれ，また “the best letter-writer in the English language” ともたたえられて，1857 年にはウォルポールの全書簡集が刊行された．

来，彼の書簡集が刊行された1833年まで，“serendipity”は人の眼に触れる機会はなかった．これらの書簡集以外にこの語が印刷物に現れたのは1875年のことで，“Notes and Queries”[注8]に関連記事が掲載された．読者からの問合せに答えて，編集者の一人であるEdwards Sollyがこの語の由来を説明している．Mertonらの広範な調査によれば[1]，Sollyの回答以後の83年間(1875～1958)に，“serendipity”はわずか135回の使用(公的な印刷物に現れた回数)が認められるのみである．これは，年平均1.6回ということになるが，この数字は1950年代には年平均3回程度まで上昇する．しかし，その後の使用頻度の増加は驚異的である．たとえば，1958年から2000年の間に，“serendipity”をタイトルに含む書籍が57冊出版された．これは“*Book in Print*”で調べたもので，学術的な書籍のみを対象としているが，通俗的な本まで含めると，はるかに多い数になるであろう．

Mertonが LEXIS-NEXIS(新聞雑誌など18,000件以上を対象とするデータベース)で1960年以降の使用回数を調べた結果は次のとおりである．

1960 ～ 1969	2
1970 ～ 1979	60
1980 ～ 1989	1,838
1990 ～ 1999	13,266

また，新関は2002年にGoogleを用いて検索している[7]．同様な方式で筆者が検索した結果を並べて示す[注9]．

キーワード	2002年	2010年8月1日
(1) セレンディピティ	702	226,000
(2) Serendipity	528,000	9,610,000
(3) (日本語限定)	1,570	319,000

注8) 1849年創刊の週刊誌．英語学，文学，辞書学，歴史などに関する好事家向き雑誌．その副題に「文学者，芸術家，古物研究家，系譜学者その他の間の相互交通のための媒体」とあり，「ノーツ(報告)」「クィアリーズ(質問)」「リプライズ(答文)」の3部から構成される，読者投稿のみによって成り立つ雑誌．博物学者・生物学者である南方熊楠(1867～1941)のこの雑誌への投稿は323篇におよび，東洋学の権威としても広く世界に知られる存在となった．

注9) (キーワードとして“セレンディピティ”(1)，“Serendipity”(2)を選んだ場合，さらに，(2)で日本語限定とした場合(3)の結果を示す)．

科学における“serendipity”

「セレンディピティ」という語は1900年代から1935年のころ，文学者，好事家の間で広まっていったけれど，自然科学の分野ではやや遅れて1930年あたりから使われ始めた．その際に大きな役割を果たしたのがW. B. Cannon（ハーヴァード大学の生理学教授）で，彼は頻繁にこの語を用いた．その自伝[18]には“Gains from Serendipity”と題する1章が含まれている．その後，自然科学の分野で次第に用いられるようになった．

「セレンディピティ」の典型例としてよく紹介されるX線とペニシリンの発見の経緯を簡単に述べておこう．

レントゲンとX線の発見

X線の発見は偶然と幸運に恵まれた事例としてしばしば引き合いに出される，レントゲン（1845～1923）は，当時関心を集めていた陰極線の研究を行っていた．ガラス製の管球を黒のボール紙で覆い光が全く洩れないようにして暗闇の中で高圧放電を開始したところ，1 mほど離れたところにある蛍光板が光るのを認めた．1895年11月8日夕刻のことであった．陰極線（今では電子線であることが分かっている）は大気圧の空気を高々2, 3 cmしか透過しないので，何か別の新しい放射線が発生したに違いない．その後の7週間，実験に没頭したレントゲンは同年12月28日付で「放射線の一新種について」と題する論文を発表し，明けて正月にはその別刷が諸国の著名な物理学者宛てに発送され，大きな反響を呼んだ．新しい放射線の定性的な性質は，この論文にほとんどすべて正確に記述されたが，彼自身はまだそれらを完全に理解していないという意味を込めてX線と名付けた．1 mほど離れたところに蛍光板がおいてあったことは，まことにまれな偶然であった．管球に高圧をかけたときそれがぼんやりと光ることに気付き，徹底的にその原因を探求したレン

写真8　レントゲン（Wilhelm Konrad Röntgen）

トゲンの注意深さと賢明さが世紀の大発見を生んだのである．1901年，レントゲンはこの発見により，第1回のノーベル物理学賞を受賞した．

フレミングのペニシリンの発見

1928年の夏，フレミング(1881～1955)はインフルエンザの研究をしていた．蓋つきの皿に培養中の細菌の様子を顕微鏡で調べていたフレミングは，皿の中に異常にきれいな部分があることに気づいた．そのきれいな部分は，一片の青カビ(蓋が開けてあった間に入り込んだらしい)の周りに広がっていた．フレミングは，このカビがブドウ球菌を殺す何かを作っているのだと考え，このかびを分離して，それが作り出す物質をペニシリンと名付けた．この物質は，悪質な細菌に対しては破壊的な力を持つけれども，動物の組織に対しては無害であり，病原菌に対して理想的な殺菌剤であった．

写真9　フレミング(Alexander Fleming)

のちに彼は「何千というカビがあり，何千という細菌があるのだから，ちょうどいいときに，ちょうどいい所へそのカビを入れるということは，まるで宝くじに当たるようなものだ」と言っている．また，彼は次のようにも述べている．「ペニシリンの物語には確かにロマンスがあり，誰の人生にもついてまわる偶然とか，幸運とか，宿命の意義を象徴している．」しかし，もしもフレミングが，青カビが落ち込んだ培養皿を実験の失敗として捨ててしまっていたら，すべては無に帰していたのだ．強調されるべきことは，彼の知性と洞察力があったからこそ，舞い込んだ偶然を生かすことができたのである．

これら，科学技術分野での「セレンディピティ」を論じた書籍として，文献19)20)をあげておく．R. M. ロバーツ著の「セレンディピティ」[19]には，アルキメデスの「ユリイカ」をはじめとして，天然ゴム，合成ゴム，合成染料，レーヨン，テフロンなど36章にわたって思いがけない発見・発明のドラマが

写真 10　R. M. ロバーツ著，安藤喬志訳『セレンディピティー――思いがけない発見・発明のドラマ―』(化学同人，2022 年文庫版が刊行されている).

写真 11　G. Shapiro 著，新関暢一訳『科学のとびら 17 創造的発見と偶然　科学におけるセレンディピティー』(東京化学同人).

語られている.

再びウォルポールの手紙について

“辞書をひもとくと…” の節で「セレンディピティ」を造語したというウォルポールの手紙の一部を紹介した．ここで改めてその手紙について，その背景を含めて詳しく述べることにする．

写真 12　ホラス・ウォルポール (Horace Walpole)

Horace Walpole (1717～ 1797) は英国の著述家で，ケンブリッジ大学を卒業し，フランス，イタリアに遊学，帰国して政治生活に入り，芸術に関する著作やゴシック小説を発表した．ヨーロッパの歴史に精通していたウォルポールは，若いころフィレンチェ滞在中にある肖像画に魅せられた．のちに Francesco de Medici (メディチ家) と結婚し，トスカナ大公妃となる Bianca Capello の肖像画であった．その時から 14 年後，友人のマン (Horace Mann，トスカナ宮廷の英国公使)

がBiancaの肖像画を購入し，ウォルポールへ贈った．ウォルポールはその肖像画用の新しい額縁を飾るためにCapello家の紋章をさがしていた．彼は偶然にも古い本でその紋章を見つけた．そこで彼は，Mannあてに次のような礼状を書いた．

1754年1月28日

“Bianca Capello大公妃殿下の肖像画は，そのために準備された…に無事到着しました．…私は肖像画用の額を注文しました．その額の上部には大公の宝冠をつけ，下部には彼女の来歴を簡潔に記し，片側にメディチ家の紋章をつけました．ところで，私は重大な発見をお伝えしなければなりません．…

そして，ヴェネチアの紋章の古い本で必要とした紋章をみつけたことを述べ，次のように続ける．

Chute氏がWalpoleの運と呼ぶ魔力によって，私はこの発見をしました．それは私が探し当てようとしていることなら，なんでも運よく見つけさせてくれるのです．この発見は………

—(244頁“辞書をひもとくと…”の節の末尾の文章(245頁) に続く)—

serendipityという言葉の意味がお分りいただけたでしょうか？

この偶然の賢明さ(accidental sagacity)のもっとも特筆すべき一例を以下に挙げておきましょう．Clarendon大臣閣下の家で食事をしておられたShaftsburry卿がYork大公とHyde夫人との結婚を察知されたのは，Hyde夫人に対する母親の態度が，わが娘であるにもかかわらず，敬意に満ちたものであったからです．(“自分が求めていたものを発見する”というのは，この範ちゅうには入らないことにご注意ください)

注10) この節はMilicの評論[21]の抄訳をもとに，筆者の見解も若干加えて構成したものである．

注11) Louis T. Milic: Cleveland State Universityの英語学科に所属(1991年まで)した．彼が創刊した季刊誌The Gamutには，多くのその道のエクスパートが広汎な主題に関し執筆し，同大学の知的活動の一側面を世間に知らせる上で大きな役割を果たした．しかし大学が財政的支援を打ち切ったため，1992年，惜しくも終刊した．

曖昧で矛盾に満ちたウォルポールの手紙[注10)]

英語学者 Milic[注11)]は，上述の手紙におけるセレンディピティの定義は「首尾一貫しない矛盾に満ちたものである」と以下のように指摘した．

(1) ウォルポールは，ある貴夫人の肖像画用の額縁を飾る紋章を探していた．幸運にもヴェネチアの紋章の古い本でそれを見つけた．「探しているものを，うまく見つける“運”に私は恵まれている」とウォルポールはいう．

(2) それでは，ウォルポールが読んだ“silly fairy tale”における 3 人の王子の行動はどうか？ 彼らは注意深い観察と推論によって，ラクダの特徴を言い当てた．いわば，シャーロック・ホームズ的能力を発揮したのである．「何かを探し求めている過程で，別もの（探し求めていたものとは異なる）を発見する」ことをもってセレンディピティと定義するのであれば，セレンディップの王子の話は該当しない．彼らはとくになにかを探し求めていたわけではなく，単に旅の途中で，逃げたラクダを探していた商人に自分たちの推理を話したにすぎないのだ．

したがって，上述の (1) のケースを (2) の逸話で説明するのは不適切である．

(3) 第 3 の例はあまり詳しく書かれていないので，正確に評価するのは難しい．もし Shaftsburry 卿が何かを求めて Clarendon 邸を訪れ，未来の女王と同席していることに気づいたのであれば，ウォルポールの定義の範疇に入るであろう．しかし，単に食事に招かれたので出かけて，何事かに気づき推理によりある結論を導いたとすれば，(2) で述べたセレンディップの王子の話の場合と同じことである．

結局のところ，ウォルポール自からが造語した serendipity を説明する手紙の文章は，曖昧かつ誤解を招きやすいものというべきである．「何かを探している際に別のものを見つける」が serendipity を定義するものであれば，セレンディップの王子の話は不適切な例である．3 人の王子は何かを見つけようとしていたのではなく，ラクダを探していた商人に，そのラクダの特徴を推理して話しただけである．すなわち，serendipity は誕生の瞬間から，曖昧さを伴っていたのである．

Milicは，数種の辞書についてserendipityがどう定義されているかを調べた結果を示した．どの辞書も，serendipityの定義には以下の5つの要素があるとしている．

1. 能力(gift，ability，faculty)
2. 発見する(making discovery，finding)
3. 有用な(useful，valuable，interesting)
4. 求めていない(unsought，unexpected)
5. 偶然に(by accident，by accidental sagacity)

表2に数種の辞書の定義を比較して示した．どの辞書も“発見(discovery)そのもの”ではなく，“発見する能力(gift，ability，faculty)”をserendipityと呼んでいるのに対し，実際の用例の多くは，予期しなかった“発見そのもの”をserendipityと呼んでいる．また，いずれの辞書も(ウォルポールにしたがって)serendipityを“単に偶然(accidental)であるのみならず，求めていなかった(unsought for)もの”に限定している．そうであるとすると，「明確な目的をもち，目標に向って努力している学者・発明者・科学者・あるいは探求者が，予期せざる方法・仕方で成功する」というのはこの語に該当しないことになる．

表2 英語辞書におけるserendipityの定義の比較(Milicによる[21])．

Dictionary/date	1	2	3	4	5
Century (1909)	happy faculty	of finding	interesting items of information	unexpected proofs of one's theories	by “accidental sagacity”
Merriam Webster (1909, 1934)	gift	of finding things	valuable agreeable	not sought for	—
OED (1912)	faculty	of making discoveries	happy	unexpected	by accident
Merriam Webster (1961)	assumed gift	of finding things	valuable agreeable	not sought for	—
American College (1958)	faculty	of making discoveries	desirable	unsought for	by accident
American Heritage (1969)	faculty	of making discoveries	happy	unexpected	by accident
Webster's New World (1970)	apparent aptitude	of making discoveries	fortunate	—	accidentally

1940 代から 1950 年代の間に serendipity という単語はサイエンス・ライターがよく用いるようになり，1960 年代の初期には，「科学研究はすべて調子のいい推論と幸運な偶然（all lucky guesses and happy accidents）に依るもの」と人々が思いかねない風潮も出てきた．こうした憂慮すべき事態に対する反撃がはじまった．科学雑誌サイエンスの論説（1963 年 6 月）は「科学研究におけるセレンディピティの重要性は庶民の誤解」であり，「時として，たまたま目に止まったことが契機となって予期せざる発展をみることがあるにしても，進歩は実験者がそれを追い求めていたからこそ達成される」のであることを強調した．この系統の批判の最たるものは，精神分析学の雑誌に掲載された一文であろう．その筆者は「凝り固まったセレンディピティストは本筋をはずれがちであり，常に横道に入り込んでしまう．“セレンディピティは天賦の才能を補い，幸運に恵まれて重要な発見を助ける”といったものではなく，不具者の神経症状であり，学ぶ能力の欠損でしかない」と主張する（Psychoanalytic Quarterly，1963 年 5 月）．

この語は知的な発見という最も神秘的な過程を一般大衆に説明するのには便利である．「あるものを探しているときに別ものを見つける」という概念は，研究の複雑な過程をおそろしく単純化したものではあるけれども，誰しも日常的に経験することである．現在では店の名前などに serendipity が多く使用されている．この語の響きがいいこと，さらに何かしら上品さと東洋の物語の魅力を感じさせることが，その人気を少なからず支えている．各地の電話帳を見ると，この語を冠した画廊，骨董店，印刷所，旅行代理店，レストランなどが多く目につく．20 世紀の初頭以降，こうした店が現れたようである．

以上に見てきたような語義の（混乱した）変遷は言語の生態について興味ある教訓を与えるものである．語源は意味を支配できない，用法こそそれを支配するものだ．かりに，ウォルポールがより正確に定義し，より適切な例を挙げたとしても，言語のユーザーはそれを無視し，その語の意味を当初のものから強引に捻じ曲げて新たな意味で使いだしたであろう．今日では，serendipity はもはや（ウォルポールが定義した）個人の能力ではなく，偶然に恵まれた幸運な出来事とされている．だから辞書はすべて誤りであって，その原因は語源を尊重したことにある.

この語から派生した単語として,

serendipitous, serendipiter, serendipitist, serendipitously

などを見かける. 私自身(Milic)は“serendippyness”を造語した. この単語の意味は

“その場限りの言葉について, 騒ぎたてすぎること(excessive ado made about a nonce word.)”

である. この単語が辞書に採録されることを望む.

異説セレンディピティの語源いろいろ

毎日新聞の「余禄」(1994年8月23日)で以下のような文章を見かけた.

セレンディプの三人の王子は国王である父の命令で, 秘密の巻物を手に入れるため, 旅に出る. 国を取り巻く大洋に出没する巨大なドラゴンを退治する方法を書いた巻物だ. 三人は次々に難題を解決していくが, みつからない. 旅の途中, 昔なじみの村の廃墟を見て三人は涙を流した. 涙はドラゴンに滴り落ち, ドラゴンは滅びた. まるでテレビゲームのような奇想天外な筋だてだ. ここから十八世紀半ばに「セレンディピティ」という英語が生まれた.

これを読んで私は首をかしげた. 原著“The Three Princes of Serendip”には“国を取り巻く大洋に出没するドラゴンを退治する方法を記した巻物”は登場しない. その出所を調べた結果次のような事情が判明した.

「セレンディピティ」の語源探索にとりくんだ詳しい道行きを竹内慶夫氏が「オリジナリティーとセレンディピティ」と題して日本大学文理学部の「学叢」に記しておられる[22]. また, 新関暢一氏もその訳書「創造的発見と偶然科学におけるセレンディピティ」[20]の訳者あとがきで「私とセレンディピティ」の関わりを述べている. 両氏がともに最後に辿り着いた文献としてあげておられるのは, Elizabeth J. Hodgesの著[15]である. この本は子供向きに書かれたもので, ここにドラゴンが登場する. 原作の枠組みを踏まえてはいるものの

注12) したがって, Hodgesの著の邦訳である文献[11)12)]も「セレンディピティの語源となった物語」ではないことに注意したい.

話のあらすじは原著（「Peregrinaggio di tre giovani figlioli del re di Serendippo」）とは大幅に異なっており，ほとんど彼女の創作というべきものである．したがって，「セレンディピティの原典」としてとりあげるのは適当でない[注12]．

上に述べたケースは情報の出所がはっきりしているのだが，セレンディピティの語源をめぐっては，出所不明の話が数多くある．以下にそれを列記しよう．

・この三王子は，よくものをなくして，さがしものをするのだが，ねらうものは一向に探し出さないのにまったく予期していないものを掘り出す名人だった，というのである．（思考の整理学，1986）

・主人公の王子たちはさがそうとしているのでもない宝ものを掘り出すことにたけていた．（名言の内側，日経，1988）

・セレンディプティの意味は複雑だ．多岐に分かれている．定義が異なっている．まず私が知っている定義を言えば“捜しものがあるとき，一生懸命にそれを捜しているあいだは見つからず，あきらめたあとでヒョイとそれが見つかること”これがセレンディプティである．（好奇心紀行，講談社，1994年）

・この言葉の元々の意味は，“セイロン島のハプニング”ということだが，一般にはあることに熱中していると，当初の目的は達せられなくても，まったく偶然に別の異なったことを発見することがあるという意味に使われている．この言葉は，セイロン島について研究していたある考古学者の話に由来している．彼は，セイロン島の文献を調べているうちに，世界にもまれな大遺跡があることを発見した．勇躍して大調査団を組み，乗り込んだのだが，どこを探してもあるべきはずの遺跡が見つからない．結局，当初の目的は達せられなかったが，遺跡の調査中，偶然にも，昔，海賊が隠匿していた宝物を発見し，彼は一躍，大金持になったというのだ．（発想読書術，ごま書房，1978）

・昔，セレンディップ国，ひと昔のセイロン，現在のスリランカのお姫様が，予期せぬ幸運にめぐり合ったので，Serendip の国の名前をとって，このような単語の意味になった．（ちょっとした外国語の覚え方，講談社，1995）

・ペルシアの王子セレンディスは，父王の命令に従い，東方の海へ宝捜しの航海に出た．ある日，ある島に漂着し，そこで世にも珍しい宝石を発見した．その島は，王子の名にちなんでセイロン（現在のスリランカ）という名前が与えられたという．このペルシアの寓話と同様に，意図せざる大きな発見を“serendipity”（運良く見つけること）というようになったが，…（鉄鋼界，1993 年 4 月号）

もうひとつ，この言葉に早くから着目していた柳田博明は，セイロンの 3 人の王子が王様に命じられて宝石探しに山に登るという話を書いている[23]．

第一王子は宝石があると思われる山に，わきめもふらずに進みました．途中にどのようなすばらしいものがあるかをためす余裕など全くありません．第二王子は怠け者で，少々さぼり癖があり，ときどき休息をとりながら，のんびり進みました．ある時，彼が休んだその足元に石が落ちていました．拾い上げてみましたが，価値がないといって，捨ててしまいました．第三王子は，目的の山に向かって計画的に進みました．あるところで休息をとり，面白そうな石があったので拾い上げてみました．よく見ると，その石は王様から命じられた，本来探す目的の宝石とは違いますが，とてもすばらしいものだったので，喜んで持ち帰りました．とさ．言うまでもなく，三人の王子の内，当然，第三王子がセレンディピティに恵まれたというわけです．

柳田は，そのブログ（http://blog.livedoor.jp/yanagida0601/ 2006 年 9 月 4 日）において，以下のように書いている．

…柳田博明は，これらの著書（いくつも出版されているセレンディピティに関する）を読んでから，セレンディピティという用語を使い出したのではなく，欧米の研究者と研究哲学談義を重ねた後，この言葉のもつ意味の重要性を説き始めました．私の理解するセレンディピティは，彼らから研究者としての意義を体得したもので，文献学的考察によるものでないことをお断りしておきます．……

柳田は，科学研究の携わるものの心得ないしは資質を説くために，宝石探しをする 3 人の王子の話を“創作”したようだ．「セレンディップの 3 人の王子」

という原典が存在する以上，それと異なる話を書くならば自らの創作であることを明言しておくべきであった．語源に関する“文献学的考察”を行わずして独創的解釈を提案すると混乱を招く．

おわりに

ウォルポールが与えたセレンディピティの定義は曖昧で矛盾を含み誤解を招きかねないものであった．もともと彼は，親しい友人あての私信の中の軽い冗談が，後世このように大きく取り上げられるとは予想もしなかったであろう[注13]．上述のように，その曖昧さと不完全さをMilicは厳しく批判した，一方，ウォルポールの意図を忖度し，擁護するスタンスで「セレンディピティ」を定義したのがRemerで，以下のように述べている[2]．

…研究者は問題に対する解答，あるいは仮説に対する証明を求めて研究を行う．偶然に恵まれて目的を達する場合もあろうが，それはたまたま掘り出し物がでてきたとしても，それを即座に認識する心の準備，条件づけができていたからである．研究の全過程において，ゴールに達するための手がかりはないかと油断なく見張りつづけていたからである．かすかな手がかりでもぬかりなくそれに気づくには，もちろん高い知性が必要であろう．しかし，ある問題の解決をめざして探求をつづけている研究者が，まったく別の発見をなしうるためには，より高度のなにものかがなければならない．この高度の知性こそ，ウォルポールが語った“accidental sagacity”であり，“serendipity”に他ならない．これは，洞察，天啓，ひらめき，霊感などとも表現されてきたものである．このとらえどころのないものこそが，天賦の才に恵まれた研究者(gifted researcher)の精神をより高い次元の認識状態にパッと飛躍させる—どうしてそこに到達できたのかすぐには説明できぬまま—のである．

注13) ウォルポールはこの物語を“a silly fairy tale”と呼んでいることからして，あまりこの本を高く評価していないようである．「彼は冒頭のらくだの話の部分を読んだだけで，後の方の話は全く読まなかったのではなかろうか？」とMertonは示唆している[1]．いずれにしても，物語「セレンディップの3人の王子」の後半部分は，セレンディピティの定義とは関連がないから，この物語を最後まで読んでもセレンディピティ(の定義)の“より良き理解”にはつながらないことを付記しておきたい．

表3 日本におけるセレンディピティの紹介年表.

年	著者・訳者	事項	注釈
1967	藤原 武夫	Serendipityとは何か知っているか?	藤原武夫先生追悼記念誌 1982
1971	柴田 和雄	日本最初の活字による紹介	『蛋白質 核酸 酸素』第16巻2号巻頭言
1978	兵頭申一・雅子訳	ラングミュア伝	A. Rosenfeld 著 1966
1984	柳田 博明	Serendipityの最も期待できる材料 それがセラミックスである	これからどうなる日本・世界・21世紀 岩波書店
1984	諏訪 邦夫 訳	医学を変えた発見の物語	J.H.Comroe Jr. 著 1977
1985	堀越 弘毅	思いがけぬ発見 自然の語りかけを知れ	日本経済新聞4月17日
1986	外山 滋比古	セレンディピティ 思考の整理学	ちくま文庫
1986	竹内 慶夫	オリジナリティとセレンディピティ (日本大学文理学部「学叢」第41号)	Hodgesの物語の概要 セレンディピティの考察
1988	小岩 昌宏	Serendipityとは何か	Walpole,Hodges,Remerの業績の解説と考察
1988	小岩 昌宏	続 Serendipityとは何か 日本に来ていた逃げたらくだ	小学国語読本の紹介
1989	横井 晋 訳	ある神経学者の歩いた道 追及・チャンスと創造性	J. H. Austin 著 1978
1993	安藤 喬志 訳	セレンディピティ 思いがけない発見・発明のドラマ	R.M.Roberts 著 1989
1993	新関 暢一 訳	創造的発見と偶然— 科学におけるセレンディピティ	G.Shapiro 著 1986

Remerはこのように“serendipity”を天賦の才能と定義する. そうだとしたら凡人である研究者は“serendipity”はないとあきらめるべきか?

R. S. レノックスは, “好奇心や認知力が生まれつきほかの人たちより強い人もいるかもしれないが, (教育によって) その能力を引き出し, 助長することは可能である”として, 「セレンディピティ的発見のための教育」という論文[24]で学生が好運な偶然を利用できるような心構えを育てるいくつかの方法について述べている. 第一の方法は, 予想されたことばかりでなく予想されなかったことも含め, すべてを観察し記録するという訓練を課すことである. また, 「指導者が, 学生の書いたノートを詳細に点検し, 観察能力と記録能力を評価・指導することの重要性」を指摘している. セレンディピティの恩恵をこうむるための準備のもうひとつの方法は，その研究分野を注意深く勉強しておくことである．「偉大な発見の種はいつでも私たちの周りに漂っているのだが，それが根をおろすのは十分待ち構えた心に限られる」．

しょせん研究に王道はなく，着実な努力の積み上げ，行き届いた研究指導の重要性を改めて確認せよということであろうか，

最後に，日本におけるセレンディピティの拡散に関する年表（表3）を示しておこう．これは新関による年表から，1993年までの事項を抜き出したものである．これによれば，セレンディピティを日本に最初に紹介した人は，広島大学理物理の藤原武夫先生らしい[22)25)]．

参考文献

1) R. K. Merton and E. Barber: "The Travel and Adventures of Serendipity", Princeton University Press, 2004.

2) T. G. Remer: Serendipity and The Three Princes, University of Oklahoma Press, 1965,

3) A. Rosenfeld 著，兵藤申一，雅子訳：『ラングミュア 伝』, アグネ, 1978 年.

4) 小岩昌宏："Serendipity とは何か", BOUNDARY, **4** No.5 (1988), 73-80.

5) 小岩昌宏："続 Serendipity とは何か―日本に来ていた「逃げたらくだ」―", BOUNDARY, **4** No.10 (1988), 74-80.

6) 小岩昌宏："セレンディピティ―その源流と異説の出来"，『金属学プロムナード』, アグネ技術センター, 2004 年.

7) 新関暢一："セレンディピティの今昔"，ミクロスコピア，**19** No.3 (2002)，193.

8) 郡司利男編著：『英語学習逆引き辞典』，開文社，1967 年.

9) J. H. Austin 著，横井晋訳：『ある神経学者の歩いた道 追求・チャンスと創造性』, 金剛出版，1989 年.

10) 久保田競，夏村波夫：『セレンディピティ ツキを呼ぶ脳力』，主婦の友社，1990 年.

11) エリザベス・ジャミソン・ホッジズ著，プレシャニック真由子ほか訳：『セレンディップの三人の王子』, バベルプレス, 2004 年.

12) エリザベス・ジャミソン・ホッジズ著，よしだみどり訳：『セレンディピティ物語 幸せを招く三人の王子』，藤原書店，2006 年.

13) 竹内慶夫編・訳：『セレンディップの三人の王子たち』，偕成社，2006 年.

14) クリストフォロ・アルメーノ著，徳橋曜監訳：『原典完訳 寓話セレンディッポの三人の王子』，角川学芸出版，2007 年.

15) Elizabeth J. Hodges: The Three Princes of Serendip, Constanble Young Books Ltd.,

London, 1965.
16)　文部省，国語第 4 学年上，東京書籍株式会社，昭和 22 年.
17)　岡倉吉三郎：『The Ocean Reader Book Two』，大日本図書株式会社，大正 14 年.
18)　W. B. Cannon: The Way of an Investigator: A Scientist's Experiences in Medical Research, W. W. Norton & Co., Inc, New York, 1945.
19)　R. M. Roberts 著，安藤喬志訳：『セレンディピティ』, 化学同人, 1993 年.
20)　G. Shapiro 著，新関暢一訳：『創造的発見と偶然 科学におけるセレンディピティ』, 東京化学同人, 1993 年.
21)　Louis T. Milic: "Serendippyness", The Gamut, #3, Cleveland State University, 1981, p.87.
22)　竹内慶夫："オリジナリティーとセレンディピティ"，学叢（日本大学文理学部），第 41 号，1986 年 12 月，45-55 頁.
23)　柳田博明：『新素材の開く世界 セラミックの展開を中心に』，NHK 人間大学, 1994 年.
24)　R. S. Lenox: Journal of Chemical Education, **62** (1985), 282,
25)　藤原武夫先生追悼記念誌，1982 年，広島大学図書館所蔵.

本章は，京都大学水曜会誌（平成 23 年第 24 巻第 4 号）に寄稿したものを，関係者の了解得て掲載するものである.

索　引

《事　項》

ア

カ

《人　名》

■著者略歴

小岩 昌宏（こいわ まさひろ）

1936年　名古屋市に生まれる
1959年　東京大学工学部冶金学科卒業
1964年　東京大学大学院博士課程修了
　　　　東北大学金属材料研究所，講師，助教授，教授を経て
1985年　京都大学工学部教授
2000年　定年退官
2008年　新潟県原子力発電所の安全管理に関する技術委員会 設備健全性，耐震安全性に関する小委員会委員

工学博士，京都大学名誉教授
専攻：材料物性学，拡散，相変態，内部摩擦

続 金属学プロムナード ―セレンディピティの誕生そして迷走―

2024年6月5日　初版第1刷発行

著　者　小岩　昌宏
発行者　島田　保江

発行所　株式会社 アグネ技術センター
〒107-0062　東京都港区南青山5-1-25 北村ビル
電話 03（3409）5329・FAX03（3409）8237
振替 00180-8-41975

印刷・製本　株式会社 平河工業社

落丁本・乱丁本はお取替えいたします．
定価は表紙カバーに表示してあります．

ISBN 978-4-86707-017-8 C0057